云原生模式

[美] Cornelia Davis 著
张若飞 宋净超 译

Cloud Native Patterns

电子工业出版社
Publishing House of Electronics Industry
北京·BEIJING

内容简介

拥抱"云",更多指的是如何设计你的应用程序,而不是你在哪里部署它们。本书是一本架构指南,指导你如何让应用程序在动态的、分布式的、虚拟的云世界中茁壮成长。本书介绍了云原生应用程序的多种思维模型,以及支持其构建的模式、实践和工具,同时提供了一些实际案例和专家建议,帮助你更好地开发和使用应用程序、数据、服务、路由等。

本书分为两部分。第 1 部分定义了云原生的上下文环境,并展示了软件部署环境的特点。第 2 部分深入探讨了云原生模式,包括请求/响应、事件驱动、断路器等。无论你是否有云原生的开发经验,通过本书提供的众多模式,一定可以更好地理解和掌握云原生开发。

Original English Language edition published by Manning Publications, USA. Copyright © 2019 by Manning Publications. Simplified Chinese-language edition copyright © 2020 by Publishing House of Electronics Industry. All rights reserved.

本书简体中文版专有出版权由 Manning Publications 授予电子工业出版社。未经许可,不得以任何方式复制或抄袭本书的任何部分。专有出版权受法律保护。

版权贸易合同登记号　图字:01-2019-4721

图书在版编目(CIP)数据

云原生模式/(美)科妮莉亚·戴维斯(Cornelia Davis)著;张若飞,宋净超译. —北京:电子工业出版社,2020.8
书名原文:Cloud Native Patterns
ISBN 978-7-121-38913-9

Ⅰ.①云… Ⅱ.①科… ②张… ③宋… Ⅲ.①云计算 Ⅳ.①TP393.027

中国版本图书馆CIP数据核字(2020)第051907号

责任编辑:张春雨
印　　刷:三河市君旺印务有限公司
装　　订:三河市君旺印务有限公司
出版发行:电子工业出版社
　　　　　北京市海淀区万寿路173信箱　邮编:100036
开　　本:787×980　1/16　印张:24.75　字数:442千字
版　　次:2020年8月第1版
印　　次:2020年8月第1次印刷
定　　价:109.00元

凡所购买电子工业出版社图书有缺损问题,请向购买书店调换。若书店售缺,请与本社发行部联系,联系及邮购电话:(010)88254888,88258888。
质量投诉请发邮件至 zlts@phei.com.cn,盗版侵权举报请发邮件至 dbqq@phei.com.cn。
本书咨询联系方式:(010)51260888-819,faq@phei.com.cn。

致我的丈夫，*Glen*。遇到你的那天，
我的一生随之改变。

致我的孩子，*Max*。你出生的那天，
我的一生随之改变。

译者序

当我们讨论云原生时，究竟在讨论什么？这些年来我一直在思索这个问题，大家的观点可能不尽相同。三年前从我翻译了第一本云原生领域的图书开始，陆续参与翻译和创作了一系列云原生作品，同时通过对云原生领域的开源项目、社区、基金会、应用云化过程的参与和观察，我得出了下面的结论：云原生是一种行为方式和设计理念，究其本质，凡是能够提高云上资源利用率和应用交付效率的行为或方式都是云原生的。云计算的发展史就是一部云原生化的历史。云原生是云计算适应社会分工的必然结果，将系统资源、底层基础设施和应用编排交由云平台管理，让开发者专注于业务逻辑，这不正是云计算长久以来孜孜以求的吗？云原生应用追求的是快速构建高容错性、弹性的分布式应用，追求极致的研发效率和友好的上线与运维体验，随之云原生的理念应运而生，它们天生适合部署在云上，可以最大限度地利用云计算带来的红利。

在此之前我曾翻译过几本云原生主题的图书，其中 *Cloud Native Go* 的作者 Kevin Hoffman，《云原生 Java》的作者 Josh Long，他们都来自 Pivotal 或曾在 Pivotal 工作多年，当看到此书时，我惊奇地发现，作者 Cornelia Davis 同样来自这家公司，Pivotal 真可谓是云原生的"黄埔军校"。此书的内容跟以往的云原生图书有所不同，对于模式的梳理标新立异，因此我立即联系了电子工业出版社的张春雨编辑。经他了解到张若飞正在翻译此书，此前我与他合作翻译了《云原生 Java》，

译者序

本书算是我跟他的第二次合作，他翻译图书的精准和高效着实让我佩服，我们各自翻译了本书一半的内容。

人人都在讨论云原生，但是究竟如何实现却莫衷一是。本书主要关注的是云原生应用的数据、服务与交互，即应用层面的设计模式，这些模式穿插于本书第 2 部分的各个章节中，基本覆盖了云原生应用的各个方面，并将理论与实践结合，带领读者使用 Java 实现了一个云原生应用。

同时还要感谢 ServiceMesher 社区、云原生社区的成员及志愿者们对于云原生在中国的发展做出的贡献，你们的鼓励和支持是我在云原生领域不断努力和探索的动力。本书的翻译难免有一些纰漏，还望读者指正。

宋净超
2020 年 7 月 4 日于北京

序

六年来，我有幸与 Nicole Forsgren 和 Jez Humble 合作编写了《DevOps 现状报告》(*State of DevOps Report*)，该报告收集了来自三万多名受访者的数据。这份报告给我的最大启示之一就是软件架构的重要性：高效能团队的架构能够使开发人员快速、独立、安全、可靠地开发、测试和部署软件，从而为客户不断创造价值。

几十年前，我们可以开玩笑地说，软件架构师只擅长使用 Visio、绘制 UML 图表以及制作没人看的 PowerPoint 幻灯片，但今非昔比，大量企业在市场上的成败取决于它们所开发的软件。应该说，没有什么比它们每天必须使用的架构更能影响开发人员的日常工作了。

本书填补了理论与实践之间的一段空白。事实上，我认为只有少数人可以将它写出来。Cornelia Davis 是极其合适的人选，她曾在攻读博士学位时学习了编程语言，对函数式编程和不可变性产生了浓厚的兴趣，拥有数十年大型软件系统的开发经验，并且帮助大型软件企业获得过巨大的成功。

在过去的五年中，我多次联系她寻求帮助和建议，我们经常讨论有关诸如 CQRS 和事件源模式、LISP 和 Clojure 语言（我最喜欢的编程语言）、命令式编程和状态的危险性，甚至像递归这样简单的事情。

本书的亮点在于 Cornelia 不仅仅从模式入手。她从模式的基本理论开始，然后通过论证（有时通过逻辑或者流程图）来证明它们的有效性。除了理论本身，她还通过Java Spring框架一个一个地实现了这些模式，以便让你更好地理解这些知识。

我发现，这本书兼具娱乐性和教育性，并且使我对大量以前只是略知皮毛的知识有了更深入的了解。我现在致力于通过Clojure语言来实现她的示例，以证明我可以将这些知识付诸实践。

本书可能会让你联系起一些令人感到兴奋甚至惊讶的概念。对我而言，其中一个概念就是无论是面向切面的编程（AOP）、Kubernetes的挎斗（sidecar）模式，还是Spring Retry注入，都是为了统一处理横切关注点（cross-cutting concerns）。

希望你能像我一样喜欢这本书！

——Gene Kim，研究员以及 *The Phoenix Project*、
The Devops Handbook 和 *Accelerate* 的联合作者

前言

我的职业生涯始于图像处理。我曾在休斯飞机公司（Hughes Aircraft）的导弹系统部工作，研究红外图像处理，处理边缘检测和帧与帧之间的关联。（这些功能在如今的手机应用上无处不见，这都要归功于 20 世纪 80 年代的研究！）

我们在图像处理中常用的计算之一是标准差。我从来不羞怯于提出问题，而我早年经常问的一个问题就是关于标准差的。我的一个同事总是会写下以下内容：

$$\sigma = \sqrt{\frac{1}{N}\sum_{i=1}^{N}(x_i - \mu)^2}$$

我知道这是标准差的公式。真见鬼，三个月过去了，这个公式我大概已经写了六遍。我真正想问的是："在这种情况下，标准差究竟意味着什么？"实际上，标准差是用来定义什么是"正常的"，这样我们可以寻找离群值。如果我正在计算标准差，然后发现了超出正常值范围的情况，那么是否表示我的传感器可能出现了故障，并且我需要舍弃这一帧图像，还是表示它暴露了潜在敌人的行动？

所有这些与云原生有什么关系？没有。但这一切与模式有关。正如你所见，我虽然知道这个模式（标准差计算），但是由于当时缺乏经验，所以不知道何时以及为什么要使用它。

前言

在本书中，我将向你介绍云原生应用程序的多种架构模式，是的，我将向你展示许多的"公式"，但是为了说明何时及为何使用这些模式，我会在介绍上下文环境上花费更多的时间。实际上，模式通常并不那么困难（例如，第9章介绍的请求重试模式很容易实现），困难的是决定何时应用某个模式，以及如何正确地应用该模式。在应用这些模式时，你需要了解很多的上下文环境，并且坦率地说，这些环境有可能很复杂。

那么上下文环境是什么呢？从根本上来说，它是一个分布式系统。当我三十多年前开始工作时，并不认识很多从事分布式系统工作的人，在大学也没有学过分布式系统的课程。没错，虽然人们在这个领域中工作，但说实话，这是一个非常小的领域。

如今，绝大多数软件都是分布式系统。软件的某些部分在浏览器中运行，而另一些部分在服务器上运行，或者我敢说，在一大堆服务器上运行。这些服务器可能在你公司的数据中心运行，也可能在俄勒冈州普莱恩维尔的一个数据中心运行，或者同时在两地运行。所有这些都是通过网络（可能是互联网）进行通信的，而且软件的数据也很可能是分布式的。简单地说，云原生软件是一个分布式的系统。此外，事情在不断变化——服务器正在不断下架，网络经常中断（即便是非常短暂的中断），存储设备可能会在没有任何警告的情况下崩溃——即使是这样，我们依然希望软件能够继续正常运行。这是一个非常具有挑战性的环境。

但是这完全是可控制的！本书的目的就是帮助你理解这种上下文环境，并为你提供一些工具，让你成为一名精通云原生的架构师和开发人员。

我从来没有像现在这样感受到如此剧烈的脑力激荡。这在很大程度上是因为技术领域正在发生重大变化，而云原生就是这个变化的核心。我绝对热爱我所从事的工作，我希望每个人，尤其是你，也能像我一样喜欢编写软件。这就是我编写这本书的原因：我想与你分享整个行业正在面临的那些疯狂而又酷炫的问题，帮助你踏上解决这些问题的旅程。我很荣幸有机会与你一起踏上云原生之旅，哪怕是在其中扮演一个小小的配角。

致谢

我的云原生之旅始于 2012 年,当时我的老板 Tom Maguire 让我开始研究 PaaS(平台即服务)。作为 EMC CTO 办公室架构组的一员,关注新兴技术对我们来说并不新鲜——但是,这一次终于成功了!我将永远感激 Tom 给了我探索的动力和空间。

到 2013 年年初,我已经学到了足够多的东西,预见到未来我会在这个领域工作,而随着 Pivotal Software 公司的创立,我有了一个工作的地方。首先,我要感谢 Elisabeth Hendrickson,感谢她在我还在 EMC 的时候就邀请我参加 Cloud Foundry 会议,感谢她把我介绍给 James Watters。我经常说,我做过的最好的职业选择是为 James 工作。我感谢他给了我很多机会,感谢他的信任让我全身心投入工作,感谢与他大量的深度对话让彼此共同理解了什么是云原生,以及感谢我们之间六年的深厚友谊。

我很感恩自从 Pivotal 公司成立我就加入了公司,和这么多聪明、敬业、善良的同事一起学习。我要感谢 Elisabeth Hendrickson、Joshua McKenty、Andrew Clay-Shafer、Scott Yara、Ferran Rodenas、Matt Stine、Ragvender Arni,以及其他许多人(如果我漏掉了任何人,请原谅)帮助我学习,并与我一起度过我人生中最美好的六年!我还要特别感谢 Pivotal 公司,特别是 Ian Andrews 和 Kelly Hall,感谢他们赞助了《云原生基础》(*Cloud-Native Foundations*)迷你书。

我从许多同行那里学到了很多知识,无法一一列举,但是感谢每一个人。我特别想感谢 Gene Kim。我还记得我们见面的那天晚上（再次感谢 Elisabeth Hendrickson，感谢她促成了我们那次会面），我立刻意识到，我们将合作很长一段时间。我感谢 Gene 给了我在 DevOps 企业峰会（DevOps Enterprise Summit）上与他共事的机会，通过那次峰会，我认识了许多在不同公司工作的创新人才。我感谢他为我带来了一些鼓舞人心、让我开阔思路的对话。我感谢他为这本书撰写了序。

当然，我要感谢 Manning 出版社给我写这本书的机会，首先感谢 Mike Stephens，他帮助我将对写书的好奇变成了真正的投入。我非常感谢我的开发编辑 Christina Taylor。她带着一个初出茅庐的作者，从一个长达 20 章、杂乱无章的想法，以及一个 70 多页的草稿开始，帮助我写出了一本结构清晰、内容翔实的书。她陪伴了我两年半，在我绝望的时候鼓励我，在我成功的时候赞美我。我还要感谢制作团队，包括 Sharon Wilkey、Deirdre Hiam、Neil Croll、Carol Shields 和 Nichole Beard，他们让本书最终得以出版。感谢我的审校——Bachir Chihani、Carlos Roberto、Vargas Montero、David Schmitz、Doniyor Ulmasov、Gregor Zurowski、Jared Duncan、John Guthrie、Jorge Ezequiel Bo、Kelvin Johnson、Kent R. Spillner、Lonnie Smetana、Luis Carlos Sanchez Gonzalez、Mark Miller、Peter Paul Sellars、Raveesh Sharma、Sergey Evsikov、Sergio Martinez、Shanker Janakiraman、Stefan Hellweger、Win Oo 和 Zorodzayi Mukuya。你们的反馈对本书的内容有重要影响。

最重要的是，我要感谢我的丈夫 Glen 和儿子 Max，感谢他们对我的耐心、鼓励和始终不渝的信任。相比任何其他人，他们是让这一切成为可能的两个人，他们不仅在过去近三年的时间里给予了我支持，而且在之前的几十年里帮助我奠定了基础。我对你们俩表示深深的感激。而你，Max，也和我一样爱上了计算机，并允许我成为你旅程的旁观者，这趟旅程甜美得好像是巧克力蛋糕上的双份巧克力糖衣——谢谢你！

关于本书

谁应该读这本书

拥抱"云",更多指的是如何设计你的应用程序,而不是你在哪里部署它们。本书是一本指导如何开发出健壮的应用程序的指南,这些应用程序可以在动态的、分布式的、虚拟的云世界中茁壮成长。本书介绍了云原生应用程序的思维模型,以及支持其构建的模式、实践和工具。在这本书中,你会发现一些实际案例和专家建议,它们可以帮助你开发和使用应用程序、数据、服务、路由等。

从根本上说,这是一本架构方面的书,其中包含了支持架构设计的相关代码示例。你会发现,我经常会在书中提到当前模式与我们过去做事方式之间的差异。不过,你并不需要拥有以往架构模式的经验或者知识。因为我不仅讨论了模式本身,而且还讨论了它们的动机,以及应用它们时上下文环境之间的细微差别,所以不管你在软件行业工作了多少年,都应该能够从本书中发现重要的价值。

尽管书中出现了许多示例代码,但这不是一本编程书,它不会教你如何编程。示例代码是用 Java 编写的,但是如果你有任何其他编程语言的使用经验,都应该能够轻松理解它们。对客户端/服务器交互(尤其是通过 HTTP 通信)有基本的了解,会很有帮助,但这不是必需的。

本书是如何组织的：路线图

本书一共 12 章，分为两部分。

第 1 部分定义了云原生的上下文环境，并展示了软件部署环境的如下特点。

- 第 1 章定义了什么是云原生，并将其与云计算区分开来。本章提供了一个思维模型，并且在此基础上构建出后面的多种模式，这种思维模型的实体是应用/服务、服务之间的交互，以及数据。
- 第 2 章介绍了云原生的运维——这些模式和实践用来保证生产环境中的云原生软件，当遇到不可避免的故障时如何继续运行。
- 第 3 章介绍了云原生平台，这是一个开发和运行时环境，能够支持甚至实现本书第 2 部分中的许多模式。尽管对你来说理解所有这些模式很重要，但是你不必自己实现所有的模式。

第 2 部分深入探讨了云原生模式。

- 第 4 章与云原生的交互有关，还涉及了一些数据，介绍了基于事件驱动的通信模式，来代替熟悉的请求/响应的通信模式。尽管后者在当今的大多数软件中几乎无处不在，但是事件驱动常常能够为高度分布式的云原生软件提供巨大的优势，当你学习后续其他模式时，要同时考虑这两种通信模式。
- 第 5 章和云原生应用/服务及其与数据的关系有关，介绍了如何为应用程序部署（通常是大规模的）冗余实例，为什么及如何使它们成为无状态的，以及如何将它们与指定的有状态服务进行关联。
- 第 6 章与云原生应用/服务有关，介绍了在一个大规模分布式基础设施中部署大量实例时，如何统一维护应用程序的配置。这一章还介绍了当应用程序的环境不断发生变化时，如何正确地应用配置。
- 第 7 章与云原生应用/服务有关，介绍了应用程序的生命周期和大量的零停机时间升级实践，包括滚动升级和蓝/绿升级。
- 第 8 章与云原生交互有关，它既关注应用程序如何找到它们需要的服务（服务发现），即使这些服务在不断发生变化，也关注请求最终如何找到正确的服务（动态路由）。
- 第 9 章与云原生交互有关，主要关注交互的客户端。在解释了为什么需要交互冗余，并且介绍了重试（请求失败后重新发送请求）之后，这一章还介绍了可能会导致应用程序重试的一些问题，以及如何避免这些问题的方法。

- 第 10 章与云原生交互有关，主要关注交互的服务端。即使发起交互的客户端是可靠的，服务也必须保护自己不被误用和滥用。这一章介绍的内容包括断路器和 API 网关。
- 第 11 章与应用程序和交互有关，介绍了如何观察软件中各个分布式系统的行为和性能。
- 第 12 章与数据有关，它对组成云原生软件的服务之间的交互有重要的影响。这一章介绍了几种将单体数据库分解为分布式数据结构的模式，并最终回到了本书第 2 部分开始介绍的事件驱动模式。

关于代码

本书包含许多带有源代码的例子，包括清单和正常文本行中的代码。在这两种情况下，源代码都使用等宽字体，以便与其他普通文本区分开。有些代码为了引起你的注意，还使用粗体字体进行突出显示。

在许多情况下，原来的源代码已经被重新格式化；我们添加了换行符，调整了缩进，以适应本书的页面空间。在极少数情况下，即使这样操作在一行中还不能显示完整代码时，我们就在代码清单中使用了续行标记（➥）。此外，当在普通文本中展示代码时，通常会将源代码中的注释删掉。代码清单中保留的注释是为了突出重要的概念。

本书中的示例代码可从 Manning 出版社网站下载，网址参见链接 1[1]，也可从 GitHub 下载，网址参见链接 2。

其他在线资源

你可以通过 Twitter（@cdavisafc）、Medium[2] 或者 Cornelia 的博客[3] 联系到本书作者。

---

1 请访问http://www.broadview.com.cn/38913下载本书提供的附加参考资料，如正文中提及参见"链接1""链接2"等时，可在下载的"参考资料.pdf"文件中查询。
2 网址参见链接5。
3 博客网址参见链接6。

读者服务

微信扫码回复：38913

- 获取博文视点学院 20 元付费内容抵扣券
- 获取本书代码和参考资料中的配套链接
- 获取更多技术专家分享的视频与学习资源
- 加入读者交流群，与更多读者互动

关于作者

Cornelia Davis 是 Pivotal 公司的技术副总裁,她负责为 Pivotal 公司和 Pivotal 公司的客户制定技术战略。目前,她正在研究如何将各种云计算模型(基础设施即服务、应用程序即服务、容器即服务和函数即服务)整合到一个全面的产品中,使 IT 组织能够在最高层面上运行。

Cornelia 在图像处理、科学可视化、分布式系统和 Web 应用程序架构,以及云原生平台方面有超过三十年的工作经验。她拥有加州州立大学北岭分校的计算机科学本科和硕士学位,并在印第安纳大学进一步研究了计算机原理和编程语言。

因为内心一直想当一名老师,所以 Cornelia 在过去的三十年里,一直致力于开发更好的软件,以及培养更好的软件开发人员。

空闲的时候,Cornelia 喜欢做瑜伽和烹饪。

关于封面插画

本书封面的标题为"1764年的一名俄国助产士"。这幅插图取自Thomas Jefferys于1757年至1772年间出版的 *A Collection of The Dresses of Different Nations, Ancient and Modern*（*four volumes*），其扉页上写着：这些是手工着色的铜版版画，用阿拉伯树胶加固。

Thomas Jefferys（1719—1771）被称为"乔治三世时的地理学家"。他是一位英国制图师，是当时主要的地图供应商。他为政府和其他官方机构雕刻和印刷地图，并制作各种各样的商业地图和地图册，特别是北美的地图册。作为一名地图绘制师，他对所调查和绘制地区的服饰习俗产生了兴趣，从而在这个系列中展示了这些精彩的服饰习俗。18世纪后期，人们对远方和旅游的迷恋成为一种新现象，因此像这样的收藏品很受欢迎，也为其他国家的居民带来了各种旅游家和空想的旅行者。

Jefferys卷宗中绘画的多样性，生动地说明了200多年前世界各国的特点。从那时起，着装规范已经发生了变化，当时各个地区和国家之间的丰富差异现在已经消失了。现在很难区分一个大陆的居民和另一个大陆的居民。也许，如果试着乐观地看待这件事，我们已经用文化和视觉的多样性换来了更多样化的个人生活，或者更多样化、更有趣的智力和技术生活。

在一个很难区分各类计算机书籍的时代，Manning出版社的图书封面用Jefferys的图片重现两个世纪前丰富多样的地区生活，来展现计算机行业的创造性和主动性。

云原生应用程序的各种模式

以下列举的模式大致按照它们在本书中出现的顺序排列：

- 请求/响应模式——这是一种服务间的通信协议，一个客户端会向某个远程服务发起一个请求，并且在大多数情况下希望接收到一个响应。这种通信可以是同步的，也可以是异步的，通常基于 HTTP 完成。
- 事件驱动模式——这是一个分布式系统中各个实体之间进行事件通信的协议，在一个云原生的应用程序中，各个服务之间通过这些事件来保持最新的状态。
- CQRS（Command Query Responsibility Segregation，命令查询职责分离）模式——在这种模式中，对某个领域实体的查询处理（读）与命令处理（写）是分开的。
- 多服务实例模式——通过部署应用程序/服务的多个实例来保证弹性、可伸缩性及云原生的运维实践。
- 水平伸缩模式——通过创建额外的应用程序实例来增加某个服务的容量。

- 无状态服务模式——应用程序/服务不会被后续的服务调用,在内存或者本地磁盘中不会存储任何状态。
- 有状态服务模式——指用来持久化状态的服务,例如,数据库和消息队列。这些服务用来为无状态服务提供持久化数据。
- 通过环境变量配置应用程序的模式——在应用程序启动时,通过环境变量将参数值注入应用程序。
- 配置服务模式——这是一个(有状态的)服务,用来将配置参数传递给多个应用程序的实例,以确保各个实例的行为是一致的。
- 配置即代码模式——通过对配置文件进行版本控制来管理配置。
- 零停机时间升级模式——一种让应用程序/服务在升级所有实例时仍然可以提供完整功能的方法。
- 滚动升级模式——一种通过分批次、增量式升级部分服务实例,来实现应用程序整体零停机时间升级的技术。
- 蓝/绿升级——一种通过部署一组新的应用程序实例,然后全部切换到这些实例来升级应用程序的技术。
- 应用程序健康检查——实现一个可以被调用的端点,用来访问某个应用程序的健康状态。
- 活性探测——定期调用应用程序的健康端点,如果健康检查失败,则重新创建一个应用程序实例。
- 服务端负载均衡——一种将请求在多个应用程序实例之间路由的方法,使得客户端只需向一个单独实体(负载均衡器)发送请求。
- 客户端负载均衡——一种将请求在多个应用程序实例之间路由的方法,客户端知道并且可以控制路由到某个服务的多个实例。
- 服务发现——客户端可以发现它所要调用服务的一个或多个地址。
- 重试——当客户端无法接收到服务的响应时,可以重复发起一次请求。
- 安全服务——一个服务无论被调用零次或者多次,返回的结果都是一样的。
- 幂等服务——一个服务无论被调用一次或者多次,返回的结果都是一样的。
- 回调——当发往下游服务的请求无法生成一个结果时,执行的应用程序逻辑。

- 断路器——一种用来阻止不断向某个故障服务实例发送请求，并且当服务恢复正常后允许继续发送请求的技术。
- API 网关——一个具有多种用途的服务代理，包括访问控制、审计、路由等。
- 挎斗——一种服务代理方法，代理服务本身与服务在一起。
- 服务网格——多个挎斗的网络和控制台。
- 分布式跟踪——一种为了跟踪问题原因，用一个线程来跟踪一系列相关的分布式服务的方法。
- 事件溯源——一种将事件日志作为软件的真实来源，并通过物化视图来满足服务实例需求的模式。

目录

第1部分 云原生上下文

第1章 什么是"云原生" 3
1.1 现代应用程序的需求 7
1.1.1 零停机时间 7
1.1.2 缩短反馈周期 8
1.1.3 移动端和多设备支持 8
1.1.4 互联设备(物联网) 9
1.1.5 数据驱动 9
1.2 云原生软件简介 10
1.2.1 定义"云原生" 10
1.2.2 云原生软件的思维模型 12
1.2.3 云原生软件实战 17
1.3 云原生与世界和平 21
1.3.1 云和云原生 22
1.3.2 什么不是云原生 23

1.3.3　云原生的价值 24
　小结 26

第2章　在生产环境中运行云原生应用程序 27
　2.1　面临的困难 28
　　　2.1.1　碎片化的变化 30
　　　2.1.2　有风险的部署 31
　　　2.1.3　认为变化是例外 35
　　　2.1.4　生产环境的不稳定性 35
　2.2　解决办法 36
　　　2.2.1　持续交付 37
　　　2.2.2　可重复性 41
　　　2.2.3　安全部署 46
　　　2.2.4　变化是一定的 49
　小结 52

第3章　云原生软件平台 53
　3.1　云（原生）平台的发展 54
　　　3.1.1　从云计算开始 54
　　　3.1.2　云原生的"拨号音" 56
　3.2　云原生平台的核心原则 59
　　　3.2.1　先聊聊容器 60
　　　3.2.2　支持"不断变化" 61
　　　3.2.3　支持"高度分布式" 64
　3.3　人员分工 68
　3.4　云原生平台的其他功能 70
　　　3.4.1　平台支持整个软件开发生命周期 70
　　　3.4.2　安全性、变更控制和合规性（管控功能） 73
　　　3.4.3　控制进入容器的东西 75
　　　3.4.4　升级与安全漏洞修补 77
　　　3.4.5　变更控制 79
　小结 81

第2部分 云原生模式

第4章 事件驱动微服务：不只是请求/响应 85
- 4.1 我们（通常）学习的是命令式编程 86
- 4.2 重新介绍事件驱动的计算 88
- 4.3 我的全球食谱 89
  - 4.3.1 请求/响应 90
  - 4.3.2 事件驱动 96
- 4.4 命令查询职责分离模式 106
- 4.5 不同的风格，相同的挑战 108
- 小结 110

第5章 应用程序冗余：水平伸缩和无状态 111
- 5.1 云原生应用程序会部署许多实例 113
- 5.2 云环境中的有状态服务 114
  - 5.2.1 解耦单体程序并绑定到数据库 115
  - 5.2.2 错误处理会话状态 119
- 5.3 HTTP会话和黏性会话 133
- 5.4 有状态服务和无状态应用程序 136
  - 5.4.1 有状态服务是特殊的服务 136
  - 5.4.2 让应用程序变得无状态 138
- 小结 143

第6章 应用程序配置：不只是环境变量 144
- 6.1 为什么要讨论配置 145
  - 6.1.1 动态伸缩——增加和减少应用程序实例的数量 146
  - 6.1.2 基础设施变化会导致配置变化 146
  - 6.1.3 零停机时间更新应用程序配置 148
- 6.2 应用程序的配置层 148
- 6.3 注入系统/环境值 153
  - 6.3.1 实际案例：使用环境变量进行配置 153

目录

6.4	注入应用程序配置	162
	6.4.1 配置服务器简介	163
	6.4.2 安全方面的额外需求	171
	6.4.3 实际案例：使用配置服务器的应用程序配置	171
小结		174

第7章 应用程序生命周期：考虑不断的变化 175

7.1	运维同理心	177
7.2	单实例应用程序生命周期和多实例应用程序生命周期	178
	7.2.1 蓝/绿升级	182
	7.2.2 滚动升级	183
	7.2.3 并行部署	184
7.3	协调多个不同的应用程序生命周期	187
7.4	实际案例：密码轮换和应用程序生命周期	191
7.5	处理临时运行时环境	200
7.6	应用程序生命周期状态的可见性	202
	7.6.1 实际案例：健康端点和探测	207
7.7	无服务器架构	210
小结		212

第8章 如何访问应用程序：服务、路由和服务发现 214

8.1	服务抽象	217
	8.1.1 服务示例：用 Google 进行搜索	218
	8.1.2 服务示例：我们的博客聚合器	220
8.2	动态路由	221
	8.2.1 服务端负载均衡	221
	8.2.2 客户端负载均衡	222
	8.2.3 路由刷新	223
8.3	服务发现	226
	8.3.1 Web 的服务发现	229
	8.3.2 服务发现和客户端负载均衡	230

		8.3.3	Kubernetes 中的服务发现	232
		8.3.4	实际案例：使用服务发现	234
	小结			237

第9章　交互冗余：重试和其他控制循环 … 238

	9.1	请求重试		240
		9.1.1	基本的请求重试	240
		9.1.2	实际案例：简单的重试	241
		9.1.3	重试：可能出了什么问题	246
		9.1.4	创建一个重试风暴	247
		9.1.5	实际案例：创建一个重试风暴	248
		9.1.6	避免重试风暴：友好的客户端	259
		9.1.7	实际案例：成为一个更友好的客户端	259
		9.1.8	什么时候不需要重试	265
	9.2	回退逻辑		266
		9.2.1	实际案例：实现回退逻辑	266
	9.3	控制循环		272
		9.3.1	了解控制循环的类型	272
		9.3.2	如何控制控制循环	273
	小结			275

第10章　前沿服务：断路器和API网关 … 277

	10.1	断路器		279
		10.1.1	软件中的断路器	279
		10.1.2	实现一个断路器	282
	10.2	API网关		294
		10.2.1	云原生软件中的 API 网关	296
		10.2.2	API 网关拓扑	297
	10.3	服务网格		299
		10.3.1	挎斗	299
		10.3.2	控制平面	302
	小结			304

第11章 故障排除：如同大海捞针 305

11.1 应用程序日志 306
11.2 应用程序度量指标 310
11.2.1 从云原生应用程序中获取指标 311
11.2.2 由云原生应用程序推送指标 314
11.3 分布式跟踪 317
11.3.1 跟踪器的输出 320
11.3.2 通过 Zipkin 组合跟踪轨迹 323
11.3.3 实现细节 328
小结 329

第12章 云原生数据：打破数据单体 331

12.1 每个微服务都需要一个缓存 334
12.2 从请求/响应到事件驱动 337
12.3 事件日志 339
12.3.1 实际案例：实现一个事件驱动的微服务 341
12.3.2 主题和队列的新特点 354
12.3.3 事件载荷 358
12.3.4 幂等性 360
12.4 事件溯源 361
12.4.1 到目前为止的旅程 361
12.4.2 真实来源 363
12.4.3 实际案例：实现事件溯源 365
12.5 我们只是介绍了一些皮毛 368
小结 369

第1部分

云原生上下文

尽管听起来有些陈词滥调,但是这本书的第 1 部分真正奠定了全书内容的基础。我虽然可以直接讲解你想了解的模式部分(有关服务发现、断路器等),但是我希望你能够深入了解这些模式,所以第 1 部分非常重要。如果你了解应用程序运行的上下文环境、基础设施以及更多的人为因素,就能够以最有效的方式来使用这些模式。客户对你的数字产品的期望(不断升级以及零停机时间)和你交付这些产品的方式(自主团队和充分授权),往往与你使用的设计模式有关。

本书第 1 章的一个主要目标是定义什么是云原生,并将它与普通的"云"概念区分开来(后者与"哪里"有关,而前者指的是"如何应用",这才是真正有趣的部分)。我还建立了一个思维模型,并且根据这个模型来组织本书第 2 部分的内容。

第 2 章介绍了云原生应用的运维。我能猜到你们其中一些人在想:"我是开发人员,不需要操心这些。"但是请暂时放下你们的成见,满足某些客户需求的运维实践,会立即转化为对软件的需求。

最后，在第 3 章中，将介绍能够同时满足开发和生产需求的平台。我在本书第 2 部分中提到的许多模式，虽然对于开发高质量的软件是绝对必要的，但是不必完全由你来实现，合适的平台可以给你提供很多帮助。

所以，请不要跳过这些章节。我保证你在这里花费的精力一定会得到回报。

第 1 章 什么是"云原生"

这不是亚马逊的错。2015 年 9 月 20 日,星期日,Amazon Web Services(AWS,亚马逊公司旗下的云计算服务平台)经历了一次重大的宕机事故。随着越来越多的公司在 AWS 上运行自己的关键系统——甚至是为客户提供的核心服务,AWS 宕机可能会导致后续一系列影响深远的事故。在这种情况下,Netflix、Airbnb、Nest、IMDb 以及很多其他公司都经历了宕机,服务的客户受到影响,最终企业利益受到损失。AWS 核心宕机持续了大约 5 小时(或者更长,取决于你如何计算),而受 AWS 影响的客户则花费了更长时间才将其系统从故障中恢复。

如果你是 Nest 公司,你向 AWS 付费是因为希望专注于为客户创造价值,而不用关心基础设施的问题。作为协议的一部分,AWS 负责保证其系统的正常运行,从而让你的系统也能够正常运行。如果 AWS 宕机,那么你很容易把自己系统的宕机都归咎于亚马逊。

但是你错了,亚马逊不应该为你的宕机负责。

等等!不要把书扔到一边,请听我说完。我的话会直击问题的核心,并且解释了本书的写作初衷。

首先,让我澄清一件事情。我并不是说亚马逊和其他云供应商没有责任保证系统的正常运行,它们显然就是做这件事情的。如果供应商没有达到一定的服务水平,客户可以并且一定会找到替代的方案。云服务供应商通常会提供服务级别协议(SLA)

的保证。例如，亚马逊可以为其大部分服务提供99.95%的正常运行时间保障。

我想指出的是，你在基础设施上运行的应用程序应该比基础设施本身更稳定。你会说，那怎么可能？朋友们，这正是本书要教给你们的。

让我们来快速回顾一下2015年9月20日的AWS宕机事件。Netflix是受网络中断影响的众多公司之一，它是美国最大的互联网网站之一，其访问流量占全部互联网带宽的36%。尽管Netflix宕机影响了很多人，但是该公司对于AWS事件是这么说的：

> Netflix在受影响的地区确实经历了短暂的可用性问题，但我们避开了所有重大影响，因为Chaos Kong演习让我们为此类事件做好了准备。通过定期模拟区域性中断的试验，我们能够及早发现任何系统性缺陷并修复它们。当us-east-1变得不可用时，我们的系统足够强大，以至于可将流量转移到其他可用区域。[1]

Netflix很快就从AWS宕机事故中恢复过来，事故发生几分钟后就完全恢复了功能。Netflix仍然在AWS上运行，即使AWS还在宕机，它依然能够完全正常运行。

注意 Netflix如何能够恢复得如此之快？答案是冗余。

没有一个硬件可以保证100%的时间都是可用的，并且正如一直以来的实践经验表明，我们会在适当的地方增加冗余系统。AWS正是这样做的，并且将这些冗余能力提供给它的用户。

特别地，AWS会在多个区域提供服务。例如，在撰写本书时，其Elastic Compute Cloud platform（EC2）产品正在爱尔兰、法兰克福、伦敦、巴黎、斯德哥尔摩、东京、首尔、新加坡、孟买、悉尼、北京、宁夏、圣保罗、加拿大，以及美国的4个地方（弗吉尼亚州、加利福尼亚州、俄勒冈州和俄亥俄州）运行和提供服务。在每个区域内，服务被进一步划分为许多可用区（AZ），这些可用区被配置为相互之间的资源是隔离的。这种隔离机制限制了一个可用区失败而对另一个可用区服务造成的影响。

图1.1演示了3个区域，每个区域包含4个可用区。

---

[1] 有关Chaos Kong的更多信息，请参见Netflix技术博客上的"Chaos Engineering Upgraded"一文。Netflix技术博客的网址参见链接7。

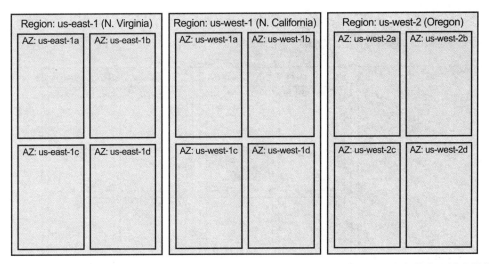

图 1.1　AWS 将其服务划分为区域和可用区。区域对应地理地区，而可用区在单个区域内提供进一步的冗余和隔离

应用程序在可用区中运行，重点是，它可能在多个区域的多个可用区内运行。回想一下，之前我曾说过，冗余是系统正常运行的关键之一。

在图 1.2 中，我放置了一些图标来表示正在运行的应用程序。（我不清楚 Netflix、IMDb 或者 Nest 是如何部署它们的应用程序的，这里纯粹是假设，仅仅为了说明。）

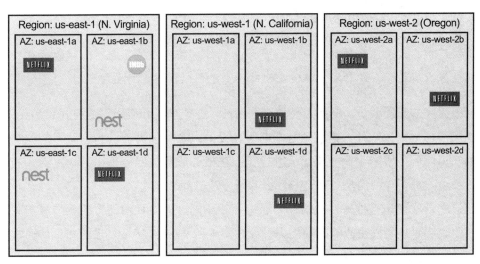

图 1.2　AWS 上的应用程序可以部署到单个可用区中（例如，IMDb 公司），也可以部署在单个区域的多个可用区中（例如，Nest 公司），或者部署在多个可用区和多个区域中（例如，Netflix 公司）。这样可提供各种不同的弹性能力

图 1.3 演示了一个单个区域故障，就像 2015 年 9 月的 AWS 宕机一样。在那种情况下，只有 us-east-1 可用区无法提供服务。

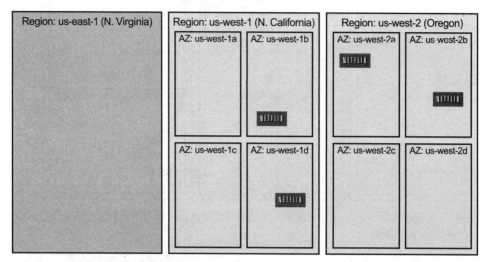

图 1.3 如果应用程序采用了正确的架构和部署方式，即使出现大范围的服务中断（例如整个区域故障），也可以正常提供服务

在这个简单的图表中，很显然可以看到，Netflix 比其他公司更好地避免了宕机事故。它的应用程序可以在其他 AWS 区域运行，并且能够轻松地将所有流量引导到正常的实例上。虽然与其他区域的故障切换不是自动的，但是 Netflix 已经预料到（甚至实践了）可能会出现这样的中断，并且以此来设计软件架构，包括相应的运维手段。[1]

注意　云原生软件的设计目的是预测故障，并且即使当它所依赖的基础设施出现故障，或者发生其他变化时，它也依然能够保持稳定运行。

应用程序的开发人员、支持人员和运维人员，必须学习和应用新的模式和实践，来创建和管理云原生软件，这也正是本书所教授的内容。你可能认为这并不是什么新鲜的知识，因为很多企业（比如金融行业）在核心业务中已经采用了双主模式的系统，不过这里要介绍的是实现这一目标的新方法。

在过去，实现这些故障切换的行为通常各不相同，因为我们部署的系统最初并没有按照底层系统会发生故障的前提去设计。实现所需 SLA 指标要求的知识，通常

---

[1] 有关Netflix的事故恢复过程，请参考Nick Heath发表的 "AWS Outage: How Netflix Weathered the Storm by Preparing for the Worst" 一文，网址参见链接8。

仅限于少数几个"专家"知道。因此，为了使系统能够应对底层基础设施的故障，需要进行精心的设计、配置和测试。

这与 Netflix 今天所做的事在哲学上存在根本的不同。对于前一种方法，变化或者失败被视为例外情况。相比之下，Netflix 和许多其他大型互联网公司，例如 Google、Twitter、Facebook 和 Uber，都将变化或者失败视为正常规律。

这些企业已经改变了它们的软件架构和工程实践，让面向失败的设计成为它们构建、交付和管理软件过程中的一个组成部分。

> **注意** 失败是正常规律，而不是例外。

1.1 现代应用程序的需求

数字体验已经不再是我们生活中的一个配角，它们在我们日常生活中的许多活动中都扮演着重要的角色。这种普遍性已经超越了我们对所使用的软件的期望：我们希望应用程序总是可用的，能够不断地升级并提供个性化的体验。在软件产品从构思到实现这一生命周期的初期，我们就必须能够满足这些期望。而你作为一名开发人员，也是负责满足这些需求的其中一员。让我们先来了解一下关键的需求有哪些。

1.1.1 零停机时间

2015 年 9 月 20 日的 AWS 停机，揭示了现代应用程序的一个关键需求：它必须始终是可用的。可以容忍应用程序出现短暂不可用情况的日子已经一去不复返了。世界是始终在线的。没有人希望计划外的停机出现，其影响已经达到了惊人的水平。例如，2013 年《福布斯》估计，亚马逊在一次 13 分钟的意外停机事故中损失了近 200 万美元。[1] 不管停机是否在计划中，都会导致收益和客户满意度的严重下降。

但是，维护系统的正常运行不仅是运维团队的问题。软件开发人员或者架构师对设计和开发一个松耦合、组件化的系统同样负有责任，应该通过部署冗余组件来应对不可避免的故障，并设置隔离机制来防止故障在整个系统中引起连锁反应。而且，还必须把软件设计成能够在不停机的情况下完成计划事件（例如，升级）。

---

1 更多细节请参考Kelly Clay在福布斯网站上发表的文章"Amazon.com Goes Down, Loses $66,240 Per Minute"，文章的网址参见链接9。

1.1.2 缩短反馈周期

同样至关重要的是频繁发布代码的能力。在激烈的竞争和不断增长的消费者期望的双重驱动下,应用程序更新已经从每月数次发展到每周数次,有时甚至一天数次。让用户感到兴奋毫无疑问是有价值的,但是持续发布新版本的最大动力是降低风险。

从你对某个功能有了想法的那一刻起,你就承担了一定程度的风险。这个主意好吗?用户能接受它吗?它能以一种更好的方式实现吗?虽然你会尽可能地去预测可能的结果,但现实往往与预期不同。获得诸如此类重要问题答案的最佳方法,是发布一个功能的早期版本并收集反馈信息。利用这些反馈信息,你可以做出调整,甚至完全改变想法。频繁的软件发布不仅缩短了反馈周期,也降低了风险。

在过去几十年里占主导地位的单体软件系统,无法做到频繁地发布新版本。因为由独立团队构建和测试的各个子系统之间密切相关,所以需要把它们作为一个整体进行测试后才能够进入"脆弱"的打包过程。如果在集成测试阶段的后期发现了缺陷,那么这个漫长而艰苦的过程需要重新开始。为了实现将软件发布到生产环境的敏捷性,新的软件架构是必不可少的。

1.1.3 移动端和多设备支持

2015年4月,技术趋势评测和分析公司comScore发布的一份报告中显示,移动设备的互联网使用率首次超过台式计算机。[1] 今天的应用程序需要支持至少两种移动设备平台(iOS和Android)和桌面系统(仍然占很大一部分使用比例)。

此外,用户越来越希望他们的应用体验随时可以从一个设备无缝切换到另一个设备上。例如,用户可能在Apple TV上看电影,然后在去机场的车上改用移动设备继续观看。此外,移动设备的使用模式与桌面设备的使用模式有很大的不同。例如,银行必须能够满足移动设备用户频繁的应用程序刷新需求,他们可能正在不断查看每周的薪水是否到账。

正确设计应用程序对于满足这些需求至关重要。核心服务必须能够支持所有为用户提供服务的终端设备,并且系统必须能够适应不断变化的需求。

---

[1] 想了解完整的报告内容,请参考Kate Dreyer于2015年4月13日在comScore网站上发表的博客文章,文章网址参见链接10。

1.1.4 互联设备（物联网）

互联网不再仅仅将人类与系统连接起来，如今，数以亿计的设备通过互联网连接，使得它们能够被连接的其他实体监控甚至控制。预计到2022年，仅家庭自动化市场，即使其在所有物联网（IoT）连接设备中只占很小的一部分，也将成为一个将近530亿美元的市场。[1]

联网的家庭拥有传感器和远程控制设备，例如，运动探测器、照相机、智能恒温器，甚至照明系统。这些设备都是非常便宜的。几年前，在−32℃的天气里，我的水管爆裂了，于是我用一个联网的恒温器和一些温度传感器搭建了一套简易的恒温系统，花费总共不到300美元。其他物联网设备还包括汽车、家用电器、农业设备、喷气式发动机，以及我们大多数人口袋里的超级计算机——智能手机。

物联网设备从两个基本方面改变了我们的软件的特性。首先，互联网上的数据流量急剧增加。数以亿计的设备在一分钟内多次广播数据，甚至有的设备达到每秒多次。[2] 其次，为了收集和处理这些海量数据，用于计算的基础设施势必发生重大的改变。当计算资源被放在"边缘"位置，即更靠近连接设备时，它会变得更加分布式。数据量和基础架构之间的差异，需要新的软件设计和实践来解决。

1.1.5 数据驱动

根据本书目前为止提出的几个需求，你应该会以更全面的角度来考虑数据。数据量正在不断增加，数据源分布得更加广泛，而软件的交付周期正在缩短。综上所述，这三个因素使得大型、集中式、共享的数据库变得无法使用。

例如，一个装有数百个传感器的喷气式发动机，它会经常与数据中心的数据库断开连接，同时由于带宽限制，无法在建立连接后立即将所有数据传输到数据中心。此外，共享数据库需要在众多应用程序之间进行大量的处理和协调，以便满足各种数据模型和交互场景的需求，这是导致无法缩短发布周期的主要问题。

这些应用程序需要的不是单一的共享数据库，而是一个由更小的、本地化数据库组成的网络，以及能够在多个数据库管理系统之间管理数据关系的软件。这些新

---

[1] 你可以在GlobeNewswire网站上了解更多由Zion Market Research发布的研究报告，网站地址参见链接11。

[2] 欲了解相关信息可查阅Gartner公司2017年发布的报告，访问Gartner网站的Newsroom栏目即可找到，报告的网址参见链接12。

方法催生了从软件敏捷开发管理到数据层面的各种要求。

最后，如果没有人使用新的数据，那么这些数据就没有价值。今天的应用程序必须越来越多地使用数据，通过更智能的应用程序为客户提供更高的价值。例如，地图应用程序使用来自物联网汽车和移动设备的 GPS 数据，以及道路和地形的数据，来提供实时交通报告和路线导航服务。过去几十年的应用程序，仅仅通过精心设计的算法加以仔细调整来适应预期的使用场景，而现在它们正在被不断变化的新应用程序所取代，甚至这些新程序可能会自动调整内部的算法和配置。

这些用户需求——持续的可用性、频繁发布新版本以实现不断演进、易于伸缩和智能化，都是过去的软件设计和管理系统所无法满足的。但是，什么样的软件能满足这些需求呢？

1.2 云原生软件简介

你的软件需要 7×24 小时提供服务。你需要频繁地发布新版本，以便快速满足用户的新需求。用户的移动应用需求和始终处于连接的状态，促使你的软件需要处理比以前更多、数量波动更大的请求。而连接设备（物联网）形成了一个空前庞大的分布式数据结构，需要新的存储和处理方法。这些需求，以及对一个运行这些软件的新平台的需求，直接导致了一种新的软件架构风格的出现，即云原生软件。

1.2.1 定义"云原生"

云原生软件的特点是什么？让我们先进一步分析一下前面的需求，看看它们会导致什么样的结果。参见图 1.4，顶部列出了各个需求，接着展示了与各结果之间的关系。以下是详细内容：

- 如果想让软件始终处于运行状态，必须对基础设施的故障出现和需求变更具有更好的弹性，无论这些故障和变更是计划内的还是计划外的。当所运行的环境经历了一些不可避免的变化时，软件必须能够适应这些变化。如果能够正确地构建、部署和管理软件的独立模块，它们的组合可以降低任何故障的影响范围，这会促使你采用模块化的设计。因为我们清楚没有一个实体可以保证永远不会失败，所以会在整个设计中都考虑冗余的情况。

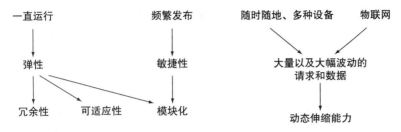

图 1.4　用户对软件的需求推动云原生架构和相应管理方式的发展

- 你的目标是频繁发布新版本，但是单体软件做不到这一点，太多相互依赖的模块需要耗费大量时间和复杂的协作。近年来，各种实践已经充分证明，由更小、更松耦合、可独立部署和发布的组件（通常称为微服务）组成的软件，可以支持更敏捷的发布模型。

- 用户不再局限于只能坐在桌子前使用计算机，他们要求使用随身携带的移动设备。非人体设备（nonhuman entity），例如，传感器和设备控制装置，同样是连接在一起的。这两种情况都会导致请求和数据量大幅波动，因此需要能够动态伸缩以及持续提供服务的软件。

其中一些属性表明了架构，即这样的软件应该由可冗余部署的独立组件组成，其他属性说明了交付软件的管理实践，即部署必须能够适应不断变化的基础设施，以及数量大幅波动的请求。如果我们把属性集合作为一个整体，然后对它进行分析，会得到如图 1.5 所示的结论：

- 将软件拆分成一组独立的组件，冗余地部署多个实例，这就意味着分布式。如果冗余副本彼此部署得很近，那么受到本地故障影响的风险就会更大。为了能够高效地利用基础设施资源，当你想通过部署某个应用程序的多个实例来满足不断增加的请求数量时，必须能够将它们平均部署在可用的基础设施上，例如均匀部署在 AWS、Google Cloud Platform（GCP）和微软 Azure 等云平台上。只有这样，才可以分布式地部署软件模块。

- 可适应性软件的定义是"能够适应新的条件"，这里的"条件"指的是基础设施和相关的软件模块。它们本质上是联系在一起的，随着基础设施的变化，软件也在变化，反之亦然。频繁地发布意味着频繁地更改，而通过水平伸缩的运维方法来适应波动的请求，也意味着需要不断调整。很明显，你的软件和它运行的环境在不断地变化着。

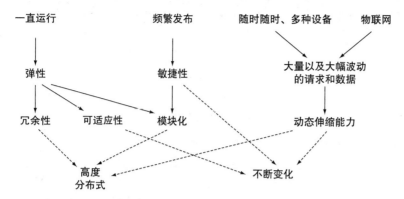

图 1.5 从架构和管理方面我们理解了云原生软件的核心特征:它是高度分布式的,必须在不断变化的环境中运行,并且软件本身也在不断地发展、变化

定义 云原生软件是高度分布式的,必须在一个不断变化的环境中运行,而且自身也在不断地发生变化。

云原生软件的开发涉及更多的细节(具体内容将在本书各章节中介绍),但最终,它们都会回归到这些核心特征:高度分布式和不断变化。这将是你在学习本书过程中的"口头禅",我将不断向你重复高度分布式和不断变化的概念。

1.2.2 云原生软件的思维模型

Adrian Cockcroft 曾经是 Netflix 的首席架构师,现在是 AWS 云架构战略(Cloud Architecture Strategy)的副总裁,他曾经谈到过操作一辆汽车的复杂性:作为一名司机,你必须控制汽车在街道上穿行,并且确保不与执行同样复杂任务的其他司机相接触。[1] 之所以能够做到这一点,是因为你已经形成了一个思维模型。你在了解世界的同时,还可以在不断变化的环境中控制你的工具(在这里指的是一辆汽车)。

大多数人在开车时用脚来控制速度,用手来控制方向,两者协作决定了汽车的正常行驶。为了改善交通状况,城市规划者在街道布局上下了很大功夫。交通标志和信号灯等工具,再加上交通法规,共同提供了一个框架,你的旅程就是在这样的框架中从起点走到终点的。

开发云原生软件也是一件很复杂的事。在本节中,我将介绍一个模型来帮助你

---

[1] 你可以访问DZone网站,搜索并观看视频"Tech Talk: Simplifying the Future With Adrian Cockcroft",听一听Adrian对这方面以及其他复杂事情的谈论,网址参见链接13。

梳理开发云原生软件时涉及的大量问题。我希望这个框架能够帮助你理解关键的概念和技术，从而使你成为熟练的云原生软件设计和开发人员。

我将从简单的部分开始，使用一些你肯定已经熟悉的核心技术来开发云原生软件，如图 1.6 所示。

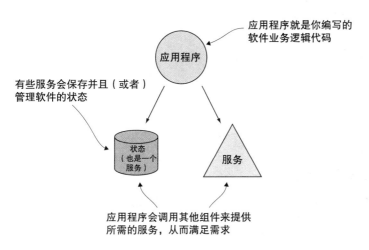

图 1.6　一个基本的软件架构的常见元素

一个应用程序（App）会实现关键的业务逻辑，你将为此编写大部分代码。例如，你的代码将接收一个客户订单，验证库存中是否有可用的商品，并向账单部门发送一个通知。

当然，这个应用程序需要调用其他组件来获取信息，或者执行操作，我将它们称为服务（Service）。某些服务会存储状态——例如，库存状态服务，而其他一些服务可能是实现了系统中另一部分业务逻辑的应用程序，如客户账单等。

在了解这些简单的概念之后，现在让我们去构建一个表示云原生软件的拓扑图，如图 1.7 所示。你有一组分布式的模块，其中大多数模块都部署了多个实例。你可以看到大多数应用程序也都被当作服务，并且有些服务是明显有状态的。箭头表示了组件之间的依赖关系。

图 1.7 说明了几个有趣的地方。首先，请注意这些部分（方框，以及表示数据库或存储的图标）总是带有两个名称：方框表示应用程序和服务，而圆柱形存储图标表示服务和状态。图 1.7 中所示的简单概念，可以看作软件中各种组件所承担的角色。

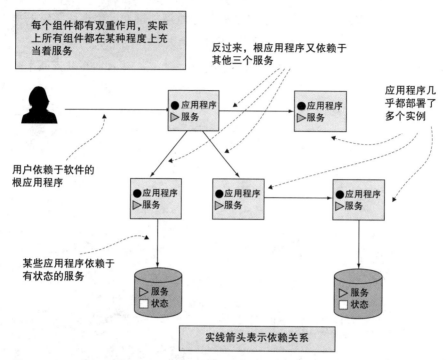

图 1.7 云原生软件在熟悉的概念基础上增加了极度的分布式、无处不在的冗余，而且处于不断的变化中

你会注意到，任何具有指向它的箭头的实体（表示组件是被另一个组件所依赖的）都是服务。没错，几乎所有的对象都是服务。即使拓扑图中的根应用程序也依赖于软件的消费者。当然，应用程序是指你需要编写代码的地方。我特别喜欢服务和状态的组合，这清晰表明了一些服务是没有状态的（你肯定听说过无状态服务，这里用"应用程序"表示），而其他服务都会涉及状态管理。

因此，我定义了云原生软件包含的三个部分，如图 1.8 所示。

- 云原生应用程序——它依然是由你编写的代码构成的，实现了软件的业务逻辑。我们通过使用合理的模式，能够让这些应用程序之间形成良好的合力，因为很少有单个应用程序能够提供完整的数字化解决方案。应用程序位于箭头的起点或终点（或者两者都有），因此必须通过实现某些行为让它们参与到这种关系中。它们还必须能够支持云原生的运维能力，例如，水平伸缩和升级等。

- 云原生数据——这是在云原生软件中存储状态的地方。图 1.8 也显示了云原生架构与以往架构的明显差异，过去的架构通常会使用一个集中的数据库来存储软件的大部分状态。例如，你可能在同一个数据库中存储用户配置、账户详情、评论、订单历史记录、付款信息等。云原生软件将代码分解成许多更小的模块（应用程序），同样数据库也被拆分成多个且分布式化。

- **云原生交互**——云原生软件是云原生应用程序和云原生数据的组合，这些实体之间的交互方式最终决定了数字化解决方案的功能和质量。由于我们的系统具有极度分布式和不断变化的特点，所以在许多情况下，这些交互很大程度上区别于以前的软件架构，甚至一些交互模式都是全新的。

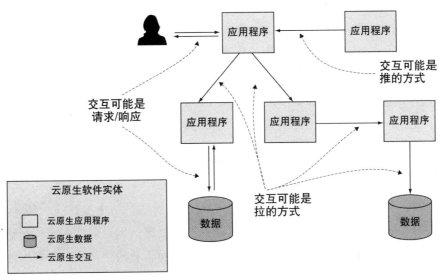

图 1.8　云原生软件模型中的关键实体：应用程序、数据和交互

请注意，尽管一开始我就谈到了服务，但最终它并不是这个思维模型中的三个实体之一。在很大程度上，这是因为几乎所有对象都是服务，包括应用程序和数据。但更重要的是，我认为服务之间的交互比服务本身更加重要。服务在整个云原生软件模型中无处不在。

建立了这个模型之后，让我们回到 1.1 节介绍的现代应用程序的需求，并考虑它们对云原生软件的应用程序、数据和交互的影响。

云原生应用程序

与云原生应用程序有关的问题包括以下几点：

- 应用程序可以通过添加或删除实例来进行容量伸缩。我们将其称为水平扩容或水平缩容，它与以前架构的纵向伸缩模型有很大的不同。如果部署正确，应用程序的多个实例也可以在不稳定的环境中提供一定的弹性。

- 一旦一个应用程序有了多个实例，当一个实例出现某种程度的故障时，将故障实例与整个应用程序集群隔离开，就可以让你更容易地执行恢复操作。你可以简单地创建一个新的应用程序实例，并将其与所依赖的有状态服务连接起来。
- 当应用程序部署了许多实例，并且它们所运行的环境不断变化时，云原生应用程序的配置会面临独特的挑战。例如，如果一个应用程序有 100 个实例，那么将一个新的配置放到一个已知的文件系统位置，然后重新启动应用程序的日子就一去不复返了。我们无法用这种传统的方式将配置更新到实例中，因为它们在分布式环境中会到处移动。
- 基于云环境的动态特性要求你改变管理应用程序生命周期的方式（不是软件交付的生命周期，而是应用程序启动和关闭的过程）。你必须重新审视如何在新的上下文中启动、配置、重新配置和关闭应用程序。

云原生数据

虽然应用程序是无状态的，但是处理状态也是软件解决方案中重要的一部分，并且在极度分布式和不断变化的环境中也需要解决数据处理问题。因为在流量波动的时候也需要持久化数据，所以在云环境中处理数据会面临独特的挑战。云原生数据问题包括以下几个方面：

- 需要打破数据统一管理的观念。在过去的几十年里，各类企业投入了大量的时间、精力和技术力量来管理大型、统一的数据模型。因为在许多领域存在类似的概念，所以许多软件系统也按照管理单个实体来实现。例如，在医院中，"患者"这一概念与许多场景相关，包括临床/护理、收费、服务调查等，所以开发人员通常会创建一个模型（一个数据库）来管理患者信息。但是，这种方法不适用于现代化的软件，它发展缓慢而且脆弱，并且缺少松耦合架构的敏捷性和健壮性。你需要创建一个分布式的数据架构，以创建一个分布式的应用程序架构一样的方式。
- 分布式的数据架构由一些独立、适用于特定场景的数据库（支持多种持久化方式），以及一些数据源来自其他地方、仅用于数据分析的数据库组成。缓存就是云原生软件中的一种关键模式和技术。
- 当多个数据库中存在多个实体（例如，前面提到的"患者"）时，必须解决公共信息在多个不同实例之间的同步问题。
- 最终，分布式数据架构的核心就是将状态作为一系列事件的结果来处理。事件源模式会捕获状态更改的事件，将事件收集并制成统一日志分发给其他数据成员。

云原生交互

最后，当你将所有这些部分组合在一起时，又会产生一组新的云原生交互问题：

- 当一个应用程序有多个实例时，需要某种路由系统才能够访问它们。这势必会使用到同步的请求/响应模式，以及异步的事件驱动模式。
- 在高度分布式、不断变化的环境中，必须考虑访问失败的情况。自动重试是云原生软件中的一种常用模式，但如果管理不当，这可能会对系统造成严重破坏。当应用自动重试模式时，断路器是必不可少的。
- 由于云原生软件是多个服务的组合，所以单个用户请求会涉及调用大量相关服务。如果想合理地管理云原生软件，确保提供良好的用户体验，就必须管理好组合中每个服务及它们之间的交互。像指标、日志这种我们已经开发了几十年的东西，必须针对新的架构加以调整。
- 模块化系统最大的优点之一是其各个部分能更容易独立地演化。但是，因为这些独立的部分最终会组合成一个更大的整体，所以它们之间的底层交互协议必须适合云原生环境，例如，一个支持并行部署的路由系统。

本书介绍了满足这些需求的新的模式和实践。

让我们通过一个具体的例子，来更好地理解这里提出的问题，也希望各位读者能够了解我的思路。

1.2.3 云原生软件实战

让我们从一个熟悉的场景开始。假设你在 Wizard 银行有一个账户。你偶尔会去当地的分行办理业务，同时你也是该银行的网上银行注册用户。在过去一两年的大部分时间里，你都只能通过家里的固定电话接听来电（还是假设）。有一天你终于决定改变这一情况。因此,你需要更新在银行(以及许多其他地方)登记的电话号码。

网上银行允许你编辑自己的用户信息,其中包括主要电话号码和任何备用电话号码。登录站点后,你将被导航到"用户信息"页面,输入新的电话号码,然后单击"提交"按钮。随后你会收到修改完成的确认信息,于是这次用户体验到此为止。

让我们来看看,如果这个网上银行应用程序采用云原生的架构会是什么样子。图1.9描述了如下关键问题:

- 因为还没有登录,所以当你访问"用户信息"(User profile)应用程序❶时,它会将你重定向到"身份验证"(Auth)应用程序❷。注意,每个应用程序都部署了多个实例,所以用户请求会通过一个路由器被发送到其中一个实例。
- 作为登录的一部分,身份验证应用程序会在一个有状态的服务中创建和存储一个新的"身份令牌"(Auth token)❸。
- 系统使用新的身份验证令牌将用户重定向回"用户信息"(User profile)应用程序。这一次,路由器会将用户请求发送到"用户信息"(User profile)应用程序的另一个实例❹。[提醒:在云原生软件中不要使用黏性会话(sticky session)!]
- "用户信息"(User profile)应用程序会通过调用"认证API"(Auth API)服务来验证身份令牌❺。同样,因为有多个实例,所以请求会被路由发送到其中一个实例。回想一下,有效的身份令牌会被存储在一个有状态的"身份令牌"(Auth token)服务中,不仅"身份验证"(Auth)应用程序可以访问,"认证API"(Auth API)服务的任何实例都可以访问。
- 这些应用程序("用户信息"和"身份验证")的实例可能会由于各种原因而发生改变,因此必须有一个协议能够不断用新的IP地址来更新路由器❇。
- "用户信息"(User profile)应用程序向"用户API"(User API)服务发出一个下游请求❻,来获取当前用户的个人信息数据,包括电话号码。然后,"用户信息"(User profile)应用程序会向用户的有状态服务发出一个请求。
- 在用户更新了电话号码并单击了"提交"按钮之后,"用户信息"(User profile)应用程序会将新数据发送到一个"事件日志"(Event log)中❼。
- 最后,"用户API"(User API)服务的一个实例会接收并处理这个更改事件❽,并向Users数据库发送一个写请求。

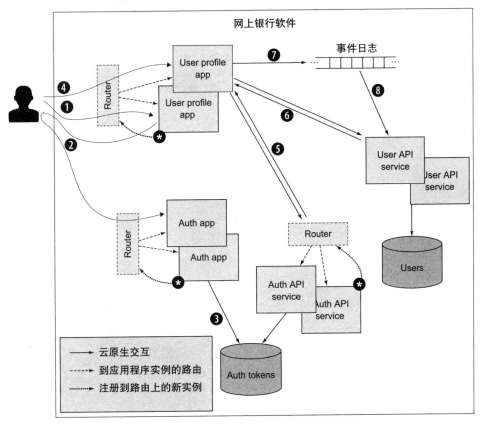

图 1.9 网上银行软件由应用程序和数据服务组成。其中用到了多种交互协议

虽然上面已经列出很多内容了，但我还想再增加一些。

当你再次来到银行分行，在银行柜员核实你的当前联系方式时，你会希望柜员有你更新后的电话号码。但是网上银行软件和柜员使用的软件是两个不同的系统。这个设计是没问题的，它提供了敏捷性、弹性和许多我认为对现代系统很重要的优点。图 1.10 展示了完整的产品架构。

银行柜员软件的结构与网上银行软件并没有明显的不同，它也是云原生应用程序和数据的组合。但是，你可以想象到，每个数字解决方案都要处理甚至存储用户的数据，或者说是客户的数据。在云原生软件中，即使是数据处理也会更倾向于松耦合。这体现在网上银行软件中的用户（User）状态服务和银行柜员软件中的客户（Customer）状态服务。

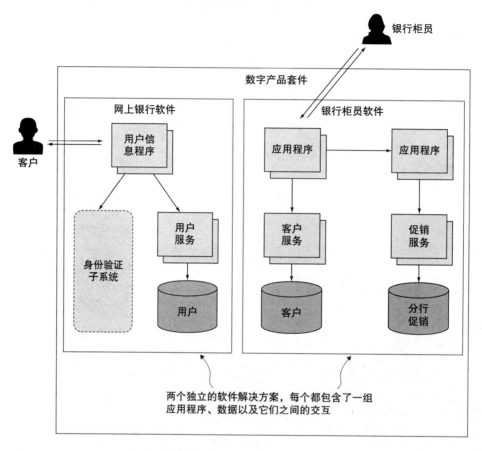

图 1.10　虽然 Wizard 银行的各个软件是独立开发和管理的，但是在用户看来就是一个系统

因此，我们的问题是，如何协调这些不同存储位置中的公共数据？你的新电话号码将如何显示在银行柜员的软件上？

在图 1.11 中，我向模型中添加了另一个概念，我将其称为"分布式数据协调"。这里的描述并不意味着任何实现细节。我并不是建议使用一个规范化的数据模型、一主多从式的数据管理技术，或者任何其他解决方案。目前，这只是对问题的一个描述，我们很快会来研究如何解决问题。

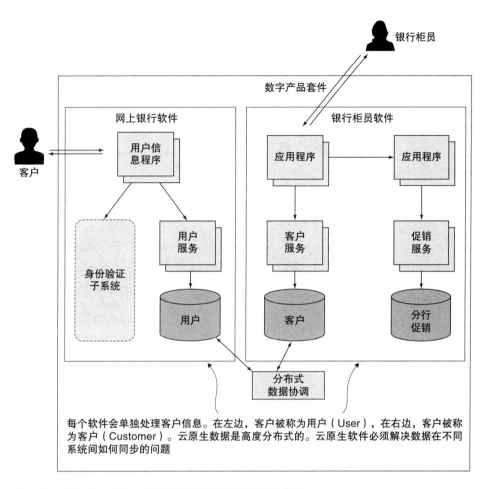

图 1.11 分散的、松耦合的数据架构需要将数据聚合管理

前面已经介绍了很多知识,图 1.9、图 1.10 和图 1.11 中的内容都很多,你可能还不能很好地理解。不过没关系,我希望你了解的是云原生软件的一些关键概念:

- 云原生软件架构包含很多组件。
- 有一些专门用来处理系统变更的协议。

我们将在接下来的章节中深入讨论所有的细节。

1.3 云原生与世界和平

我在这个行业中已经工作很长时间了,也看到有几次技术进步声称要解决"所有"问题。例如，20 世纪 80 年代后期出现面向对象编程时，有些人认为软件会自己编写代码。尽管这些乐观的预测都没有成真，但毫无疑问，许多大肆宣传的技术提升了软件的许多方面，例如易于构建和管理、更好的健壮性等。

云原生软件架构通常被称为微服务[1]，目前已经变得非常流行（虽然它们不会维护世界和平）。即使它真的能占据软件开发的主导地位（我相信会的），它也不是万能的。让我们稍后更详细地来讨论这个问题,现在先讨论一下"云"（Cloud）这个词。

1.3.1 云和云原生

"云"这个词可能会给人带来困惑。当我听到一个公司的老板说"我们正在向云迁移"时，他通常是指正在将一些甚至所有应用程序转移到其他的数据中心，例如 AWS、Azure 或者 GCP。这些云提供了与本地数据中心（机器、存储和网络）相同的功能，因此这种"向云迁移"只需对当前软件和运维方式进行少许的变更。

但是这种方法不会带来更好的软件弹性、更好的管理方式，或者更多的敏捷性。事实上，由于云服务的 SLA（Service Level Agreement，服务级别协议）通常低于本地数据中心的 SLA，所以在许多方面可能会出现降级。简而言之，迁移到云上并不意味着你的软件就是云原生的，也不会具有云原生软件的价值。

正如我在本章前面所分析的，消费者的新期望和新的计算环境（即云计算环境）迫使软件的构建方式发生了变化。当你拥抱新的架构模式和运维实践时，所开发的软件就会非常适合于在云环境中工作，如同天生源自于此。

> **注意** "云"是指我们在哪里计算，而"云原生"指的是如何实现。

如果云原生是关于如何实现的，那么是否意味着你可以在当前环境下实现云原生的解决方案呢？你说对了，我合作过的大多数企业都是先在自己的数据中心实现云原生架构。这意味着其内部的基础设施需要支持云原生的软件和运维方式。我将在第 3 章来讨论这种基础设施。

尽管云原生很棒（我希望当你读完这本书的时候，你也会这么想），但是它并不意味着一切。

---

[1] 虽然我使用术语"微服务"来指代云原生架构，但我不认为它包含了云原生软件另外两个同样重要的特性：数据和交互。

1.3.2　什么不是云原生

我相信你应该可以理解,不是所有的软件都应该是云原生的。当你学习这些模式时,会发现有些新方法很有用,而有些则不那么有用。如果软件所依赖的服务总是位于一个固定的位置,并且从来不发生改变,那么就不需要实现一个服务发现协议。有些方法在带来好处的同时,也会产生新的问题,比如调试多个分布式组件中的程序逻辑就可能很困难。下面将介绍三个最常见的不适合使用云原生架构的原因。

首先,有的时候,软件和计算基础设施不需要云计算。例如,如果软件不是分布式的,并且很少出现变化,那么完全不用做到像大规模运行的 Web 或移动应用一样的稳定性。例如,嵌入到越来越多的物理设备(例如洗衣机)中的代码,甚至可能没有计算和存储资源来支持对现代架构很关键的冗余机制。我的象印电饭煲中的软件,可以根据主板上的传感器的报告来调整烹饪的时长和温度,它不需要能在不同处理器上运行的软件。如果这种软件或者硬件的某个部分出现了故障,最糟糕的结果就是食材被浪费了,而我只需要叫个外卖而已。

其次,有时云原生软件的特点并不适合解决面临的问题。例如,许多新的模式为系统提供了最终一致性,于是在分布式软件中,系统中的某个部分更新的数据可能不会立即反映到系统的其他部分。最终所有数据都将变成一致,但是这个过程可能需要几秒甚至几分钟才能完成。有时这种情况是可以接受的,例如,由于网络故障,你正在查看的影片评论信息区并不能立即反映出另一个用户刚提交的五星评级,这不是什么大问题。但有时此情况是不能接受的,例如,储户在银行的一家分行提取了所有资金并注销了账户,但是随后又从 ATM 机上提取出额外的资金,这是银行系统所不能允许的。最终一致性是许多云原生模式的核心,这意味着当我们需要强一致性时,就不能使用这些新模式了。

最后,有时虽然你现有的软件不是云原生的,但是重写它也没有什么价值。信不信由你,大多数有几十年历史的企业,都有一部分 IT 资产运行在大型机上,而且可能会继续在大型机上运行几十年。但这不仅仅是大型机的问题,许多软件运行在大量现有的 IT 基础设施上,这些基础设施都基于比云更早的架构设计。只有当重写代码具有足够的商业价值时,你才应该那样做,但是即使有价值,你也需要对这些工作排列优先级,通过几年的时间来逐渐更新各种产品。

1.3.3 云原生的价值

这不是一个非此即彼的情况。大多数开发者都是基于多个现有解决方案进行软件开发的。即使是在开发一个新的软件，可能也需要与那些现有的系统进行对接，而且已运行的软件几乎都不是云原生的。云原生的绝妙之处在于它最终是由许多不同的组件组成的，即使其中一些组件的模式不是最新的，云原生的组件仍然可以与它们进行交互。

即使你的软件使用了旧的设计模式，应用云原生模式依然可以带来立竿见影的价值。例如，图 1.12 中包含了几个应用程序的组件。一名银行柜员可以通过用户界面访问用户的账户信息，然后调用在大型机上运行的应用程序的 API 接口。在这种简单的部署拓扑中，如果账户 API 服务和大型机应用程序之间的网络连接中断了，客户将无法进行提现。

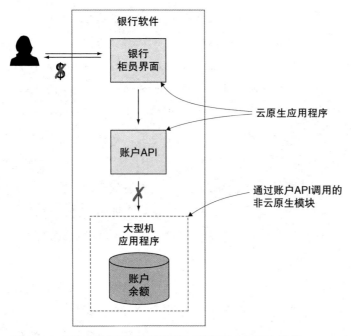

图 1.12 在没有访问记录源的情况下发放资金是不允许的

但是，现在让我们将一些云原生模式应用到这个系统中。例如，如果你在多个可用区中为每个微服务部署多个实例，通过同一个区域中的网络，其他可用区中的服务实例仍然可以访问大型机上的数据（如图 1.13 所示）。

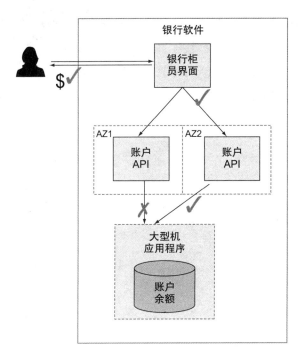

图 1.13 通过使用一些云原生模式，例如冗余和适当的分布式部署，对非云原生的软件很有帮助

同样值得注意的是，当你希望重构遗留代码时，不需要一下子完成所有重构工作。例如，为了向云迁移，Netflix 将其面向客户的整个数字解决方案重构为云原生架构。这项工作最终历时 7 年，但在此过程中，Netflix 首先对部分单体的客户端 - 服务端系统进行了重构，并获得了立竿见影的效果。[1] 通过之前的银行示例，我们得到的经验是，在向云迁移的过程中，即使只有一部分解决方案是云原生的，也是有价值的。

无论你是打算通过新的模式在云环境中创建一个新的应用程序，还是打算从一个已有的单体程序中提取和重构出一个云原生的部分，都会从中受益。在 21 世纪 10 年代早期，尽管那时我们还没有使用"云原生"这个术语，但业界已经开始试验以微服务为中心的架构，几年间，许多模式都得到了改进。这种"新"趋势很容易被理解，也得到越来越广泛的传播。我们已经看到了这些方法所带来的价值。

我相信这种架构风格会在未来的一二十年里占据主导地位，它与其他容易消失的架构风格的不同之处在于，它是计算基础设施从根本上演变的结果。过去二三十

---

1 更多细节请参阅 Yury Izrailevsky 的博客文章 "Completing the Netflix Cloud Migration"，网址参见链接14。

年中占据主导地位的客户端 - 服务端模型，首次出现是在计算基础设施从大型机转移到众多小型计算机的时候，因此需要我们开发各种软件来适应那种计算环境。云原生架构也经历了类似的过程，并且逐渐成为一种新的计算基础设施，即提供高度分布式且不断变化的软件定义计算、存储和网络抽象。

小结

- 即使遇到基础设施不断变化甚至发生故障的情况，云原生应用程序依然可以保持稳定。
- 现代应用程序的关键要求是支持快速迭代和频繁发布新版本、零停机时间以及大量新的设备连接。
- 云原生应用程序的模型有三个关键实体：
  - 云原生应用程序
  - 云原生数据
  - 云原生交互
- "云"是指软件在哪里运行，而"云原生"指的是软件如何运行。
- 云原生并不是非此即彼的架构。一些软件可以采用许多新的云原生架构模式，一些软件可以仍然继续使用较老的架构，还有一些软件可以采用混合架构（新旧架构结合）。

在生产环境中运行云原生应用程序

本章要点
- 认识为什么开发人员应该关心运维
- 了解影响成功部署的障碍
- 消除这些障碍
- 实现持续交付
- 云原生架构模式对运维的影响

作为一名开发人员，你最想做的事情，应该是创建用户喜欢、能够为用户创造价值的软件。当用户想要更多功能，或者你有一些新想法想呈现给用户时，你一定希望能够轻松地构建并交付相应的软件。你会希望软件在生产环境中能一直保持良好运行，并且总是可用和可响应的。

不幸的是，对于大多数企业来说，将软件部署到生产环境的过程是十分有挑战性的。有些流程本意是为了降低风险和提高效率，但无意中却起到了相反的效果，因为其过程又慢又麻烦。在部署软件之后，保持它的正常运行也同样困难，由此导致的系统不稳定，会让生产环境的技术支持人员始终处于紧张的"救火"状态。

即使是一个代码优秀、已经开发完成的软件,仍然很难做到以下两点:

- 部署软件
- 保持运行

作为开发人员,你可能认为这是别人需要关心的问题。你的工作是写出一段优秀的代码,而将它部署到生产环境并提供支持是其他人的工作。但是,如今生产环境变得如此脆弱的原因,并不在于任何特定的团队或者个人,"罪魁祸首"是整个行业中几乎无处不在的一系列企业行为和运营实践。团队定义和分配责任的方式、团队之间的沟通方式,甚至软件的架构方式,坦白地说,都正在逐渐"摧毁"这个行业。

解决方案是设计一个新的系统,不是把生产环境运维看作一个孤立的行为,而是将软件开发的实践和架构模式,与在生产环境中部署和管理软件的活动联系起来。

在设计一个新的系统时,你必须先了解当前系统中最大的问题。当分析了目前所面临的问题之后,你可以构建一个新的系统,不仅可以解决这些问题,还可以利用云计算提供的新功能使系统得到更好的发展。这是对从开发到部署这一完整软件交付周期如何推进和实践的探讨。作为一名软件开发人员,你对简化软件的部署和管理方式起着重要的作用。

2.1 面临的困难

毫无疑问,生产环境的运维是一项困难且常常"吃力不讨好"的工作。在软件正常发布或者意外停机的时候,运维人员甚至还需要熬夜工作甚至在周末加班。应用程序的开发团队和运维团队之间出现冲突是常有的事情,他们都指责对方没有为客户提供更好的产品体验。

但正如我所说的,这并不是运维团队或者开发团队的过错。我们所面临的挑战在于不经意间设置了一系列阻碍成功的行为方式。尽管面临的每个挑战都不同,各有各的原因,但几乎所有企业都存在几个常见的问题(如图2.1所示),总结如下:

- 碎片化的变化——在软件开发生命周期中存在不断出现的变化,不仅会对初次部署造成影响,还会影响应用程序后续的稳定性。这种情况会导致部署的软件与部署环境之间存在着不一致性。

- 有风险的部署——如今，软件部署的环境已经非常复杂，许多组件之间紧耦合、相互关联。因此，部署在复杂网络中的某个组件如果发生了改变，可能会引起系统的其他部分出现连锁反应，从而导致很大的风险。这种部署所造成的恐惧感会产生下游效应，降低后续部署的频率。
- 认为变化是例外——在过去的几十年里，我们在编写和运行软件的时候，通常都希望软件底层依赖的系统是稳定的。这种想法曾经常常受到质疑，但是现在，随着 IT 系统变得复杂和高度分布式化，这种对基础设施稳定性的期望已经是完全错误的了。[1] 这种想法导致的结果是，基础架构的任何不稳定都会影响到正在运行的应用程序，使得程序难以保持正常运行状态。
- 生产环境的不稳定性——最后，因为部署到不稳定的环境中通常会带来更多的麻烦，所以限制了生产环境的部署频率。

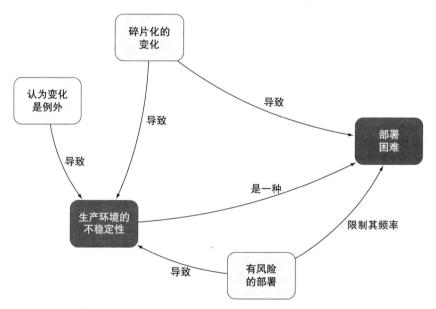

图 2.1 导致软件难以部署和无法在生产环境中保持良好运行状态的原因

我们在后面将进一步讨论这些问题。

---

1 请查阅维基百科上的"Fallacies of Distributed Computing"词条获得更多信息，网址参见链接15。

2.1.1 碎片化的变化

"在我的机器上是好的",当运维团队正在努力解决生产环境中的系统问题并向开发团队求助时,经常会听见这种说法。数十家大型企业的专业人士告诉我,从软件准备发布到用户可以使用,中间通常会有 6 周、8 周甚至 10 周的延期。造成这种延期的主要原因之一是,在软件开发生命周期(SDLC)中通常不断发生变化。这种变化主要会发生在两个方面:

- 环境发生变化
- 部署的构件发生变化

如果没有一种机制来为从开发到测试、预发布和生产提供完全相同的环境,那么在一个环境中能够良好运行的软件,很容易在不经意间会依赖于另一个环境中缺少或者不同的东西。一个常见的例子是,所部署软件的依赖包存在差异。例如,开发人员可能会不断更新到 Spring 框架的最新版本,甚至将其作为自动化构建脚本的一部分。但是生产环境中的服务器控制更加严格,对 Spring 框架的更新每季度进行一次,而且必须经过完整的审计。因此当系统更新到新版本时,测试无法通过,可能需要回溯到开发人员那里解决,比如改用生产环境要求的依赖项版本。

但是,并不只是环境上的差异会降低部署的频率。即使是正在部署的构件也经常会在软件开发生命周期中发生变化,哪怕我们没有将与环境相关的值硬编码到软件中。(我们都不会这样做,对吧?)属性文件中的配置通常会直接被编译到可部署构件中。例如,Java 应用程序的 JAR 文件会包含一个 application.properties 文件,如果该文件中的某些配置在开发、测试和生产环境之间有所不同,那么对应开发环境、测试环境、生产环境的 JAR 文件也必须是不同的。从理论上讲,各个 JAR 文件之间应该只是在属性文件的内容上有差异,但是任何对可部署构件的重新编译或者重新打包,都有可能而且经常会不经意地引入其他的差异。

这些碎片化的变化不仅会影响初次的部署,也会大大加剧运维的不稳定性。例如,假设你有一个应用程序已经运行在生产环境中,大约有 50 000 个并发用户。虽然这个数字通常波动不大,但你希望系统能够承载更多的用户。于是,在用户验收测试(UAT)阶段,你使用了两倍的流量进行压力测试,而且所有测试都通过了。随后,你将应用程序部署到了生产环境中,在一段时间内运行一切正常。但是,在星期六凌晨 2 点,系统发生了拥堵。突然出现了超过 75 000 个用户,而且系统正在崩溃。

不过等等,你已经在 UAT 中测试了多达 100 000 个并发用户,那么这究竟是怎么回事呢?

原因就在于环境的不同。用户会通过套接字(socket)连接到系统,套接字连接需要打开文件描述符,而 Linux 系统有一个配置会限制打开文件描述符的数量。在 UAT 环境中,/proc/sys/fs/file-max 中的值是 200 000,但是在生产环境服务器上是 65 535。由于 UAT 和生产环境之间的差异,在 UAT 中运行的测试无法测试出生产环境中出现的问题。

更糟糕的还在后面。在诊断出问题并增大 /proc/sys/fs/file-max 文件的值之后,因为情况紧急,没有运维人员记录下这一次改动的原因和过程。随后,在新配置的一台服务器上,文件描述符的最大值再次被设置为 65 535。如果软件安装在新的服务器上,同样的问题最终会再次发生。

还记得上面提到需要在开发、测试、预发布和生产环境中修改属性文件,以及这对部署的影响吗?假设最终你已经部署并运行了所有程序,但是基础设施发生了一些变化,例如,服务器名称、URL 或者 IP 地址发生了变化,或者添加了几台新的服务器。如果这些环境配置存在于属性文件中,那么你必须重新打包可部署的构件,并且很可能会引入其他一些意想不到的问题。

虽然这听起来可能有些极端,而且我也希望大多数企业都能够控制这种混乱状况,但是除技术最先进的 IT 部门外,导致不断变化的因素存在于其他所有部门中。定制化的环境和部署构件显然会给系统带来不确定性,但是根本的问题在于我们接受了这种存在风险的部署行为。

2.1.2 有风险的部署

你们公司一般在什么时候发布软件?是在"休息时间"完成的吗,例如,周六凌晨 2 点?这种做法之所以普遍,是因为一个简单的事实:部署通常充满危险。在升级期间需要停机或者部署时引起意外停机都是很正常的,而停机的代价是昂贵的。如果你的顾客不能在你的网站上订购比萨,他们就会转向竞争对手的网站,从而直接导致你的收入损失。

为了应对昂贵的停机,许多企业已经创建了大量的工具和流程来减少与发布软件相关的风险。这些努力的核心在于,通过大量的前期工作来减少失败的可能性。在预定部署之前的几个月,我们会每周组织一次例会来讨论"如何提交到下一个环境"，并且将变更控制审批作为防止生产环境发生意外的最后一道防线。就人员和基础设施资源的成本而言，最昂贵的可能就是在一个"与生产环境完全一样"的环境中进行测试。原则上，这些想法听起来合情合理，但在实践中，它们最终会给部署过程本身带来沉重的负担。以部署为例，我们来更深入地了解一下，如何在一个与生产环境完全一样的环境中测试部署过程。

搭建这样一个测试环境需要大量的成本。首先，我们不仅需要两倍的硬件，还要加上两倍的软件，这样仅资金成本一项就增加到了两倍。然后还有保持测试环境与生产环境一致的人工成本，以及大量的需求带来的复杂性，例如，在生成测试数据时，需要清除生产数据中的个人身份信息。

一旦测试环境搭建起来，你必须面对数十个或者数百个希望在产品发布之前进行测试的团队，为它们精心安排和协调对环境的使用。从表面上看，这似乎是一个日程安排的问题，但是大量不同团队和系统的组合，会让这很快变成一个棘手的问题。

以一个简单的情景为例，假设你有两个应用程序，一个用于付款的 PoS（比如收银机）程序，一个允许客户下订单并使用 PoS 程序付款的 SO（私人订制）程序。现在，每个团队都准备发布各自程序的一个新版本，并且都必须在预发布环境中进行一次测试。如何协调这两个团队的需求？一种选择是一次测试一个应用程序，尽管按顺序执行测试会延长发布时间，但是如果每个测试都可以通过，那么这个过程相对来说是比较容易处理的。

图 2.2 显示了以下两个步骤。首先，使用 v4 版本的 SO 应用程序与 v1 版本（旧版本）的 PoS 应用程序进行测试。如果成功，就将 v4 版本的 SO 应用程序部署到生产环境中。现在测试环境和生产环境都在运行 v4 版本的 SO 应用程序，并且还在运行 v1 版本的 PoS 应用程序，测试环境和生产环境一致。现在可以测试 v2 版本的 PoS 应用程序了。当所有测试通过后，就可以将该版本的应用程序部署到生产环境，这样两个应用程序的升级就都完成了，并且测试环境和生产环境保持一致。

但是，如果升级 SO 系统的测试失败了怎么办？显然，你不能将新版本部署到生产环境中。但是现在在测试环境中应该怎么做？即使 PoS 系统不依赖于 SO 系统，你是否会将 SO 系统恢复到 v3 版本（这需要花费时间）？是因为依赖的顺序不对吗？SO 系统需要 v2 版本的 PoS 才能开始测试吗？多久之后才能再次在测试环境中运行 SO？

图 2.3 显示了两个备选方案，即使在这个虚拟场景中，情况也会很快变得复杂起来。在实际环境中，情况将会变得更加棘手。

2.1 面临的困难

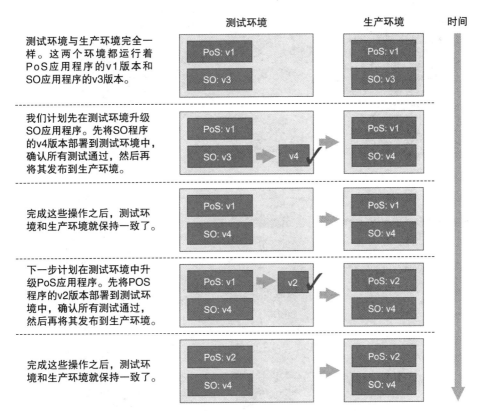

图 2.2 在所有测试通过的情况下，依次测试两个应用程序是很简单的

我的目标不是要解决这个问题，而是要证明即使是一个非常简单的场景也会很快变得异常复杂。我相信你可以想象，当你需要测试更多应用程序，或者同时测试多个应用程序的新版本时，这个过程将变得无法控制。当我们将软件部署到生产环境中时，无法提供保障的环境变成了一个巨大的瓶颈，同时团队面临着尽可能快地交付软件和尽可能好地交付软件的两难选择。最后，没有人能准确地测试生产环境中会出现的场景，而部署成了一件有风险的事情。

事实上，风险已经够大了，大多数企业在一年中都会遇到无法将软件部署到生产环境的情形。对于医疗保险公司来说，这可能是开放登记期间；对于美国的电子商务企业来说，这可能是感恩节和圣诞节之间的一个月；对于航空业来说，感恩节到圣诞节的这段时间也是非常宝贵的。尽管我们已经努力降低风险，但是部署软件依然很困难。

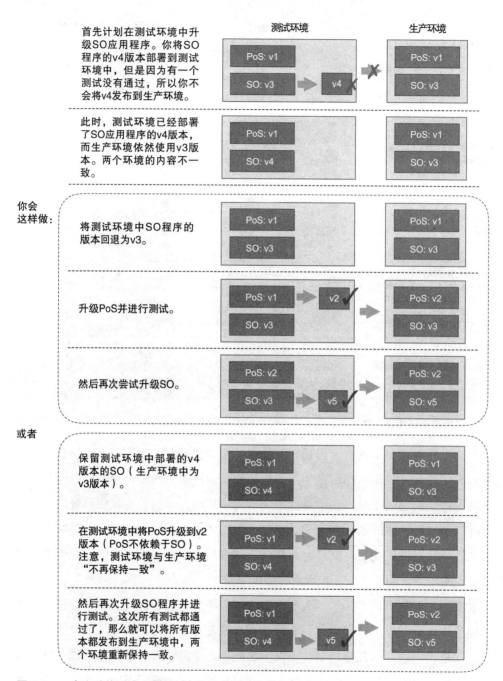

图 2.3 一个失败的测试,会增加在预发布环境中进行测试的复杂度

正是由于这种困难,目前在生产环境中运行的软件可能不得不继续运行一段时

间。我们可能很清楚应用程序和系统中的 bug 或者漏洞，正是因为它们的存在，我们才能不断提升客户体验和满足业务需求，但是无法解决它们，直到我们能够安排发布下一个版本。例如，如果一个应用程序存在已知的内存泄漏问题，经常导致系统崩溃，我们可能为了应急，会定期重新启动该应用程序。但是，如果该应用程序的工作负载增加了，可能会比预期更早地导致内存不足，同时意外的崩溃又会导致下一个紧急情况出现。

最后，低频次的发布会导致每次部署包含更多的变更，也会对系统其他部分造成更多的影响。即使部署完成，从直觉上讲，与众多其他系统的关联会更有可能导致一些意外的出现。有风险的部署对于运维的稳定性有直接的影响。

2.1.3 认为变化是例外

多年来，我与很多 CIO 及他们的员工进行了数十次谈话，他们都表示希望创建一些系统，为业务和客户创造各种价值。但事与愿违的是，由于不断面临紧急情况，不得不将注意力从创新行为上转移开来。我相信，导致员工处于持续"救火"模式的原因，是这些 IT 企业长期形成的一个普遍心态，认为变化是个例外。

大多数企业已经认识到让开发人员参与初次部署的价值。新推出的产品存在一定程度的不确定性，因此让深入了解产品的开发团队参与进来是非常重要的。但是在某种程度上，维护生产环境中系统的责任已经完全交给了运维团队，关于如何保持系统运行方面的知识，运维团队手里只有一本运维手册。虽然运维手册详细描述了可能的失败场景及其解决方案，但是更加深入思考一下不难了解，手册设定了一个假设，就是失败场景是已知的。但是，绝大多数情况不是这样的！

当一个新部署的应用程序在一段时间内保持稳定时，开发团队就会退出运维工作，这微妙地暗示了一种哲学，即某个时间点标志着变化的结束——从现在开始，一切都将保持稳定。于是，当一些意想不到的事情发生时，每个人都陷入混乱。因此，唯一不变的就是变化，对于云环境上的系统来说，它们都将持续经历不稳定。

2.1.4 生产环境的不稳定性

到目前为止，我所讨论的所有这些因素都毫无疑问地阻碍了软件的良好运行，而且生产环境本身的不稳定性，又进一步增加了部署的难度。将应用程序部署到一个已经不稳定的环境是不明智的，对于大多数企业，有风险的部署仍然是导致系统崩溃的主要原因之一。相对稳定的环境是进行部署的先决条件。

当 IT 部门把大部分时间都花在"救火"上时，我们几乎没有机会进行部署。考虑到生产环境不多的稳定时间，再结合前面提到的完成复杂测试周期占用的时间，留给部署的时间少之又少。这就形成了一个恶性循环。

正如你所看到的，开发软件只是为客户提供数字体验的一个开始。碎片化的变化，允许有风险的部署，将变化看作一种例外，这些都使得在生产环境中运行软件变得非常困难。如果想进一步了解它们对运维产生的负面影响，我们需要研究那些运转良好的企业，即那些"生于云计算"的公司。当你应用与它们一样的实践和原则时，就会形成一个优化了整个软件交付生命周期的系统，从开发到平稳运维。

2.2 解决办法

在进入 21 世纪后成长起来的新一代公司，已经找到了更好的做事方法。谷歌公司是一个伟大的创新者，它和其他一些互联网巨头一起，发展出了新的 IT 模式。据估计，谷歌在其世界各地的数据中心里运行着 200 万台服务器，如果使用我之前描述的技术，谷歌不可能做到这一点。一定存在着另外一种不同的方式。

图 2.4 展示了一个系统的示意图，它几乎与前一节描述的"坏"系统相反。

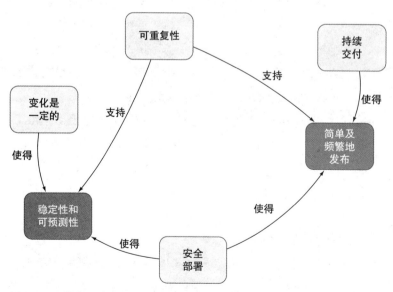

图 2.4　围绕这 4 个因素打造一个有效、可预测、稳定的系统

2.2 解决办法

这个系统的目标如下：

- 简单且可以频繁地在生产环境中进行发布。
- 运维具有稳定性和可预测性。

你应该已经熟悉了这些因素的反面因素：

- 碎片化的变化会造成发布缓慢和不稳定，可重复性则相反。
- 有风险的部署会导致生产环境的不稳定及部署困难，安全部署则会带来敏捷性和稳定性。
- 将依赖于不变环境的实践和软件设计，替换成为环境不断发生变化做好准备的，可以从根本上减少用于"救火"的时间。

在图 2.4 中，你会注意到一个名为"持续交付"（Continuous delivery，CD）的新实体。那些在新的 IT 运维模型上获得成功的公司，已经重新设计了它们的整个软件开发生命周期流程，并将持续交付作为主要的驱动力量。这样可以显著简化部署过程，并为整个系统带来很多好处。

在本节中，我将首先解释什么是持续交付，以及软件开发生命周期中的变化如何催生了持续交付，以及持续交付所带来的好处。然后，回到另外 3 个关键因素，详细介绍它们的主要特性和优点。

2.2.1 持续交付

亚马逊可能是频繁发布方面的极端例子。据说平均每一秒 amazon.com 就会发布一次代码到生产环境中。你可能会质疑在自己的业务中是否需要进行如此频繁的发布。当然，你可能不需要每天进行 86 000 次发布，但是频繁发布能够给业务带来更好的敏捷性和可实施性，这两者都是衡量一个企业是否强大的标志。

在我们定义什么是持续交付之前，先了解一下什么不是持续交付。持续交付并不意味着将每次的代码更改都部署到生产环境中。它意味着可以在任何时候部署尽可能新的软件版本。开发团队会不断地向软件中添加新的功能，但是每添加一个功能，它们就会进行一个完整的测试流程（自动化的！），并将发布代码打包，从而确保软件已经准备就绪。

图 2.5 演示了这个测试流程。请注意，在每个流程的"测试"阶段之后没有"打包"阶段。因为打包和部署已经直接包含在了开发和测试过程中。

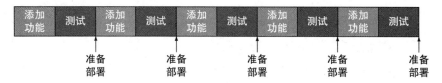

图 2.5 每个开发/测试流程都不会进行部署,但每个流程都会生成可以交付的软件。之后,是否部署就看商业决策了

图 2.5 所示的流程与图 2.6 所示的传统软件开发实践形成了对比。在传统的软件开发过程中,因为前期进行了大量功能的开发工作,所以一个单流程所用的时间会长得多。在开发完一组预先确定的新功能之后,需要进行一个时间很长的测试环节,并为发布软件做好准备。

图 2.6 传统的软件交付生命周期,在创建可以发布到生产环境中的构件之前,会提前进行大量的开发工作和一个长时间的测试流程

让我们假设图 2.5 和图 2.6 所示流程覆盖的时间跨度是相同的,每个流程从左边开始,"准备部署"阶段在最右边。如果你单独观察最右边的时间点,可能看不出有什么不同,大致相同的功能会在大致相同的时间点交付。但如果你深入研究,会发现两者之间具有显著的差异。

首先,在图 2.5 中,何时进行下一次软件发布依赖于商业决策,而不是由一个复杂、不可预测的软件开发过程决定的。例如,假设你了解到一个竞争对手计划在两周内发布一个与你的新产品类似的产品,公司因此决定立即发布自己的产品。你的业务部门说:"让我们发布吧!"如图 2.7 所示,将这一时间点叠加到前两张图上,就会看出显著不同。

如果你使用的软件开发方式支持持续交付,那么可以立即发布软件的第三个迭代版本(图 2.7 的上图中以斜体字显示的时间点)。虽然计划的所有功能还没有开发完毕,但第一个上市的产品(只含有一些重要功能)会有很强的竞争优势。再看看图 2.7 的下半部分,你会发现对应的企业非常不幸,IT 流程成为拦路虎,而不是赋能者,从而让竞争对手的产品率先打入市场!

这种迭代式的流程还提供了另一个重要的好处。当可以将"准备部署"的软件版本经常提供给客户时,你就有机会收集反馈,并用来改进产品的后续版本。你必须重视在早期迭代之后收集的反馈,它可用来纠正之前的错误假设,甚至可用来在随后的迭代中完全改变方向。我见过许多 Scrum 项目失败,因为它们严格遵循项目开始时定下的计划,不允许根据早期迭代的反馈结果来改变那些计划。

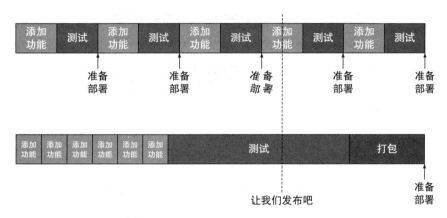

图 2.7 持续交付特性允许由业务部门(而不是 IT 部门)来决定何时交付软件

最后,不得不承认,我们不擅长估算构建软件所需的时间。一部分原因是因为我们天生乐观。我们通常会对正常的情况进行规划,即编写第一行代码之后就可以正常运行。(当我这样说的时候,你马上就意识到了它的荒谬之处,对吧?)我们还会假设自己会完全专注于手头的任务,我们每一整天都在编写代码,直到完成任务。事实上,我们可能会迫于压力,在市场需求或其他因素的驱使下,同意更加激进的时间计划,导致通常在我们开始之前就已经落后于时间计划了。

意想不到的挑战总是会出现。可能你会低估网络延迟对一部分功能的影响。而且,与计划中简单的请求 / 响应通信协议相反,你需要实现一个更复杂的异步通信协议。或者当你正在开发新功能时,还需要抽身去支持已发布软件的版本升级。你的计划目标几乎永远不可能在一个已经很紧张的时间安排中完成。

对于传统的开发流程,这些因素会让你错过原计划的发布时间点。图 2.8 的第一行描绘了理想中的软件发布计划,第二行显示了实际花费在开发上的时间(比计划的要长),最后两行显示了你可以做出的选择。一个选择是坚持计划的发布时间点,为此而压缩测试阶段的时间(打包阶段的时间通常无法压缩),代价当然是牺牲软件的质量。另一个选择是保持质量标准并推迟发布日期。这两种选择都不令人愉快。

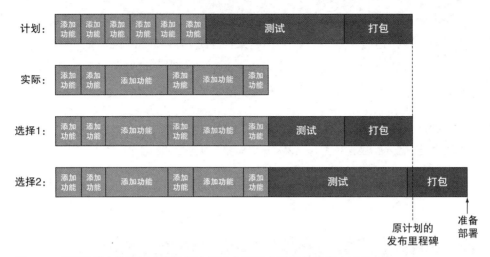

图 2.8 当开发进度拖延后，你必须在两个都不让人满意的选择中挑选一个

我们将"未预期的"开发延迟与更短的迭代流程进行一下对比。如图 2.9 所示，你会看到计划的发布时间点包含 6 次迭代。当实际开发时间比预期长时，你会看到出现了一些新选择。你可以选择按计划发布一个功能有限的版本（选择 1），也可以选择稍微延期或者延期更长到下一个版本（选择 2 和选择 3）。关键在于，这样企业面临的选择要灵活得多，也更容易让人接受。通过本节中介绍的系统，当你可以低风险、高频率地部署时，就可以快速、连续地完成这两个版本。

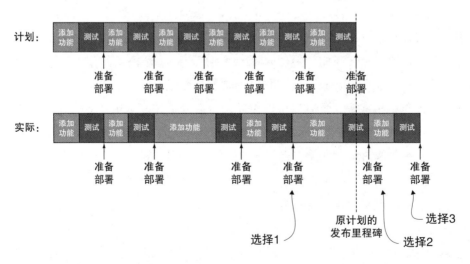

图 2.9 为持续交付而设计的更短的迭代流程，既能够让发布流程变得更敏捷，又可以保证软件的质量

总的来说，漫长的发布流程会给软件交付过程带来巨大的风险，业务部门缺少控制何时将产品发布到市场的能力，而企业则常常处于既要面对短期市场压力，又要实现提高软件质量、增强软件功能这一长期目标的两难境地。

注意 快速迭代为系统释放了大量的压力。持续交付的出现，使得业务部门可以决定如何以及何时将产品推向市场。

我用了相当长的篇幅来讨论持续交付，因为它确实是一个新的、功能强大的软件开发及运维方式的核心。如果你的企业还没有拥抱持续交付，那么你应该努力推动这件事情。如果没有这些新的方法，你将软件推向市场的能力就会受到阻碍，甚至你所构建的软件架构，也都与这些实践方式有微妙和直接的联系。软件架构是本书的主题，我们将围绕此话题进行深入讨论。

现在让我们回到图 2.4，了解其他因素如何支持我们的运维目标（简单及频繁地发布、软件的稳定性）。

2.2.2 可重复性

在前面，我们讨论了碎片化的变化会对软件开发造成的不利影响。因为必须不断适应各个部署环境之间的差异，以及部署构件之间的差异，所以部署过程变得非常困难。这些不一致使系统在生产环境中保持正常运行变得非常困难，因为不管是环境还是软件的某个功能发生变化，都必须进行特殊处理。如果你无法可靠地重现故障时的环境和配置，系统的稳定性就会一直无法保证。

如果你想改变这种情况，关键是实现可重复性。以汽车装配流水线的生产过程为例，每次你把方向盘安装到汽车上，都在重复同样的过程，如果某些参数相同（稍后会对此进行详细说明），并且执行的过程也相同，那么结果就是可预测的。

可重复性会带来两个巨大的好处：有助于系统部署和保证系统的稳定性。正如在前面所说的，迭代流程对于频繁发布来说是必不可少的，并且通过在每次开发/测试的迭代过程中控制变化风险，可以缩短整个新功能的交付时间。而且，一旦系统在生产环境中运行，无论你是处理故障，还是进行扩容，基于完全可预测性的部署能力会减轻系统的巨大压力。

那么如何实现这种可重复性呢？软件的优点之一是很容易改变，而且可以快速实现，但这也正是过去我们制造出大量不可控变化的原因。为了实现所需的可重复

性,你必须遵守一定的规则。具体来说,需要做到以下几点:

- 控制部署软件的环境。
- 控制正在部署的软件,也可称为可部署构件。
- 控制部署流程。

控制环境

在装配流水线上,你可以用完全相同的方式来摆放正在组装的部件和使用的工具,从而实现对环境的控制。这样你不需要每次都费力地去找规格为 3/4 英寸的套筒扳手,因为它总是放在同一个位置。在软件中,你需要通过两个主要机制来让系统的运行环境保持一致。

首先,你必须从标准化的机器镜像开始。在构建环境的过程中,必须始终从一个已知的起点开始。其次,为了部署软件而对基础镜像进行的更改,也必须通过编程的方式来实现。例如,从一个基础 Ubuntu 镜像开始,并且软件需要 Java 开发工具包(JDK),那么可以通过脚本将 JDK 安装到基础镜像中。此模式也经常被称为基础设施即代码(Infrastructure as Code)。当需要一个环境的新实例时,可以从基础镜像开始并执行脚本,这样就可以保证每次都拥有相同的环境。

这个流程一旦建立,之后对环境的任何更改也必须按照同样的方式进行。如果运维人员经常通过 SSH 进入计算机更改配置,那么就违背了严格管理环境的原则。你可以使用多种技术来控制初次部署后的环境变更,例如,禁止通过 SSH 访问正在运行的环境;或者不禁用 SSH,但是设置为当有人通过 SSH 进入时,计算机会自动下线。后者非常有用,因为该方式允许进入机器检查问题,但不允许对运行中的环境进行任何更改。如果需要对运行中的环境进行更改,只能更新标准的机器镜像及应用运行时环境的代码,这两者都通过某个源代码控制系统或者类似的系统进行管理。

可以由不同的人来负责创建标准化的机器镜像和基础设施即代码的脚本,但是作为应用程序的开发人员,你必须使用这样的系统。在软件开发生命周期早期是否使用这样的实践方式,对企业是否能够在生产环境中有效地部署和管理软件有着重要影响。

控制可部署构件

这里花点时间来解释一个显而易见的事实:环境之间总是有差异的。在生产环境中，你的软件会连接到在线客户数据库，假设 URL 为 http://prod.example.com.cn/cutomerDB；在预发布环境中，它连接的是该数据库的一个副本，已经脱敏了个人身份信息，假设 URL 为 http://staging.example.com.cn/cleansedDB；在一开始开发的时候，可能连接的是一个模拟的数据库，假设 URL 是 http://local-host/mockDB。显然，每个环境中的连接信息都是不同的。如何处理代码中的这些差异呢？

我知道你不会将这些字符串硬编码到代码中。你可能会提取代码中的参数，并将这些值放入某种类型的属性文件中。这迈出了很好的第一步，但是经常会遇到一个问题：属性文件以及不同环境的参数值，经常会被编译到可部署的构件中。例如，对于 Java 程序来说，application.properties 通常会被打包到一个 JAR 或者 WAR 文件中，然后被部署到某一个环境中。这就是问题所在。由于打包了与环境有关的配置，所以在测试环境中部署的 JAR 文件与在生产环境中部署的 JAR 文件不同，如图 2.10 所示。

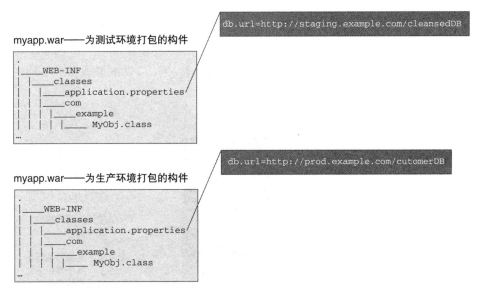

图 2.10 即使将与环境有关的参数放到属性文件（包括可部署构件中的属性文件）中，也会在整个软件开发生命周期中产生不同的构件

一旦你为软件开发生命周期的不同阶段构建了不同的构件，可重复性就可能受到影响。控制软件构件变更的基本原则就是确保构件之间唯一的区别是属性文件的内容，我们现在必须将这一点与构建过程本身结合起来。不幸的是，由于每个 JAR 文件都是不同的，无法通过比较文件的哈希值来验证部署到预发布环境中的构件是

否与部署到生产环境中的构件完全相同。如果其中一个环境发生了变化，或者其中一个属性值发生了变更，都必须更新属性文件，这意味着需要打包一个新的可部署构件，以及进行一次额外的部署。

为了实现高效、安全和可重复的生产环境运维，在整个软件开发生命周期中使用单个可部署构件是很重要的。在开发期间构建并通过回归测试的 JAR 文件，就应该是部署到测试环境、预发布环境和生产环境中的同一个 JAR 文件。为了实现这一点，需要按照正确的方式来组织代码。例如，属性文件不包含任何与环境有关的值，而是定义一组需要后续注入值的参数。然后可以在适当的时候给这些参数赋值，或者通过正确的来源生成值。作为开发人员，你可以决定如何从环境中抽取适当的可变因素。这样只需要创建一个可部署的构件，在整个软件开发生命周期中使用它，从而改善敏捷性和可靠性。

控制流程

在保证环境一致性，以及创建一个可以贯穿整个软件开发生命周期的可部署构件之后，剩下的就是要确保这些部分以可控、可重复的方式组合在一起。图 2.11 演示了我们期望的结果：在软件开发生命周期的所有阶段中，可以根据需要放心地增减任意数量、完全一致的运行副本。

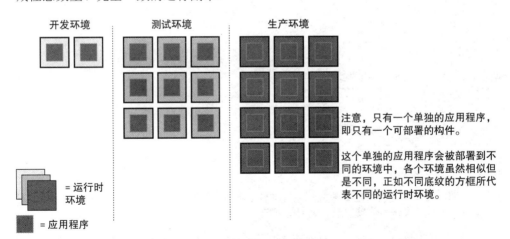

图 2.11 我们期望的结果是能够让运行在标准化环境中的应用程序保持一致。注意，应用程序在所有环境中都是相同的，运行时环境在生命周期的各个阶段中都是标准的

图 2.11 里没有碎片化的差异。可部署的构件、应用程序，在所有部署过程和环境中都是完全相同的。运行时环境虽然在不同的阶段有差异（由不同深浅的灰色表

示),但是底层是相同的,只是使用了不同的配置,例如连接的数据库地址。在软件开发生命周期的任何一个阶段中,所有的配置都是相同的,它们的颜色完全一样。这些一致化的运行单元,正是由我一直讨论的两个实体组成的,即标准化的运行时环境和单个可部署的构件,如图 2.12 所示。

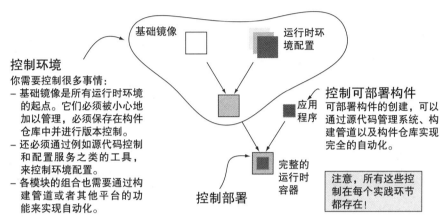

图 2.12 自动化组合标准的基础镜像、受控的环境配置和单一可部署的构件

在图 2.12 这幅简单的图背后隐藏着许多内容。怎样才是一个良好的基础镜像,以及如何将它提供给开发人员和运维人员?环境配置的来源是什么,何时将其注入应用程序的上下文?应用程序应当何时"安装"到运行时环境中?我将在书中一一回答这些及相关问题,但现在我的主要观点是:将各个部分组合起来并确保一致性的唯一方法就是自动化。

尽管在软件的开发阶段应用持续集成工具相当普遍(例如,通过构建管道编译已提交代码并运行一些测试),但是它在整个软件开发生命周期中并没有得到广泛应用。从代码提交到在测试环境和生产环境中部署,整个过程都应当自动化。

当我说这一切都应该是自动化的时,指的是所有一切。即使你不负责创建各个模块,但是组合过程必须自动化。例如,Pivotal Cloud Foundry(一个流行的云原生平台)的用户,会通过 API 从软件发布站点下载新的"干细胞"(Stem Cells)[1](部署应用程序的基础镜像),并通过构建管道完成运行时环境和应用程序构件的安装。另一个构建管道会负责最后将构件部署到生产环境中。实际上,当生产环境的部署也

---

[1] 更多信息请参考 Pivotal 官方的 API 文档,网址参见链接16。

是通过构建管道进行时，服务器就不会被人直接接触，你的首席安全官（以及其他安全相关人员）也会感到很高兴。

但是，如果部署过程已经完全自动化，那么如何确保这些部署是安全的呢？这需要另一套新的理念。

2.2.3 安全部署

前面谈到了有风险的部署，企业用来控制风险的最常见手段就是通过复杂、缓慢的流程和耗时的测试来进行管理。起初，你可能会认为这是唯一的选择，因为想了解软件在生产环境中是否能正常工作的唯一方法就是先对它进行测试。但我觉得，这更像是 Grace Hopper 认为最危险的情况：我们一直都是这么做的。

诞生于云计算时代的软件公司向我们展示了一种全新的方式：它们在生产环境中进行试验。天啊！我在说什么？！让我再补充一个词：它们在生产环境中进行安全的试验。

让我们先来了解什么是"安全的试验"，然后再来讨论它对我们的部署和生产环境稳定性的影响。

大部分人都看过空中飞人表演，表演者松开挂在半空中的一个拉环，在空中旋转，然后抓住另一个拉环，他们通常都能完成高难度动作并娱乐观众。毫无疑问，他们的成功取决于正确的培训和合适的工具，以及大量的实践。但这些杂技演员知道事情有时会出错，所以他们会在安全网的保护下进行表演。

当你在生产环境中进行试验时，也需要有合适的"安全网"。这张"网"实际由运维实践和软件设计模式共同编织而成，再加上可靠的软件工程实践，比如测试驱动开发，就可以将失败的概率降到最低（但完全消除它并不是我们的目标）。预期出现失败（失败总会发生）大大降低了它成为灾难的可能性。也许一小部分用户会收到错误消息，需要刷新系统，但是整个系统仍然在运行。

> **提示** 关键在于：所有的软件设计和运维实践，都是为了让你在必要时可以轻松、快速地在试验中回退，并返回到之前已知的工作状态（或者进入下一个工作状态）。

这是新旧思维方式的根本区别。在前一种方式下，你在投入生产环境前进行了大量测试，相信自己已经解决了所有问题。当这种错觉被证明是错误的时候，你就

2.2 解决办法

会陷入混乱。而在新的方式中，因为你已经预料到会失败，所以会特意提前给自己准备一条降低失败影响的退路。这一效果是立竿见影的，会让你的部署过程变得更简单、更快速，并且让系统在上线运行后具有更好的稳定性。

首先，如果你取消了在 2.1.2 节中介绍的复杂、耗时的测试过程，并且在通过基本的集成测试之后直接进入生产环境，那么将会节省大量的时间，并且很明显，发布行为可以更加频繁。这一发布过程可以被有意设计成轻量级的，同时它有助于进行更频繁的发布。有了合适的"安全网"之后，不仅可以避免灾难，还可以在几秒内迅速回到一个功能完备的系统。

当部署过程不需要太多资源且发布频率更高的时候，你就能够更好地解决当前生产环境中的问题，从而能够从整体上维护一个更稳定的系统。

让我们进一步讨论一下"安全网"是什么样子的，特别是开发人员、架构师和运维人员在其中所扮演的角色。你会看到三个紧密相关的部分：

- 并行部署和版本化的服务
- 进行必要的远程监控
- 灵活的路由

在过去，部署某个软件的版本 n，几乎总是意味着要替换掉版本 $n–1$。此外，我们部署的是包含大量功能的大型软件，因此当意外发生时，结果可能是灾难性的。例如，整个核心业务的应用程序可能会经历大面积停机。

安全部署的核心是并行部署。与用新版本完全替换一个正在运行的软件版本不同，你可以在部署新版本的同时让已有的版本继续运行。一开始，只有一小部分流量被路由到新的版本，然后你可以观察会发生什么。你可以根据各种条件来控制哪些流量被路由到新的版本，例如请求来自何处（例如，来自某个地理位置或者引用页）或者用户是谁。

要想了解新的部署是否产生了积极的结果，你需要收集一些数据。新的版本正在运行且没有崩溃？是否引入了新的延迟？点击率是增加了还是减少了？

如果一切顺利，那么你可以继续将更多流量路由到新的版本。在任何时候出现了问题，你都可以将所有流量切回以前的版本。这是一条让你可以在生产环境中进行试验的退路。

图 2.13 显示了这种实践的核心流程。

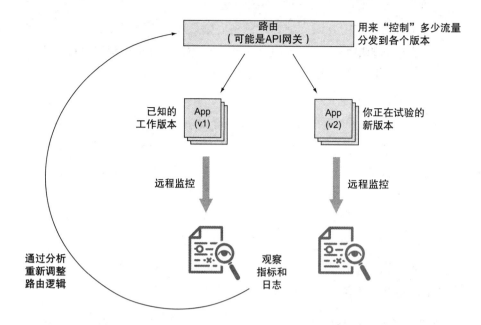

图 2.13 数据会告诉你如何并行部署应用程序的多个版本。你可以通过数据对访问应用程序的流量进行控制,从而可以在生产环境中安全地部署新的软件

但是,如果忽略了正确的软件工程规范,或者应用程序没有采用正确的架构模式,那么这一切都无法实现。实现这种 A/B 测试的要点如下:

- 软件构件必须实现版本控制,并且版本必须对路由可见,以便恰当地切分流量。此外,由于会对数据进行分析,以确定新的部署是否稳定,以及是否实现了所需的结果,所以所有数据必须与软件的相关版本关联,以便后续进行对比。

- 用于分析新版本工作情况的数据可以有多种形式。一些度量指标完全独立于任何实现细节,例如,请求和响应之间的时间延迟。而其他一些指标会关注正在运行的进程,报告正在使用的线程或内存数量等信息。最后,一些与业务有关的指标会用来判断部署效果,例如每笔在线交易的平均金额。有些数据可能由软件运行的环境自动提供,因此不必编写代码来生成它们。数据度量指标的可用性是首要考虑的问题,请思考一下如何生成支持生产环境试验的数据。

- 显然,路由是并行部署的一个关键因素,而路由算法属于软件的一部分。有时算法很简单,比如将流量按照一定百分比发送到新的版本,也可以通过对基础设施的一些组件进行配置来实现路由。有些时候,可能需要更复杂的路由逻辑,并需要编写代码来实现。例如,可能需要测试一些地理位置上的优化,并且只想将相同地理位置的请求发送到新版本。或者,可能只是希望向高级客户公开某个新特性。路由逻辑无论是由开发人员来实现,还是通过环境配置来实现,它都是开发人员要考虑的头等大事。

- 最后,我在之前提过要创建更小的部署单元。与其像电子商务系统那样一次部署很多功能,例如,类目服务、搜索引擎、图像服务、推荐引擎、购物车和支付模块等,不如将部署内容限定在一个更小的范围内。你可以很容易地想到,与支付相关的模块相比,新的图像服务对业务而言风险要小得多。应用程序的正确组件化(或者用现在常用的名词"基于微服务的架构"),与系统的可运维程度直接相关。[1]

虽然运行应用程序的平台可以提供一些必要的安全部署支持(第 3 章将会详细讨论这部分内容),但是所有 4 个因素——版本控制、指标、路由和组件化,都是开发人员在设计和构建应用程序时必须考虑的。云原生软件的要求远不止这些(例如,在架构中考虑降级以避免故障在整个系统中蔓延),但这些都是安全部署的关键因素。

2.2.4 变化是一定的

在过去的几十年里,已有大量的证据表明:基于"环境变化都是由我们人为、有意识地造成的"这种假设的运维模型是行不通的。实际上,对意外变化的响应占据了 IT 部门的大量时间,甚至依赖于估计和预测的传统软件开发生命周期过程,也被证明是有问题的。

正如本章所描述的新的软件开发生命周期过程,我们要构建能够适应变化的机制,这样可以给系统带来更大的弹性。需要注意的是,当涉及生产系统的稳定性和可预测性时,要识别这些能力是什么。这个概念有点难以理解,有点"抽象",请容我多解释一下。

我们的目的不是为了更好地预测意外情况,或者为故障处理安排更多的时间。例如,将开发团队一半的时间分配到对紧急事件的响应上,对于解决冲突的根本原

---

[1] 谷歌在 2018 年发布的报告"Accelerate: State of DevOps"中介绍了更多相关内容,文章网址参见链接 17。

因毫无作用。你对意外事件做出响应，让一切恢复正常，然后就交差了，继续等待下一个意外事件的发生。

"完成了。"

这就是问题的根源。你认为在完成部署、处理紧急事件或者变更防火墙配置之后，就完成了任务。你这个"完成了"的想法，本质上是把变化当成了导致你完不成任务的原因。

> 提示　你需要放弃去"完成"一件任务的想法。

让我们来谈谈最终一致性。与其创建一组指令让系统进入一种"完成"状态，实现了最终一致性的系统永远不会期望"完成"。不如，让系统永远在工作，并达到一种平衡状态。这种系统的关键抽象是期望状态和实际状态。

系统的期望状态就是你希望它看起来的样子。例如，假设你希望用 1 台服务器运行一个关系数据库，用 3 台应用程序服务器来运行 RESTful Web 服务，再用 2 台 Web 服务器运行面向用户的 Web 应用程序。这 6 台服务器都已经正常联网，防火墙规则也已设置妥当。图 2.14 所示的拓扑结构演示了系统的期望状态。

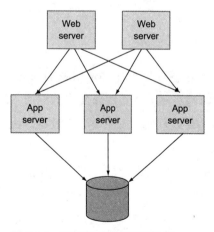

图 2.14　所部署系统的期望状态

你可能希望，在某些时候，甚至在大多数情况下，系统已经部署完成并且运行良好。但是在进行新的部署后，你肯定不会认为系统依然能保持正常。而是，你会将实际状态（当前在系统中运行的模型）视为最重要的事情，并使用本章已经介绍过的一些指标来构建和维护它。

2.2 解决办法

实现了最终一致性的系统会不断地将实际状态与期望状态进行比较，当出现偏差时，会执行一些操作使它们重新保持一致。例如，假设在图 2.14 所示的拓扑图中，有一个应用程序服务器掉线了，出现这种情况的原因有很多，机器硬件故障、应用程序内存不足，或者网络分区切断了应用程序服务器与系统其他部分的连接。

图 2.15 演示了期望状态和实际状态的对比情况。显然，实际状态和期望状态并不匹配。要让它们保持一致，必须将另一个应用程序服务器恢复并添加到网络拓扑中，而且必须在其上安装和启动应用程序（回想一下之前关于可重复部署的讨论）。

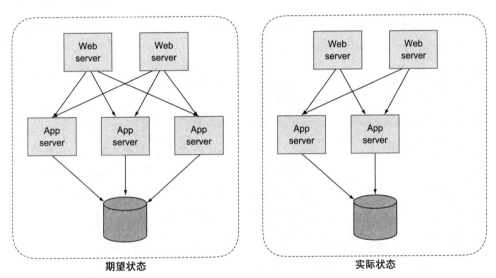

图 2.15 当实际状态与期望状态不匹配时，实现了最终一致性的系统会通过一系列操作使它们重新保持一致

对于以前很少接触最终一致性的人来说，这看起来有些高深莫测。我的一位专家同事回避使用"最终一致性"这个术语，因为他担心会引起客户的恐惧。但是建立在这个模型上的系统越来越多，有许多工具和资料可以帮助实现这类解决方案。

我要告诉你的是：这对于在云环境上运行的应用程序来说，是绝对、完全必要的。我曾经说过，事物总在变化，所以与其去应对它，不如去拥抱它。你不应该害怕最终一致性，而是应该拥抱它。

让我来澄清一下：虽然我在这里提到的系统不一定是完全自动化的，但是需要一个实现核心部分自动化的平台（下一章将详细介绍平台的作用）。我希望你做的，是以一种让系统自我修复并适应不断变化的方式，来设计和构建系统。本书的目的就是教你做到这一点。

在不断变化的情况下保持系统功能的完整性,是我们设计软件的最终目标,而变化对系统稳定性和可靠性的影响也是显而易见的。一个能够自我修复的系统,其正常运行的时间比每次出故障都需要人工干预的系统要长得多。将部署作为一种新的期望状态,可以极大地简化部署过程并降低风险。坚持"变化是一定的"的思维模式,可以从根本上改变在生产环境中管理软件的方式。

小结

- 为了让编写的代码实现价值,你需要做到两件事:能够简单且频繁地发布,让它在生产环境中良好地运行。
- 如果这两个目标其中之一没有实现,不应该归咎于开发人员或者运维人员。一个失败的系统才是"罪魁祸首"。
- 系统之所以失败,是因为采用了定制化从而难以维护的解决方案,它的环境给软件部署本身带来了风险,同时它将软件和环境中的变化视为一种例外情况。
- 当部署存在风险时,部署频率就会降低,但这只会让部署有更大的风险。
- 你可以反过来看面对的这些问题,即关注可重复性、确保部署的安全性、拥抱变化,并创建一个支持部署而非阻碍部署的系统。
- 可重复性是优化 IT 运维的核心,自动化不仅适用于软件的构建过程,还适用于运行时环境的创建和应用程序的部署过程。
- 在基于云的环境中,软件设计模式和运维实践都会不断发生变化。
- 新系统依赖于一个支持持续交付、高度迭代的软件开发生命周期。
- 企业需要具备持续交付的能力,才能在当今的市场竞争中获胜。
- 让整个系统具有更细的粒度是关键。更短的开发周期和规模更小的应用程序组件(微服务)可以显著提高开发的敏捷性和系统的弹性。
- 在一个一定会变化的系统中,实现最终一致性是最重要的。

云原生软件平台 3

本章要点
- 云平台发展历史简介
- 云原生平台的基础功能
- 容器的基本知识
- 如何在整个软件开发生命周期中使用平台
- 安全性、合规性和变更控制

我帮助过许多客户了解和采用基于云原生的模式和实践，以及为运行软件而专门进行优化的平台。特别是，我在 Cloud Foundry 平台上工作。我想分享一下一个客户的经历，他和其他客户一样，接受并采用了 Cloud Foundry 平台，并在平台上部署了一个现有的应用程序。

尽管此客户部署的软件只采用了本书中提到的几个云原生模式（例如，应用程序都是无状态的，并调用持久化状态的其他服务），但在迁移到云平台的过程中，成效即刻显现。在部署到 Cloud Foundry 后，他们发现系统比以往任何时候都更加稳定。最初，他们将此效果归功于为了在 Cloud Foundry 部署所做的轻量级重构，无意中提高了软件的质量。但是在检查应用程序日志时，他们发现了一些令人惊讶的事情：应用程序崩溃的频率和以前一样频繁，他们只是没有注意到而已。云原生应用程序平台一直监控着应用程序的运行状况，当应用程序出现故障时，平台会自动启动一个替代的应用程序。隐藏的问题仍然存在，但运维人员和用户（这个更重要）的体验要好得多。

> **注意** 这件事情的意义在于，尽管云原生软件定义了许多新的模式和实践，但是开发人员和运维人员都不需要提供所有这些功能。云原生平台，即那些旨在支持云原生软件的平台，已经提供了丰富的功能来支持现代软件的开发和运行。

先在这里澄清一下：我并不是说有了这样的平台就可以降低应用程序的质量。如果一个 bug 导致了系统崩溃，那么你应该找到并修复它。但出现这样的情况并不一定意味着在 bug 被解决之前，需要不断地在半夜吵醒运维人员，或者影响用户的体验。新的平台会提供一套服务来满足在前几章中所描述的需求，即软件能够持续部署、高度分布式、以及在不断变化的环境中运行。

在本章中，我将介绍云原生平台的一些关键功能，让你知道通过平台可以获得的能力。如果你深刻理解了这些功能，不仅可以从烦琐的运维工作中解脱出来，更多地关注业务需求，而且可以优化云原生部署的过程。

3.1 云（原生）平台的发展

使用平台来支持软件的开发和运维并不是什么新鲜事。已经被大规模使用的 Java 2 平台企业版（J2EE）从发布到本书撰写时已经有 20 年了，也有了多个主要版本。JBoss、WebSphere 和 WebLogic 是这种开源技术的商业产品，分别为 RedHat、IBM 和 Oracle 带来了数十亿美元的收入。许多其他专有平台，例如来自 TIBCO 软件公司或微软公司的平台也同样成功，并为它们的用户提供了帮助。

但是，正如需要新架构来满足现代软件的需求一样，也需要新的平台来支持相应的新的开发和运维实践。下面快速回顾一下我们是如何发展到今天这一步的。

3.1.1 从云计算开始

可以说，云平台是从 Amazon Web Services（AWS）开始的。它在 2006 年发布

3.1 云（原生）平台的发展

了第一批产品，其中包括了计算（弹性计算云，Elastic Compute Cloud，简称 EC2）、存储（简单存储服务，Simple Storage Service，简称 S3）和消息通知（简单消息队列服务，Simple Queue Service，简称 SQS）服务。这绝对是一个游戏颠覆者，因为开发人员和运维人员不再需要购买和管理他们自己的硬件，而是可以通过自助式的服务界面，在很短的时间内获得所需要的资源。

起初，这个新平台代表着现有的客户端-服务器模式会转向可访问互联网的数据中心模式。软件架构并没有发生巨大的变化，相关的开发和运维实践也没有变化。在云的早期发展阶段，更多的是提供计算能力。

几乎在同时，云的特点开始对在传统基础设施上构建的软件产生压力。AWS 在数据中心上使用了大量的普通硬件，来代替"企业级"服务器、网络设备和存储器。使用更便宜的硬件是以令人满意的价格提供云服务的关键，但随之而来的是更高的失败率。AWS 通过其软件和产品弥补了硬件弹性能力的降低，并向用户提供了一些抽象概念，比如可用区（Availability Zone，简称 AZ），这使得即使在基础设施并不稳定的情况下，在 AWS 上运行的软件依然能够保持稳定。

重要的是，在将这些新的概念（例如，可用区或者区域）向用户公开后，用户就承担了恰当应用这些概念的责任。我们当时可能没有意识到，但是随着平台在应用程序接口（API）中公开这些新的抽象概念，就逐渐塑造出一个新的软件架构。人们开始尝试编写在这类平台上运行良好的软件。

AWS 实际上创造了一个新的市场，而谷歌和微软等竞争对手花了两年时间才有所反应。当它们加入进来的时候，又各自带来了新的产品。

谷歌首先发布了谷歌应用引擎（Google App Engine，GAE），这是一个专门为运行 Web 应用程序而设计的平台。它所公开的抽象概念（API 中的一级实体）与 AWS 有明显区别。后者主要公开了计算、存储和网络接口，例如，可用区到服务器组的映射，允许用户控制服务器池的绑定或解绑。相比之下，GAE 的接口中没有（现在依然没有）提供对这些原始计算资源的任何访问，也并不直接公开底层的基础设施资产。

微软则推出了自己的云平台 Azure，提供了运行中等信任（Medium Trust）代码等功能。与谷歌的方法类似，中等信任机制限制了用户对计算、存储和网络资源的直接访问，负责为用户创建运行代码的基础设施。这使得平台能够限制用户代码对基础设施造成的影响，从而提供一定的安全性和弹性保证。现在回想起来，我认为谷歌和微软的这两款产品，是从云计算过渡到云原生的最早的两款产品。

谷歌和微软最终都提供了公开基础设施能力的服务，如表3.1所示，而AWS则开始提供具有更高抽象能力的云服务。

表3.1　主要云平台服务商提供的基础架构即服务（IaaS）产品

	AWS	GCP	Azure
计算	弹性计算云（EC2）	谷歌计算引擎	Azure 虚拟机
存储	简单存储服务（S3）	谷歌云存储	Azure Blob 存储
网络	虚拟私有云（VPC）	虚拟私有云（VPC）	虚拟私有网络（VPN）

这三个服务商在21世纪初上演的"大戏"，不约而同地暗示了软件架构即将发生的重大变化。作为一个行业，我们正在进行尝试，看看是否有可能利用数据中心的资源，在生产力、敏捷性和弹性等方面获取更大提升。这些试验最终导致了一个新的平台模式出现，即云原生平台，它具有更高层的抽象概念、与之相关的服务以及随之而来的优势。

本章将开始介绍云原生平台，让我们先从云原生平台提供的更高层抽象开始。

3.1.2　云原生的"拨号音"

开发人员和应用程序的运维人员关心的是，提供用户服务的系统是否正常运行。在过去的几十年中，为了提供令人满意的服务级别，他们不仅需要正确配置应用程序的部署，还要正确配置底层的基础设施。这是因为他们可以使用的原语（primitive），与一直使用的计算、存储和网络组件的相同。

但是，正如云平台的发展所暗示的那样，这种情况正在改变。为了清楚地理解这种差异，我们来看一个具体的例子。假设你已经部署了一个应用程序，为了确保它运行正常，或可以在出现问题时加以诊断，你必须能够访问它的日志和指标数据。

正如前面已经说过的，云原生应用程序会部署多个副本，这也是为了适应变化和扩大规模。如果你在一个底层是传统基础设施的平台上运行现代应用程序，那么必须通过暴露的传统数据中心抽象（例如主机、存储卷和网络），来获取或者访问日志。

图3.1演示了这些步骤：

1. 确定应用程序的实例在哪些机器上运行，这通常存储在一个配置管理数据库（CMDB）中。

3.1 云（原生）平台的发展

2. 确定打算诊断行为的应用程序实例在哪些机器上运行。有时可以一次检查一台机器，直到找到正确的机器为止。
3. 找到正确的机器后，必须进入一个指定的目录，找到要查找的日志。

运维人员要打交道的工作实体分别是 CMDB、主机和文件系统目录。

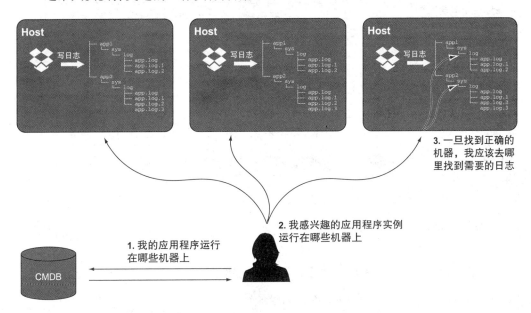

图 3.1 访问一个传统基础设施平台上的应用程序日志的操作非常烦琐

相比之下，图 3.2 显示了当应用程序在云原生平台上运行时运维人员的感受。这个过程变得非常简单，只需要请求应用程序的日志。你发出的请求是以应用程序为中心的。

云原生平台承担了以前由运维人员承担的一部分工作。这个平台本身就可以理解应用程序的拓扑结构（以前是保存在 CMDB 中），通过它来聚合所有应用程序实例的日志，并为运维人员提供他们感兴趣的实体的数据。

关键在于：运维人员感兴趣的实体是应用程序，而不是运行应用程序的机器或者保存日志的目录。运维人员需要的是要诊断的应用程序的日志。

你在这个示例中看到的，分别是以基础设施为中心和以应用程序为中心的不同效果。应用程序的运维人员的体验不同，是因为他们在工作中使用的抽象概念不同。我喜欢把这种情况叫作"拨号音"不同。

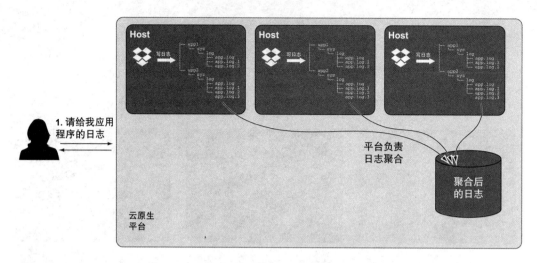

图 3.2 在一个以应用程序为中心的环境中，访问应用程序的日志非常简单

定义 基础设施即服务（IaaS）平台的"基础设施拨号音"：一个提供访问基础设施（例如，主机、存储和网络）的接口。

定义 云原生平台的"应用程序拨号音"：一个让应用程序成为开发人员或运维人员最主要的交互对象的接口。

你肯定已经看到了图 3.3 中堆叠在一起的方框，它们清楚地划分出了三层，并最终组合在一起为消费者提供数字化解决方案。虚拟化的基础设施使计算、存储和网络抽象的使用变得更加容易，从而将底层硬件的管理留给了 IaaS 服务商。云原生平台进一步提高了抽象程度，允许用户更加轻松地调用操作系统和中间件的资源，并且将底层计算、存储和网络的管理留给了基础设施服务商。

图 3.3 中方框两边的注释说明了这些抽象在运维方面的差异。与通过 IaaS 接口将应用程序部署到一台或多台机器上不同，在云原生平台上，运维人员只需要部署一个应用程序，而平台根据可用资源来分配请求的实例。运维人员不需要配置防火墙规则来保护运行指定应用程序的机器，只需将策略应用于应用程序，由平台来负责保护应用程序容器。运维人员不需要访问机器来获取应用程序的日志，而是可以直接访问应用程序的日志。与 IaaS 平台相比，云原生平台的应用体验差别是显而易见的。

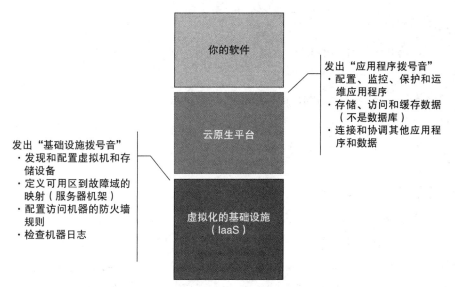

图 3.3 云原生平台在基础设施上做了进一步抽象，使得运维人员只需要关注应用程序，而不需要关注对这些底层基础设施的管理

本章后面将要讨论的内容，以及我鼓励你在构建云原生软件时使用的环境，都指的是云原生平台，即一个能发出"应用程序拨号音"的平台。目前，有几个平台可供你选择。对于大型的云服务商，可选的有 Google App Engine、AWS Elastic Beanstalk 和 Azure App Service（它们都没有得到特别广泛的使用）。Cloud Foundry 是一个开源的云原生平台，在全球范围内的大型企业中拥有众多的客户。一些服务商也会提供商业产品（例如，Pivotal、IBM 和 SAP 等）。[1] 虽然这些平台的实现各不相同，但都基于一个共同的哲学基础，并且都提供了"应用程序拨号音"。

3.2 云原生平台的核心原则

在深入讨论云原生平台的一些功能以及由此带来的好处之前，你必须理解所有这些内容基于的哲学基础和根本原则。毫无疑问，这个基础就是让那些高度分布式的应用程序可以在不断变化的环境中运行。但是在我更详细地介绍这两点之前，让我们先来讨论一下这种平台必须具备的技术。

---

1 在本书出版的时候，我正在 Pivotal 使用 Cloud Foundry、Kubernetes 和其他新的平台。

3.2.1 先聊聊容器

实际上，容器是云原生软件的重要推动者。好吧，虽然这种关系并不像我说的这么轻松，但这其实是一个"鸡生蛋还是蛋生鸡"的问题：容器的流行无疑是被对云原生应用程序的支持需求驱动的，而容器的出现也同样推动了云原生软件的发展。

当我提到容器这个术语时，很可能你会立即想到"Docker"。但是我想做的，是把容器中的关键概念也抽象出来，这样你可以更容易地将这些能力与云原生软件联系起来。

从基本层面上说，容器其实是一个使用底层机器功能（例如，底层的操作系统）的计算环境。通常，多个容器会运行在一台机器（例如，服务器）上，机器可以是实际的也可以是虚拟的。多个容器之间是彼此隔离的。从较高层面上说，它们有点像虚拟机（VM），即一个运行在共享资源上的独立计算环境。但是，容器比虚拟机更加轻量级，创建容器的时间比创建虚拟机的时间低几个数量级，消耗的资源也更少。

前面已经提到，在一台主机上运行的多个容器会共享主机的操作系统，但仅此而已。应用程序所需的其他运行时环境都运行在容器中（没错，你的应用程序会在容器中运行）。

图 3.4 显示了在主机和容器中同时运行的应用程序和运行时环境。主机只提供操作系统内核。在容器中，首先会有操作系统的根文件系统，包括 `openssh` 或 `apt get` 等操作系统命令。应用程序所需的运行时环境也在容器中运行，例如，Java 运行时环境（JRE）或者 .NET 框架。最后，你的应用程序也会在容器中运行。

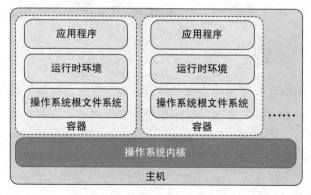

图 3.4 一台主机上通常会运行多个容器，这些容器会共享主机的操作系统内核，但是每个容器都有自己的根文件系统、运行时环境和应用程序代码

当你运行一个应用程序的实例时，首先会在主机上创建一个容器。所有应用程

3.2 云原生平台的核心原则

序运行所需的东西，包括操作系统的文件系统、应用程序运行时环境和应用程序本身，都将被安装到该容器中，并启动相应的进程。云原生平台将容器作为核心，为你的软件提供了大量的功能，而创建应用程序的实例只是功能之一。其他的功能还包括：

- 监视应用程序的健康状况
- 在基础设施上分布应用程序的实例
- 为容器分配 IP 地址
- 动态路由到应用程序的实例
- 配置注入
- 其他更多功能

当你学习什么是云原生平台时，我希望你能记得与容器有关的几个知识点：1. 基础设施上会有多台主机；2. 主机上运行着多个容器；3. 应用程序会使用已安装在容器中的操作系统和运行时环境。在本章接下来的许多插图中，我都将使用图 3.5 所示的图标来表示容器。

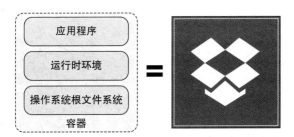

图 3.5　在研究云原生平台时，有时我们会认为容器是一个黑盒，应用程序在其中运行。稍后，我们将深入讨论应用程序在容器中运行的细节

在基本了解容器之后，我们现在来了解一下云原生平台的一些关键原则。

3.2.2　支持"不断变化"

在本书的开头，我讲述了一个亚马逊宕机的事件，这个事件演示了一个应用程序如何在其所在平台遇到故障时依然保持稳定运行。尽管在设计系统的弹性方面，开发人员起着关键的作用，但他们不需要实现保障稳定性的每个功能，云原生平台会提供这部分重要功能。

以可用区为例。为了支持可靠性，亚马逊允许 EC2 用户访问多个可用区，允许他们将应用程序部署到多个可用区中,这样即使某个可用区发生故障,应用程序依然可以运行,不过一些用户的应用程序仍然会出现短时间无法访问的情况。

虽然原因可能各不相同,但一般来说,无法做到跨可用区部署应用程序是因为这本来就不是一件容易的事情。你必须跟踪所使用的各个可用区,在每个可用区上启动机器实例,配置可用区之间的网络,并确定如何在多个可用区的虚拟机中部署应用程序实例(容器)。当你在进行任何运维操作时(例如,升级操作系统),必须决定是否一次只对一个可用区操作,还是采用其他方式。当 AWS 不断下线你运行应用程序的主机时是否需要转移流量?你必须考虑整个网络拓扑,包括应该将流量转移到哪个可用区,这绝对是一件非常复杂的事情。

虽然 AWS 向使用 EC2 服务的用户公开了可用区的概念,但不需要向云原生平台的用户公开。平台可以被配置为使用多个可用区,然后由平台来编排跨可用区的所有应用程序实例。应用程序的开发团队只需要请求部署应用程序的多个实例(比如,4 个实例,如图 3.6 所示),平台就会自动将它们均匀地分布到所有可用区。平台实现了所有的编排和管理工作,将人们从这些工作中解放出来。当以后发生变化时(例如,可用区出现故障),应用程序还可以继续工作。

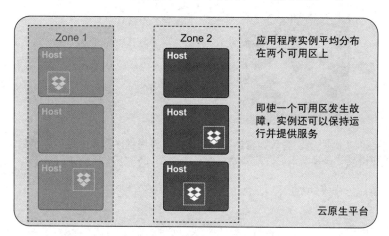

图 3.6 云原生平台负责管理多个可用区之间的流量

前面提到的另一个概念是最终一致性,这是云计算中的一个关键模式,因为事物都是在不断变化的。我们都知道,部署和管理任务必须是自动化的,但是设计时的预期是永远不会实现的。系统管理是通过不断监控系统的实际状态(不断变化的),将其与期望状态进行比较,并在必要时进行调整来实现预期的。这种技术很容易描述，但很难实现，因此通过云原生平台来提供这种功能是很有必要的。

有少数几个云原生平台实现了此基本模式，包括 Cloud Foundry 和 Kubernetes。尽管实现的细节略有不同，但基本思路是相同的。图 3.7 描述了其中的关键模块以及它们之间的基本流程。

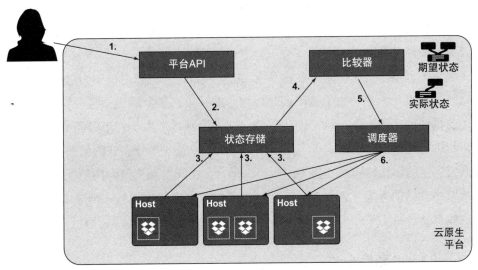

图 3.7 对于在平台上运行的应用程序，对其状态的管理是通过不断将期望状态与实际状态进行比较，然后在必要时进行调整来实现的

1. 用户通过与平台 API 的交互来表达期望状态。例如，用户可能要求运行某个应用程序的 4 个实例。
2. 平台 API 不断将期望状态的变化广播到一个可容错、分布式的数据存储或者消息结构中。
3. 每台工作的主机负责将运行的当前状态广播到一个可容错、分布式的数据存储或消息结构中。
4. 其中一个模块，这里称之为比较器（Comparator），负责从状态存储中获取信息，维护一个期望状态和实际状态的模型，并对两者进行比较。
5. 如果期望状态与实际状态不匹配，比较器会将其差异通知给系统中的另一个组件。
6. 这里将该组件称为调度器（Scheduler），它会确定应该在何处创建新的实例，或者应该关闭哪些实例，并通过与主机之间的调用来实现该任务。

这里的复杂性在于系统的分布式特点。坦率地说，在分布式系统上实现此功能是有难度的。在平台中实现的算法，必须考虑 API 或者主机的消息丢失、短暂但可能会中断流量的网络分区现象，以及由于这类网络抖动而导致的状态变化。

当状态存储等组件的输入发生冲突时，必须有能够维护状态的方法（Paxos 和 Raft 协议是目前使用最广泛的两个协议）。正如应用程序开发团队不需要考虑如何管理多个可用区的实例一样，他们也不需要对实现最终一致性的系统负责，这个功能也由云原生平台来提供。

云原生平台是一个复杂的分布式系统，它需要像分布式应用程序一样具有弹性。如果比较器宕机，无论是由于故障还是计划中的升级，平台都必须是可以自我修复的。之前描述的在平台上运行应用程序的模式，也同样适用于对平台的管理。我们的期望状态可能包括 100 台运行应用程序的主机，以及 5 个分布式的状态存储节点。如果系统当前的拓扑结构与期望不同，那么平台会将其自动调整为期望状态。

本节中介绍的内容非常复杂，远远超出了以前可以手动执行、简单的自动化步骤。这些都是云原生平台为了支持不断变化所提供的功能。

3.2.3 支持"高度分布式"

所有对自治的讨论都包含两部分：团队自治，可以让团队避免烦冗的流程和大量协调工作，快速地迭代和部署应用程序；应用程序自治，即在应用程序自己的环境中运行多个微服务，同时支持独立开发并降低级联失败的影响。它们的确能带来这些好处，但是随之产生的是一个由分布式组件组成的系统，而非原来单个组件或者单个进程的架构，因此要面临的复杂性也是之前不存在的（或者很少存在）。

好消息是，在整个行业中，我们已经花了很多时间来研究这些问题的解决方案，模式也已经相当成熟。当一个组件需要与另一个组件通信时，它需要知道在哪里可以找到另一个组件。当一个应用程序水平扩展到数百个实例时，需要一种办法能够更改所有实例的配置，同时不需要大量、集中地重启。如果用户的某个请求需要通过十几个微服务来响应，而且性能很差，你需要在复杂的网络结构中找到问题所在。你需要避免让重试机制（这是云原生软件架构的一种基本模式，客户端服务会在服务端没有响应时，重复向服务端发送请求）变成对系统的 DDoS[1] 攻击。

---

1 分布式拒绝服务攻击（DDoS）有可能并不是有人故意或者恶意发起的，详情参见链接18。

3.2 云原生平台的核心原则

但是请记住,开发人员并不负责实现云原生软件的所有模式,这些模式需要由平台来实现。本节接下来会简单介绍一些云原生平台在这方面提供的功能。

我想以一个具体的食谱分享网站为例,来说明一些模式。示例网站提供的服务之一是推荐食谱列表,为了做到这一点,推荐服务会调用收藏服务,来获得用户以前所点赞的食谱列表,然后用它们来计算推荐结果。你有多个应用程序,每个应用程序都部署了多个实例,这些应用程序的功能以及它们之间的交互决定了软件的行为,因此你的系统是分布式的。那么一个平台应该提供哪些功能来支持这个分布式的系统呢?

服务发现

单独的服务运行在不同的容器和不同的主机上,为了让一个服务能够调用另一个服务,它必须首先能够找到另一个服务。其中一种方式是通过众所周知的万维网(World Wide Web)模式,即 DNS 和路由。推荐服务会调用收藏服务的 URL 地址,而 URL 会被 DNS 解析为一个 IP 地址,该 IP 地址指向一个路由器,该路由器随后会将请求发送给收藏服务的一个实例,流程如图 3.8 所示。

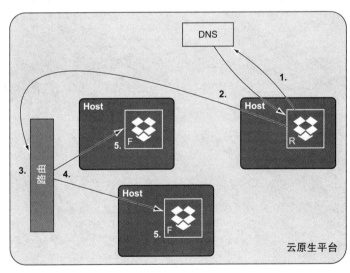

图 3.8 推荐服务通过 DNS 查询和路由来找到收藏服务

另一种方法是让推荐服务通过 IP 地址直接访问收藏服务的实例,但是因为后者有很多实例,所以必须像以前一样对请求进行负载均衡。图 3.9 展示了将路由功能直接集成到调用服务中,从而让其自身支持分布式路由的功能。

无论路由功能在逻辑上是中心化的（如图 3.8 所示）还是高度分布式的（如图 3.9 所示），保证路由表始终是最新的都是一个重要的过程。为了完全实现这个过程的自动化，平台需要实现一些功能，例如，收集新启动或者刚恢复的微服务实例的 IP 地址信息，并将这些数据分发给路由组件。

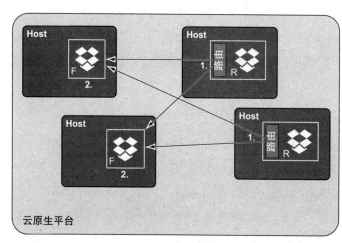

图 3.9　推荐服务通过 IP 地址直接访问收藏服务，路由功能是分布式的

服务配置

假设我们的数据科学家已经进行了更多分析，因此想改变推荐算法的一些参数。由于推荐服务已经部署了数百个实例，每个实例都必须采用新的值。当推荐引擎被部署为单个进程时，你可以直接为该实例提供一个新的配置文件，并重新启动应用程序。但是，由于现在的软件架构是高度分布式的，所以没有人知道某个时间点各个实例都在哪里运行，但是云原生平台知道。

为了在云原生平台上提供这个功能，需要使用到配置服务。该服务与平台的其他部分一起协同工作，从而实现图 3.10 中演示的功能。具体流程如下所示：

1. 运维人员向配置服务提供新的配置值（可能会将配置信息提交到一个源代码控制系统中）。
2. 服务实例知道如何访问配置服务，在需要时会通过该服务获取配置值。当然，服务实例在启动时也会获取配置值，但是在配置值发生变更，或者某些生命周期事件发生时，也需要获取配置值。
3. 当配置值变更时，需要让每个服务实例刷新自己的配置。云原生平台知道所有的服务实例在哪里。实际状态保存在状态存储中。

4 由云原生平台通知每个服务实例有新的值可以使用，然后所有服务实例更新为新的值。

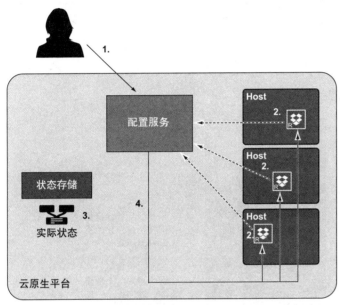

图 3.10 云原生平台的配置服务，为部署基于微服务的应用程序提供了重要的配置功能

同样，无论是开发人员还是应用程序的运维人员，都不需要实现这个功能，这由云原生平台自动为部署的应用程序提供。

服务发现和服务配置，只是云原生平台提供的众多功能中的两个，但它们为云原生应用程序实现模块化和高度分布式提供了支持。云原生平台提供的其他服务还包括：

- 分布式跟踪机制，允许自动将跟踪器嵌入请求中，以诊断多个微服务调用之间的问题。
- 断路器，防止意外产生的内部 DDoS 攻击，例如，网络中断时可能产生的重试风暴。

这些功能以及更多服务都是云原生平台的优势，极大地降低了我们构建现代软件的难度，减轻了开发人员和运维人员的负担。这样的平台对于以功能为主的 IT 组织是至关重要的。

3.3 人员分工

云原生平台可以帮助你完成更多任务——安全性、合规性、变更控制、多租户以及控制部署过程。不过为了让你充分体会到平台的价值，我想先谈谈人员的相关话题。特别地，我想说明一下云原生平台和数据中心在结构上对应的不同职责。

图 3.11 源自图 3.3，模块是相同的，但是我现在想找到云原生平台和你的软件之间的边界。这个边界是一个合约，规范了如何提供软件（通过平台的 API），以及平台需要保证软件良好运行的各项服务级别。

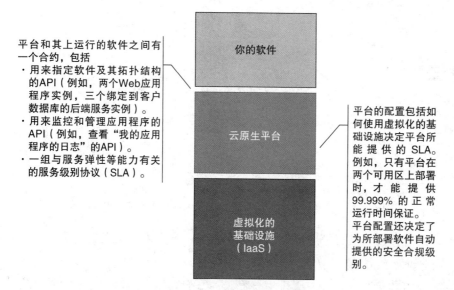

图 3.11 云原生平台提供了一个合约，允许用户部署和管理软件，且无须知道底层的基础设施细节，像性能保证之类的非功能需求，是通过配置平台的 SLA 来实现的

例如，为了运行一个简单的 Web 应用程序，可以通过平台的 API 来部署 Web 应用程序的 JAR 文件和 HTML 文件，以及一些后端服务。你可能需要部署两个 Web 应用实例，以及三个连接到客户数据库的后端服务实例。在服务级别方面，合约可以保证应用程序具有 99.999% 的可用性，并将所有应用程序的日志持久化到 Splunk 实例中。

建立这些边界和合约可以实现一些强大的功能，允许你组建多个独立的团队。其中一个团队负责配置云原生平台，提供企业所需要的服务级别。这个团队（后面简称"平台团队"）的成员需要具备一个特殊的技能——知道如何使用基础设施的

3.3 人员分工

资源，了解云原生平台的内部工作方式，以及知道如何对平台进行微调（应用程序日志会被发送到 Splunk）。

另一个团队，或者应该说另外几个团队，是为最终用户构建、运行和维护软件的应用程序团队。他们知道如何使用平台的 API 来部署和管理应用程序。这些团队的成员了解云原生软件的架构，并且知道如何对它们进行监控和配置，以获得最佳的性能。

图 3.12 展示了每个团队负责的模块，希望读者注意其中的两个地方：

- 每个团队负责的模块不重叠。这一点非常重要，也是平台能够支持更加频繁的部署的主要原因之一。但是，只有正确设计了各层边界上的合约，才能实现这种效果。
- 每个团队"拥有"一个具体负责的产品，以及这个产品的整个生命周期。应用程序团队负责软件的搭建和运维，平台为这些团队的成员提供所需要的合约。平台团队负责构建（或者配置）、运行和维护所负责的产品，即平台本身，这个产品的客户是应用程序团队的成员。

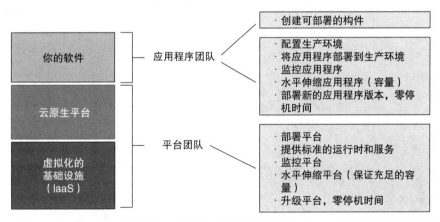

图 3.12 正确地抽象能够让平台团队和应用程序团队形成自治，每个团队都负责部署、配置、监控、伸缩和升级各自的产品

有了正确的合约之后，应用程序团队和平台团队都是自治的。每个团队都可以在不与其他团队进行大量协调的情况下，完成自己所负责的任务。另外，有意思的是，他们的职责有很多相似点。每个团队都要负责部署、配置、监控、伸缩和升级各自的产品，不同之处在于他们所负责的产品及用来完成任务的工具。

实现这种自治（这是这个时代交付数字产品的一个关键要素）不仅取决于如何定义合约，还取决于云原生平台本身的内部工作方式。平台必须支持持续交付，才能获得所需的敏捷性。为了达到极佳的运维体验，它必须禁止碎片化的变化，让应用程序团队形成自治，并同时实现安全、合规和其他方面的控制。它还必须提供一些服务，以减轻我们在多租户环境中创建高度分布式应用程序组件（微服务）的负担。

在讨论云原生平台的核心原则时，前面已经提到了其中的一些功能，接下来让我们再深入对相关话题进行一些讨论。

3.4 云原生平台的其他功能

既然你已经了解了在不断变化的环境中，平台如何为高度分布式的软件提供基本的支持，以及应用程序团队和平台团队的工作方式，下面来看一下应该了解的云原生平台的其他方面。

3.4.1 平台支持整个软件开发生命周期

只有实现部署到生产环境这个过程的自动化，才能实现持续交付。是否成功取决于软件开发生命周期的早期阶段。我确信，我们需要一个能够贯穿软件开发生命周期的可部署构件。你现在需要的是部署构件的环境，以及在此环境中正确配置构件的方法。

作为开发人员，当你确认代码在自己的机器上可以运行之后，就会将代码提交到代码仓库。这个行为会启动构建可部署构件的构建管道，将其安装到正式的开发环境中，并运行测试套件。如果测试通过，就可以继续实现下一个功能，循环往复。图 3.13 描述了将代码部署到开发环境中的过程。开发环境包含应用程序所依赖的各种服务的轻量级版本，例如数据库、消息队列等。在图 3.13 中，这些服务由右边的符号表示。

另一个运行频率不太高的触发器（可能每天运行一次）会把构件部署到测试环境中，在更接近生产环境的环境中执行一组更全面（可能运行时间更长）的测试。你会注意到在图 3.14 中，测试环境中的符号与开发环境中的符号形状相同，但是两者的颜色深浅不同，这表示具有不同的含义。例如，开发环境中的网络拓扑可能是平面的，所有应用程序都部署在相同的子网中，而在测试环境中，为了提供安全边界，网络可能被分为多个子网。

3.4 云原生平台的其他功能

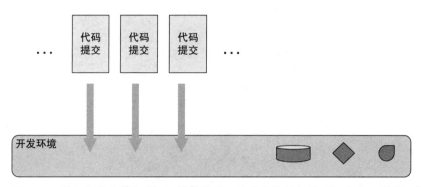

图 3.13 提交代码后会生成可部署的构件,这些构件被部署到与生产环境类似的开发环境中,但是所依赖的服务都是开发环境的版本,例如,数据库和消息队列(由右侧的符号表示)

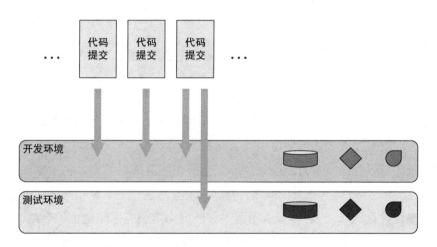

图 3.14 将同一个可部署构件部署到预发布环境中,并将其与更接近于生产环境的服务绑定(由右侧的符号表示)

在每种环境中,可用的服务实例也有所不同,所用的符号是基本相同的(如果在开发环境中使用的是关系数据库,那么在测试环境中也是关系数据库),但是颜色深浅不同,表明它们的含义是存在差异的。例如,在测试环境中,应用程序绑定的客户数据库可能与生产环境一样,但是清除了个人身份信息(PII),而在开发环境中,可能只是一个含有一些示例数据的小型数据库。

最后,当业务部门决定发布软件时,构件被标记上一个发布版本,并被部署到生产环境中,如图 3.15 所示。生产环境(包括其中的服务实例)也与测试环境不同。例如,生产环境中的应用程序会被绑定到在线的客户数据库上。

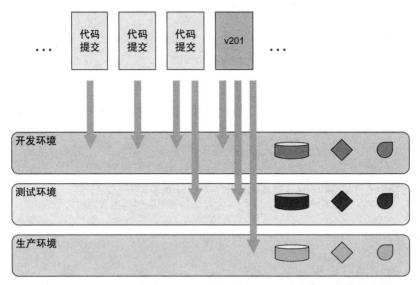

图 3.15 在整个软件开发生命周期中,同一个构件会被部署到相似的环境中,并且必须适应不同环境中不可避免的差异

尽管开发环境、测试环境和生产环境三者之间存在差异,但要注意它们之间重要的相似性。例如,用来部署到任何环境中的 API 都是相同的,使用不同的 API 来管理流水线式的软件开发生命周期过程会增加不必要的负担并降低效率。包括操作系统、语言运行时、指定 I/O 库等部分的基本环境,在所有环境中必须是相同的(在后面的小节中将继续讨论这一点)。管理应用程序和任何绑定服务之间通信的合约,在所有环境中也是相同的。简而言之,对于从开发阶段开始的持续交付过程来说,保证环境的一致性是绝对必要的。

管理这些环境是 IT 组织的首要关注点,而云原生平台就是一个定义和管理这些环境的地方。当升级开发环境中的操作系统版本时,需要与所有其他环境同步升级。类似地,如果有任何服务进行了优化(例如,采用了 RabbitMQ 或者 Postgres 的新版本),那么需要在所有的环境中都进行优化。

但是,除了确保运行时环境匹配之外,平台还必须提供多种合约,让部署的应用程序能够适应各个环境之间存在的差异。例如,使用环境变量是为应用程序提供所需值的常见方式,在整个软件开发生命周期中,必须以相同的方式将值提供给应用程序。将服务绑定到应用程序,提供连接参数的方式也必须一致。

图 3.16 用图形展示了这个概念。部署到每个环境中的构件是完全相同的。应用程序和环境配置、应用程序和服务(在本例中是 Loyalty Members 数据库)之间的

合约也是统一的。请注意,从每个可部署构件引出的箭头,在所有环境中都是完全相同的,不同的是环境配置和具体的数据库。这种抽象,对于设计一个能够支持整个软件开发生命周期的云原生平台是非常重要的。

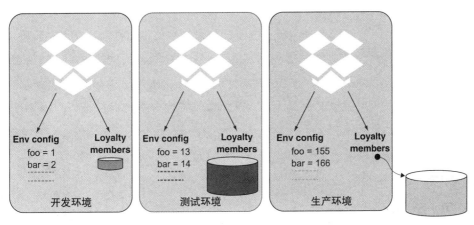

图 3.16 平台必须包含一种机制,允许应用程序、运行时环境以及绑定服务之间的合约,能够满足软件开发生命周期的需求

我曾经遇到过一种情况,有些客户只实现了一个仅能用于预发布环境或者生产环境的平台。毫无疑问,拥有一个可以提供自动健康管理、机器镜像标准化控制等功能的云原生平台是有价值的,即使它只能在生产环境中使用。但是考虑到持续交付的需要,该平台必须能够在整个软件开发生命周期中使用。只有当这个平台提供了含有正确抽象能力的环境,以及一个可以进行自动化交互的 API 时,从软件开发到投入生产的整个过程才能成为一个可控且高效的流水线。

3.4.2 安全性、变更控制和合规性(管控功能)

我发现许多开发人员并不喜欢安全部门、安全规则或者变更控制。一方面,这不怪他们,因为开发人员希望让应用程序在生产环境中运行,而这些管控流程要求提交无数单据,最终可能会阻止部署的进行。但从另一方面看,如果开发人员能暂时抛开相关抱怨,他们也能认识到这些管控流程所带来的价值。我们必须保护客户的个人数据;我们必须避免可能会导致关键业务停机的变更;我们不得不感谢现有的、避免出现全面性生产事故的保障措施。

当前流程存在的问题不在于人,也不在于人们所在的企业。出现这些问题是因为犯错误的可能性实在太大了。例如,某版本的 JRE 可能会导致系统的某类功能性能下降，因此要禁止在生产环境中使用，所以需要变更控制来防止开发人员使用该版本的 JRE 编写相应程序。你有没有一个机制，记录每个用户对指定数据库的访问？合规部门会验证日志代理是否被正确地部署和配置。有时，我们只能对要遵守的规则进行明确、手动的检查。

这些管控点都是在应用程序生命周期的不同阶段实现的，而且常常在后期阶段。如果在计划部署的前一天才发现问题，那么整个计划就会面临很大的风险，如果错过最后期限，每个人都会受影响。如图 3.17 所示，最醒目的是每次部署都要经过这些管控，而且是每个应用程序的每个版本。从准备发布到部署的时间最好以天为单位，这样每周内可以进行多次部署。

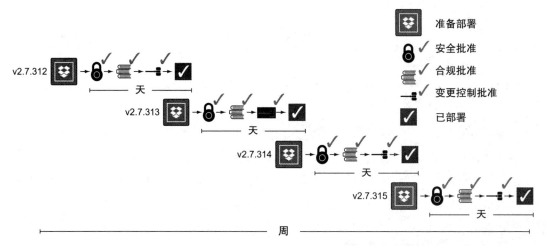

图 3.17　对于每个应用程序的每次发布，关键路径上的管控功能会减少部署的次数

还记得前面说过亚马逊每天执行数万次部署吗？它做的事是完全不同的。这并不是说亚马逊不受监管的约束，也不是说它对客户的个人数据满不在乎。而是亚马逊用另一种不同的方式来满足管控要求。它将管控功能直接内置到平台中，从而确保在平台上部署的任何东西都能满足安全性和合规性的要求。

稍后我们将讨论如何将这些管控功能内置到平台中，但首先让我们看看这样做的结果。如果某次部署能够保证满足管控要求，那么你就不必在部署前按事项清单进行检查。如果不需要查看一个冗长的事项清单，那么从你准备好构件到将其部署的时间就会大大缩短。以前需要几天的部署过程，现在只需要几分钟。虽然一系列部署需要几周的时间，但是现在你可以在一天内完成几个周期（如图 3.18 所示）。你可以比之前更频繁地部署软件并收集反馈，而且你已经了解了这样做的许多好处。

3.4 云原生平台的其他功能

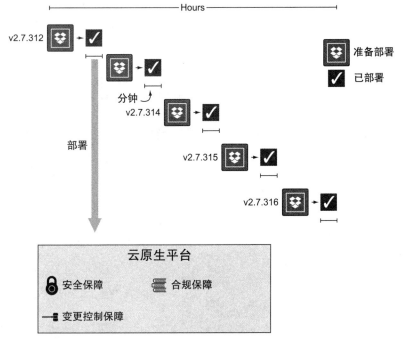

图 3.18 通过将软件部署到一个实现管控功能的平台上,可将从准备部署应用程序到执行部署的时间缩短为几分钟

接下来,让我们深入了解如何在云原生平台中内置这些管控功能,如何获得图 3.18 所示的安全、合规和变更控制的保障。

3.4.3 控制进入容器的东西

本书第 2 章讨论了可重复性,以及如何通过控制运行时环境、控制可部署构件和控制部署过程本身来实现可重复性。通过使用容器技术,可以将这些控制直接引入平台,从而实现所需的安全、合规和变更控制的保障。

图 3.19 重复了第 2 章中的图 2.12,说明了如何组合应用程序的各个部分。既然我们已经讨论过容器,就可以将图中的每个部分与应用程序一一对应了。

图 3.20 显示了在某台主机上运行的一个容器。在图 3.19 中提到的"基础镜像"现在为容器的操作系统根文件系统,运行时环境表示安装到根文件系统中的其他组件,例如,JRE 或者 .NET 运行时。最后,可部署构件也会进入容器。那么,如何控制这些部分呢?

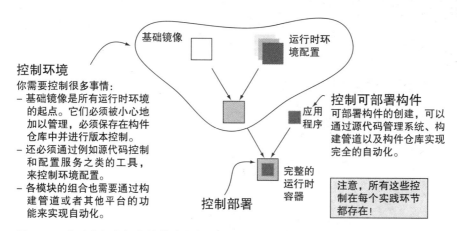

图 3.19 自动化组合标准的基础镜像、受控的环境配置和单一的可部署构件

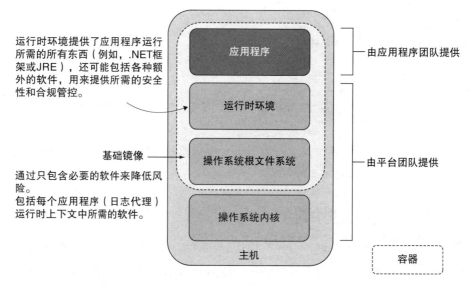

图 3.20 容器镜像的结构清楚地将应用程序团队的关注点与平台团队的关注点分开

首先,我们来讨论一下基础镜像。回想一下,操作系统内核来自在主机上运行的内核(稍后再来讨论这个问题)。容器的根文件系统中包含了添加到内核中的其他内容,可以将它们视为安装到操作系统中的软件包。由于部署到操作系统中的任何软件都可能存在安全漏洞,因此最佳实践是保证最小的基础镜像。例如,如果不希望允许 SSH 访问容器(限制 SSH 访问确实是一个好主意),你就不会在基础镜像中包含 OpenSSH。如果控制了一组基础镜像,那么你就可以完全控制程序的许多安全特性。

使基础镜像尽可能小确实是一种最佳实践，使攻击面更小会让系统更加安全。但是安全和合规也来自确保某些进程能够运行（例如，日志代理）。在每个容器中都需要运行的软件包应该被包括在基础镜像中。

要点 1 平台应该只允许使用经过批准的基础镜像。

这个基础镜像可以作为各种工作的基础。例如，你的一些应用程序可能是用 Java 编写的，因此需要 JRE，而其他应用程序可能是用 Python 编写的，因此需要安装 Python 解释器。这就是图 3.20 中所示的运行时环境。当然，这些运行时环境也有可能存在漏洞，例如，JRE 或者 Python 解释器，因此安全部门需要批准允许使用的指定版本。

要点 2 平台应该可以控制容器中所有的运行时环境。

最后，容器中的最后一部分是应用程序本身，并且前面已经介绍过如何创建可部署的构件。

要点 3 集成了代码扫描的构建管道，可以提供可重复的、安全的自动化构建流程。

现在让我们回到控制点。我们已经讨论过可以将应用程序团队的关注点与平台团队的关注点分开的架构。应用程序团队负责交付支持业务的数字产品，平台团队负责满足企业对安全和合规的要求。应用程序团队只负责提供应用程序，而平台团队负责提供其他的一切。

再看看图 3.20，你可以看到平台团队提供了经过安全审核的基础镜像和运行时环境，还可以看到平台团队负责主机上运行的操作系统内核。简而言之，平台团队能够通过这些方面来实现对安全和合规的控制。

3.4.4 升级与安全漏洞修补

当图 3.20 所示的应用程序容器的任何部分需要更新时，我们不需要去修改正在运行的实例，我们可以新部署一组含有新组件的容器。由于云原生应用程序总是会部署多个实例，因此不需要停机就可以从旧版本迁移到新版本。

这种升级的基本模式是：（1）关闭和销毁一组应用实例；（2）启动同等数量的

新容器实例；(3) 当它们启动并运行后，继续替换下一批旧实例。云原生平台会处理这个过程，你只需要提供新版本的应用程序。

看看本节第一段开头的几句话，当"应用程序容器的任何部分"需要更新时，这表示有时是应用程序本身发生了变化，有时是平台提供的功能发生了变化。没错，当应用程序有新版本时、运行时环境中的操作系统（内核或者根文件系统）有新版本时，或者其他任何东西有变化时，平台都会执行滚动升级。

还有更棒的，云原生平台旨在满足平台和应用程序团队的需求，允许这些团队独立运维。这是非常强大的！

图 3.21 扩展了先前用来展示应用程序团队在开发环境、测试环境和生产环境中执行部署的过程。现在你已经知道了，应用程序团队每次部署的容器都是由平台团队和应用程序团队共同提供的组件组装而成的（请回想一下图 3.20）。

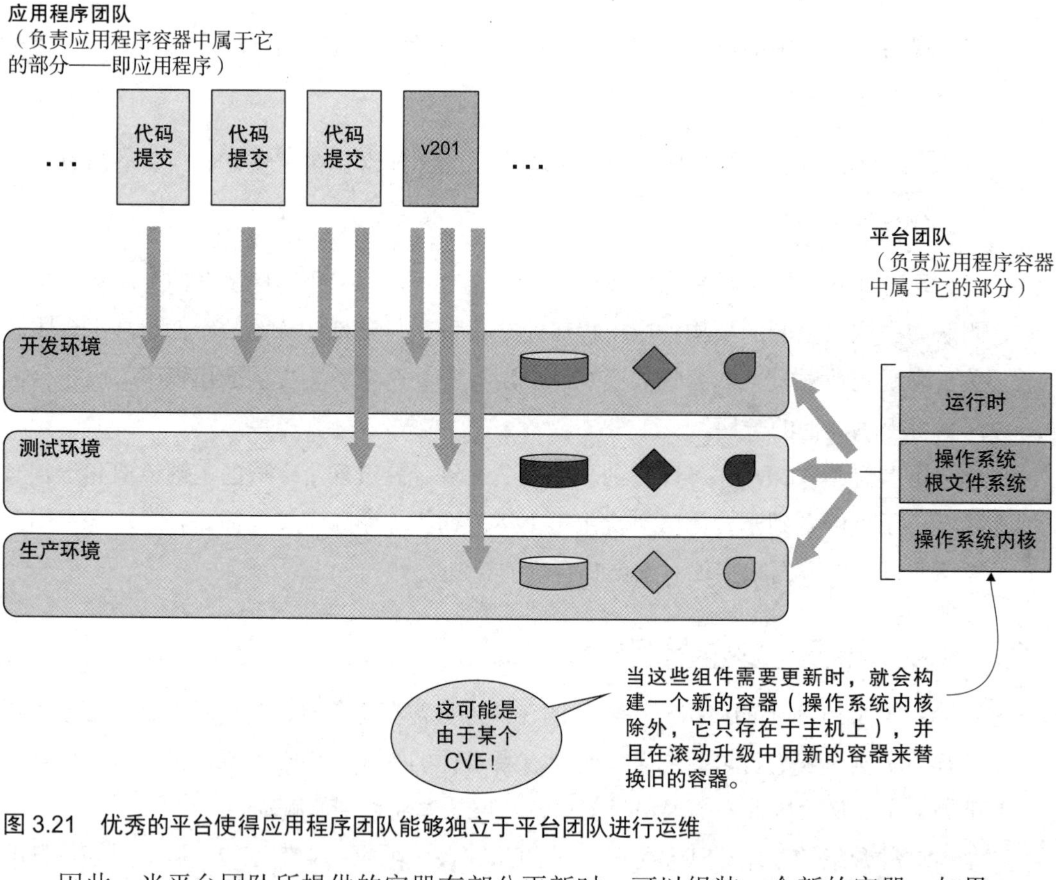

图 3.21 优秀的平台使得应用程序团队能够独立于平台团队进行运维

因此，当平台团队所提供的容器有部分更新时，可以组装一个新的容器。如果应用程序团队有新的版本，会组装并部署一个新的容器；如果平台团队有新的版本，也会组装并部署一个新的容器。如图 3.21 所示，在上部，应用程序团队正在创建新的容器，而在下部，平台团队正在按照计划更新平台的容器。

这种自治对于数据中心的补丁管理非常重要。当发现某个新的漏洞（CVE）时[1]，我们需要快速打补丁，而不是在所有应用程序之间进行复杂的协调。这类复杂的协调通常是导致补丁无法像以前在数据中心的配置中那样快速应用的部分原因。

如今，在有了云原生平台之后，当平台团队推出一个最新漏洞的补丁时，平台会自动创建新的容器镜像，然后批量替换正在运行的实例，总是保持一部分应用程序的实例处于运行中，而另一部分进行升级。这就是滚动升级。当然，你也不能鲁莽行事，需要首先将补丁部署到预发布环境，在通过测试之后，才能继续在生产环境中进行部署。

如果从 Google Cloud Platform、AWS、Azure 或者任何其他云平台服务商的角度考虑一下这个问题，就会明白这种自治对于平台团队与应用程序团队是必不可少的。AWS 拥有超过 100 万的活跃用户，如果它需要协调每个用户，那根本就无法进行管理。[2] 在云原生应用程序平台的帮助下，你完全可以采用与数据中心一样的管理方式。

3.4.5 变更控制

变更控制功能是防止在生产环境中发生变更（例如，在升级或者部署新应用程序的过程中）的最后防线。这是一个相当重要的责任，通常要仔细审查计划部署的所有细节，并评估它会对运行在相同环境中的其他系统造成什么影响。这些影响可能包括对计算资源的争抢、访问各种系统组件的伸缩或者限制，或者网络流量的急剧增加。这项工作之所以困难，是因为相关的许多系统都被部署到同一个 IT 环境中，所以一处变化可能会对其他系统产生连锁影响。

云原生平台允许以一种完全不同的方式来解决变更控制的问题。它提供了互相隔离组件的办法，这样，即使数据中心的某个部分出现问题，也不会影响到其他部分。

---

1 CVE是公共漏洞披露（Common Vulnerabilities and Exposures）的缩写，可以访问维基百科搜索并了解更多相关信息，网址参见链接19。
2 相关详情请参考Ingrid Lunden的文章"Amazon's AWS Is Now A $7.3B Business As It Passes 1M Active Enterprise Customers"，文章网址参见链接20。

互相隔离的实体被称为租户（tenant）。当我使用这个名词时，并不是指众所周知的可口可乐和百事可乐两家公司运作于相同的生态环境，但是需要彼此隔离，甚至不知道对方的存在。我更关心的是租户之间是否存在某种程度的隔离，以防止它们在不经意间相互影响。这样，我们的场景就变成了一个多租户的场景，许多租户都会使用一个共享的 IT 环境。

VMware 在 21 世纪初率先推出了共享计算基础架构。它创建了虚拟机（VM）抽象，可以通过软件控制将共享的物理资源分配给多个虚拟机。这种虚拟化技术的主要关注点是共享资源的使用，而且，许多企业的数字化产品现今都运行在虚拟机中。独立的软件部署就是共享计算基础架构上的各个租户，这种架构非常适合在多台机器上运行的软件。

但是，正如你所知道的，软件架构已经发生了变化，云原生软件由更小的、独立的部分组成，再加上更加动态的环境，已经对基于虚拟机的平台构成了压力。尽管之前也有过其他尝试，但基于容器的方案已经被证明是一个出色的解决方案。基于控制组（cgroup，控制对共享资源的使用）和命名空间（namespace，控制共享资源的可见性）的基本概念，Linux 容器已经成为云原生软件各种微服务的执行环境。[1]

容器提供的隔离性是为了满足变更控制的要求，一个应用程序如果占用了一个容器中所有可用的内存或 CPU，不会影响在同一主机上运行的其他容器。但是，正如我所指出的，还存在其他一些问题。谁能够被允许部署容器？如何确保有足够的监控数据来评估应用程序是否在疯狂运行？如何允许更改一个应用程序的路由，同时不会对其他路由造成影响？

答案是平台本身，它提供的访问控制、监控、路由等功能必须支持多租户。图 3.22 的下半部分显示了一组主机，其中 Linux 控制组和命名空间提供了所需的计算隔离。图 3.22 的上半部分所示的是其他一些平台组件。平台 API 是实施访问控制的地方。指标和日志系统需要将收集到的数据分发到各个租户。调度器用来确定容器在何处运行，它必须清楚某个租户内部以及各租户之间的关联。简而言之，云原生应用程序平台是多租户的。

---

[1] 容器技术最初发展并应用自 Linux，因此大多数以容器为中心的系统都运行在 Linux 上。最近，Windows 也增加了对容器的支持，但是在这方面仍然落后于 Linux。

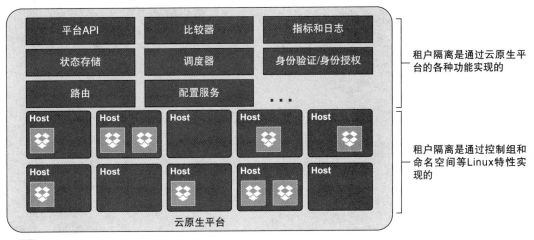

图 3.22 真正的多租户会共享平台层和计算层（Linux 主机和内核）中的资源，并通过容器来实现资源隔离

这种多租户能够真正解决变更控制的问题。因为对某个应用程序 / 租户的部署、升级和配置更改，与其他应用程序 / 租户是隔离的，所以可以授权应用程序团队自行管理负责的软件。

小结

- 云原生平台满足了现代软件的大量需求。
- 云原生平台可以用在整个软件开发生命周期中。
- 与过去十年中以基础设施为中心的平台相比，云原生平台的抽象层次更高。
- 通过在平台中加入控制功能，不需要再对每个应用程序的每次部署都进行审批，进而可以大大提高部署的频率，而且更加安全。
- 应用程序团队和平台团队可以独立工作，各自管理产品的构建、部署和维护。
- 最终一致性是平台的核心，需要不断监控系统的实际状态，并与期望状态进行比较，并且在必要时进行调整。这既适用于在平台上运行的软件，也适用于平台本身的部署。

- 随着软件变得更加模块化和分布式，还需要将组件组合成一个整体的服务。平台必须支持这些分布式系统。
- 对于构建和运维云原生软件的企业来说，云原生平台是绝对必要的。

第2部分

云原生模式

从现在开始将介绍各种云原生的模式。如果你期待的是四人组（Gang of Four）式的设计模式，恐怕要失望了，不过我希望你不会。Erich Gamma、John Vlissides、Ralph Johnson 和 Richard Helm 所著的《设计模式：可复用面向对象软件的基础》一书非常棒，可以说是对提高软件开发人员理解可复用模式最有价值的一本书。但是本书并没有采用类似参考书的介绍方式，而是基于要解决的问题场景来介绍各个模式。

实际上，每一章我们都会以对某些问题的讨论开始，有时会讨论云计算以前的设计方法，然后得出解决方案，而这些解决方案就是该章要讲的模式。我所提供的解决方案可能你以前也听说过，例如，挎斗（sidecar）模式和事件驱动架构，但是希望这种方式能够加深你对它们的理解，并帮助你了解何时以及如何更好地应用它们。

首先，我会在第4章中介绍事件驱动的设计。基于云原生架构讨论的大多数模式，核心其实都是请求/响应的方式。说实话，这就是我们大多数人对软件的自然看法。

我想在开始的时候就种下事件驱动思维的种子,这样至少你在阅读后续章节的时候,在脑海中就有了相关印象。然后,作为本部分的结尾,第12章会再次介绍事件驱动系统,这一次会将重点放在介绍事件驱动对云原生数据的重要作用上。虽然本书无法对云原生数据进行详尽介绍,但是我希望至少能在较高层次上,为你勾画一个云原生的整体蓝图。

在第4章和第12章之间,我会介绍一系列的模式。第5章、第6章和第7章会主要讨论云原生应用程序,包括无状态、配置以及应用程序的生命周期。从第8章开始,我会将重点转向云原生交互,首先讨论服务发现和动态路由。然后,在第9章和第10章中,我会重点介绍客户端和服务端建立交互后的模式,会指出第4章提到的事件驱动的设计基本上也与云原生交互有关。不断变化、高度分布式的架构是云原生软件的特征,因此对如何排除故障提出了新的挑战,这是我将在第11章中讨论的内容。同样有趣的是,该章介绍的解决方案本身,使用了前几章所介绍的许多模式。正如我提到的,本书最终会介绍各种云原生数据的基本模式。

事件驱动微服务：
不只是请求/响应

本章要点
- 如何使用请求/响应编程模型
- 如何使用事件驱动的编程模型
- 如何在云原生软件中使用这两种模型
- 理解模型之间的相似性和差异性
- 如何使用命令查询责任隔离模式

云原生软件的主要实现之一是微服务。如果在部署微服务时使用了正确的模式，那么将曾经大型的、单体的应用程序拆分成多个独立的组件会带来很多好处，包括提高开发人员的生产力和增加系统的弹性。但是一个完整的软件解决方案几乎从来不是由单个组件组成的，通常多个微服务会被整合到一起，从而形成一个丰富的数字化产品。

但这里存在的风险是，各个微服务之间不是按照松耦合的方式组合在一起的。你必须小心避免将各个部分连接得太紧或者太早，导致又出现一个庞大的单体系统。本书其余部分介绍的模式都是为了避免这种陷阱，并让各个独立组件能够以最大的敏捷性和弹性组合在一起，形成具有良好的健壮性、敏捷性的软件。

但是在我们深入讨论这些话题之前，我需要再介绍一个话题——一个在使用其他所有云原生模式时都要考虑的问题，即软件架构中基本的调用风格。微服务之间的交互是请求/响应的方式还是事件驱动的方式？对于前者，客户端会发出一个请求并期待一个响应。尽管请求者可以允许该响应异步到达，但对响应到达的预期本身就在一个响应和另一个响应之间建立了直接的依赖关系。而对于后者，事件的消费方可以完全独立于事件的生成方。不同的自治性是这两种交互方式之间差异的核心。

大型、复杂的软件部署会同时使用两种方法，有时是请求/响应的方式，有时是事件驱动的方式。但我认为，驱使我们做出选择的原因，远比我们过去认为的要微妙得多。如今，高度分布式和不断变化的云环境将我们的软件带到了另一个维度，要求我们重新审视和挑战以前的理解和假设。

在本章中，我将从对大多数开发人员和架构师来说最自然的交付风格开始，即请求/响应的方式，它自然到你甚至没有注意到我在第1章中就介绍过它。接下来，我会在云环境中引入事件驱动的模型。事件驱动与请求/响应在思想上有着本质的区别，因此影响也是巨大的。你将通过代码示例来学习这两个模型，从而扩展你对云原生软件如何交互的理解。

4.1 我们（通常）学习的是命令式编程

绝大多数学生，无论是通过课堂环境还是在线资源，学习的都是命令式编程。他们会学习 Python、Node.js、Java、C# 和 Golang 等语言，其中大多数语言被设计成让程序员提供一系列从头到尾执行的指令。虽然存在分支和循环这类控制结构，也有一些调用过程或函数的指令，但是即便是循环或者函数中的逻辑也是从上到下执行的。

你一定明白我要表达的意思。这种顺序式的编程模型会促使你以请求/响应的方式进行思考。当你执行一组指令时，会向一个函数发出一个请求，并期待一个响应。对于在单个进程中执行的程序来说，这种方法很有效。事实上，过程式编程已经主导了软件行业近半个世纪。[1] 只要程序一直在运行，那么你对某个函数发出的请求，就会得到在同一线程中另一个函数的响应。

---

[1] 有关过程式编程的更多详细内容请参考维基百科，网址见链接21。

4.1 我们（通常）学习的是命令式编程

但是，我们的软件并不总是在单个进程中执行。很多时候，我们的软件甚至不是在同一台计算机上运行的。在高度分布式、不断变化的云环境中，请求者不能再依赖发出请求后立即得到响应。尽管如此，请求/响应模型仍然是 Web 应用程序的主要编程范式。的确，随着 React.js 和其他类似框架的出现，在浏览器中运行的代码越来越多地采用响应式编程，但是服务器端仍然主要采用请求/响应的编程方式。

例如，图 4.1 显示了当用户访问 Netflix 的主页时，会扩散出对数十个微服务的请求。这张幻灯片取自 Netflix 高级软件工程师 Scott Mansfield 在一次会议上做的一个演讲，他在演讲中介绍了 Netflix 在下游请求没有立即得到响应时，会使用的补偿模式。

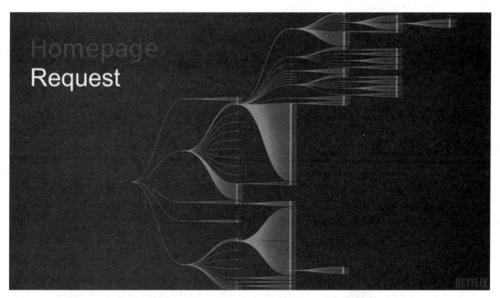

图 4.1　来自 Netflix 的 Scott Mansfield 的演示，显示了一个用户访问主页的请求会导致向下游微服务扩散出大量的请求

我之所以引用这张图，是因为它很好地说明了这个问题的重要性。如果主页的请求只有在犹如树状的所有级联请求都成功的情况下才能成功，那么 Netflix 将会让很多用户失望。即使每个微服务都有 5 个 9 的可用性（99.999%），并且网络总是处于稳定状态，[1] 那么 100 个下游请求/响应中有 1 个请求失败，也会失去 2 个 9 的可

1　参考维基百科上的分布式计算谬误列表#1，网址参见链接22。

用性（大概降至 99.9%）。我虽然不清楚 Netflix 网站宕机时的收入损失，但如果我们以福布斯对亚马逊的评估来看一下，每年 500 分钟的停机将导致亚马逊损失 8000 万美元。

当然，Netflix 以及许多其他非常成功的网站所实现的模式，远比当没有收到响应时自动重试请求这种要好，并且部署了大量足够响应请求的微服务实例。正如 Scott Mansfield 提到的，还可以利用缓存帮助在客户端和服务端之间提供一层隔离。[1] 这些模式，以及许多其他模式，都是围绕请求/响应的调用风格来构建的，虽然你可以通过一些技术来加强这一方面，但是也应该考虑其他更加灵活的模式。

4.2 重新介绍事件驱动的计算

当你深入了解了细节时，你可能会对基于事件驱动的系统有不同的看法。[2] 但是即便如此，有一件事情是不变的。在事件驱动的系统中，触发代码执行的实体并不期望任何类型的响应，即它触发后就忘记了。代码执行会产生一个效果（不然为什么要运行它），并且可能会导致软件触发其他事件，但是触发代码执行的实体并不期望得到任何响应。

这个概念很容易用一个简单的图来理解，特别是当你将事件驱动与请求/响应模式进行对比时。图 4.2 的左侧展示了一个简单的"请求/响应"微服务：接收到请求时执行的代码，会直接决定向请求者提供某种响应。该图的右侧展示了一个事件驱动的微服务：代码执行的结果与触发它的事件没有直接关系。

图 4.2　对比请求/响应与事件驱动两种调用风格

在图 4.2 中有几个有趣的地方值得注意。首先，在左边有两个参与方，微服务

1　可参考 YouTube 上的"Caching at Netflix: The Hidden Microservice"，网址参见链接23。
2　Martin Fowler 在"What Do You Mean by Event-Driven?"一文中进一步讨论了这个话题，文章地址参见链接24。

的客户端和微服务本身,二者互相依赖。在右边,只有一个参与方,这一点很重要。微服务被作为一个事件的结果而执行,但是触发该事件的原因与微服务无关。因此,这个服务的依赖更少。

其次,你应该注意到事件和结果是完全不相关的。由于前者和后者之间没有耦合关系,我甚至可以在微服务的不同侧面画出箭头。这是我在左边的请求/响应风格中无法做到的。

这些差异的影响相当深远。你学习它们的最好方法是,通过一个具体的例子。让我们开始进入本书的第一段代码。

4.3 我的全球食谱

我喜欢烹饪,我花在浏览与食物相关的博客上的时间,比我愿意承认的要多得多。我有最喜欢的博客(网址参见链接 25 和链接 26)以及最喜欢的"官方"出版物(网址参见链接 27)。我现在想做的是搭建一个网站,把所有喜欢的网站内容放在一起,让我可以组织这些内容。没错,我想要一个博客聚合器,但只是针对我的口味,呃,应该说是嗜好。

我感兴趣的内容之一,是来自最喜欢网站的最新帖子列表:假设我关注了一些人和网站,它们的最新帖子是什么?我称这组内容为相关帖子(Connections' Posts),它由我即将要编写的一个服务生成。这个内容由两部分组成,我关注的人或网站列表,以及它们提供的内容列表。这两部分的内容分别由另外两个服务来提供。

图 4.3 展示了这些组件之间的关系。这张图没有描述各种服务之间的任何特定协议,只描述了它们之间的关系。这是一个完美的例子,可以让你更深入地了解请求/响应和事件驱动这两个协议。

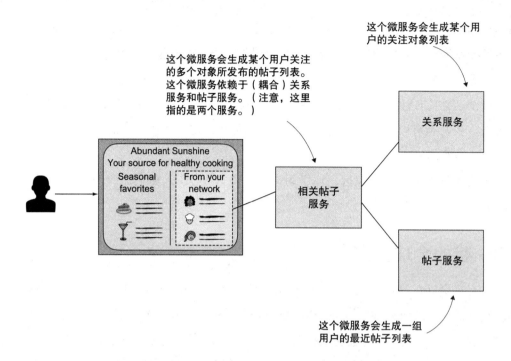

图 4.3 Abundant Sunshine 网站将会列出我最喜欢的美食博主的帖子,它们是由我所关注的人和这些人所发布的帖子聚合而成的

4.3.1 请求 / 响应

正如我在本章前面所谈到的,对大多数人来说,使用请求 / 响应协议将组件组合在一起(如图 4.3 所示)是最自然的方式。当想生成一组由我最喜欢的博客发布的帖子时,很容易想到先获得我喜欢的博客列表,然后再查找每个博客的帖子。具体而言,整个流程如图 4.4 所示:

1. 浏览器中的 JavaScript 向相关帖子服务发出请求,同时带有一个请求用户(假设是你)的标识符,然后等待响应。注意,响应可能是异步返回的,但是调用协议仍然是请求 / 响应模式的,因为它需要获得一个响应。
2. 相关帖子服务会使用该标识符向关系服务发出一个请求,并等待一个响应。
3. 关系服务会返回一个所关注的博客列表的响应。
4. 相关帖子服务会使用该博客列表向帖子服务发出一个请求,并等待一个响应。
5. 帖子服务会返回这些博客的一个帖子列表。

6 相关帖子服务会组合它从这些响应中获得的数据，并通过一个响应将这些数据返回到 Web 页面。

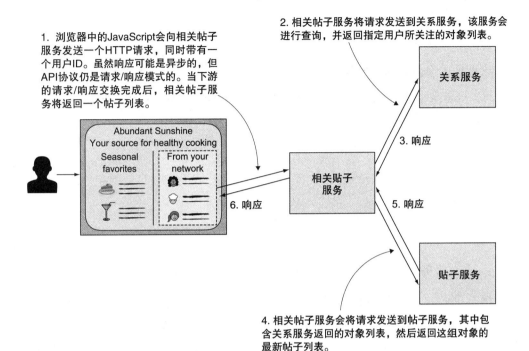

图 4.4 根据一系列相互调用的请求和响应，来展示页面上的内容

让我们来看一下实现图 4.4 中所描述步骤的代码。

搭建环境

本书中的大多数例子都要求你安装以下工具：

- Maven
- Git
- Java 1.8

不需要你编写任何代码。你只需从 GitHub 仓库中检出（checkout）它，然后执行一些命令就可以构建和运行应用程序。虽然本书不是一本编程书，但是我会通过代码来演示所介绍的架构原则。

获取代码并构建微服务

首先,你需要使用以下命令来克隆 cloudnative-abundantsunshine 仓库,然后切换到该目录下:

网址及命令参见链接 28

在目录中你会看到很多包含代码示例的子目录,它们会出现在本书的各个章节中。第一个示例的代码位于 cloudnative-requestresponse 目录中,因此你需要通过如下命令进入该项目:

```
cd cloudnative-requestresponse
```

稍后我们会深入研究示例的源代码,但是首先让我们把项目运行起来。可以通过下面的命令来构建代码:

```
mvn clean install
```

运行微服务

现在你将看到在 target 子目录中创建了一个新的 JAR 文件,cloudnative-requestresponse-0.0.1-SNAPSHOT.jar。这就是我们所说的胖 jar 文件(fat jar),即它包含了一个 Spring Boot 应用程序和一个 Tomcat 容器。因此,要运行该应用程序,你只需要用 Java 命令来运行这个 JAR 文件:

```
java -jar target/cloudnative-requestresponse-0.0.1-SNAPSHOT.jar
```

现在这个微服务已经启动并开始运行了。你可以打开一个单独的命令行窗口,用 curl 命令来连接相关帖子服务:

```
curl localhost:8080/connectionsposts/cdavisafc
```

从而获得如下的响应:

```
[
  {
    "date": "2019-01-22T01:06:19.895+0000",
    "title": "Chicken Pho",
    "usersName": "Max"
  },
  {
    "date": "2019-01-22T01:06:19.985+0000",
    "title": "French Press Lattes",
```

4.3 我的全球食谱

```
    "usersName": "Glen"
  }
]
```

在启动这个应用程序的过程中,我已经准备了几个演示用的数据库。这个响应表示我(用户名为 cdavisafc)所关注的个人帖子列表。在这种情况下,一个帖子的标题是"Chicken Pho",作者是一个叫 Max 的人,第二个帖子的标题是"French Press Lattes",作者是 Glen。图 4.5 显示了这三个示例用户之间的关系,以及每个用户最近发布的帖子。

实际上,你可以通过为每个用户调用相关帖子服务来获得这些数据:

```
curl localhost:8080/connectionsposts/madmax
curl localhost:8080/connectionsposts/gmaxdavis
```

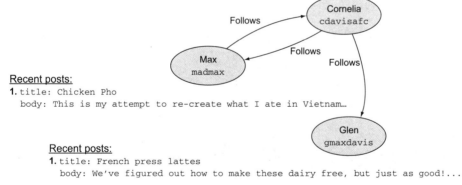

图 4.5 用户、用户之间的关系,以及他们每个人最近发布的帖子

> **关于项目结构的说明**
>
> 我已经将这三个服务的实现都打包到了同一个 JAR 中,但是我需要说明一点:在任何实际的环境中,这是完全不鼓励的。微服务架构的优点之一就是服务之间存在着隔离,这样一个服务的故障就不会波及其他服务。我们这里的实现并没有进行隔离。如果关系服务发生故障,它会同时影响其他两个服务。

> 我在实现时使用了这种反模式，原因有两点。首先，它允许你用最少的步骤来运行代码示例，其次是这样比较简单。另外，当你用云原生架构的模式来重构应用程序时，这种方式可以更好地看到效果。

学习代码

你正在运行的 Java 程序实现了图 4.4 所示的三个微服务。我将实现的代码分成四个包，都位于 com.corneliadavis.cloudnative 包中：

- *config* 包中含有 Spring Boot 应用程序和配置，以及一些向数据库中插入演示数据的代码。
- *connections* 包中含有关系（Connections）微服务的代码，包括域对象、数据存储（repository）和控制器代码。
- *posts* 包中含有帖子（Posts）微服务的代码，包括域对象、数据存储和控制器代码。
- *connectionsposts* 包中含有相关帖子（Connections' Posts）微服务的代码，包括域对象和控制器代码（注意，没有与数据存储相关的代码）。

所有这些部分，以及一些工具类，都会被打包到一个 Spring Boot 应用程序中。这三个微服务会组合成最终的产品。

关系微服务和帖子微服务在结构上是相似的。每个包都包含一些定义域对象的类，以及一些 Java Persistence API（JPA），用来生成每种对象的数据库实体的接口。每个包还包含实现了服务和微服务核心功能的控制器。这两个微服务主要进行的是基本的 CRUD 操作，即允许创建、读取、更新和删除对象，以及将数据持久化到数据库中。

其中最有趣的微服务是相关帖子（Connections' Posts）服务，因为它不仅将数据存储到数据库，以及从数据库查询数据，而且还会计算一个汇总结果。查看包里的内容，你可以看到只有两个类，一个是名为 `PostSummary` 的域对象，以及一个控制器。

`PostSummary` 类定义了一个对象，其中包含了相关帖子服务会返回的数据字段：对于每个帖子，它会返回标题和日期，以及帖子发布者的姓名。这个域对象没有提供 JPA 的 repository 接口，因为微服务只用它在内存中进行计算。

4.3 我的全球食谱

`ConnectionsPosts` 控制器里实现了一个公共方法,该方法会在接收到一个 HTTP GET 请求时执行。当接收到一个用户名之后,它会向关系服务请求该用户所关注的用户列表,在接收到关系服务的响应之后,它会再使用这些用户 ID,向帖子服务发出另一个 HTTP 请求。当它接收到帖子服务的响应后,会将其组合成一个最终的结果。图 4.6 展示了该微服务的代码,并使用图 4.4 中的详细步骤进行了说明。

```java
❶ @RequestMapping(method = RequestMethod.GET, value="/connectionsposts/{username}")
  public Iterable<PostSummary> getByUsername(
                            @PathVariable("username") String username,
                            HttpServletResponse response) {

      ArrayList<PostSummary> postSummaries = new ArrayList<~>();
      logger.info("getting posts for user network " + username);

      String ids = "";
      RestTemplate restTemplate = new RestTemplate();

      // get connections
❸     ResponseEntity<Connection[]> respConns
              = restTemplate.getForEntity( url: connectionsUrl+username,  ❷
                                           Connection[].class);
      Connection[] connections = respConns.getBody();
      for (int i=0; i<connections.length; i++) {
          if (i > 0) ids += ",";
          ids += connections[i].getFollowed().toString();
      }
      logger.info("connections = " + ids);

      // get posts for those connections
❺     ResponseEntity<Post[]> respPosts
              = restTemplate.getForEntity( url: postsUrl+ids, Post[].class);  ❹
      Post[] posts = respPosts.getBody();

      for (int i=0; i<posts.length; i++)
          postSummaries.add(new PostSummary(getUsersname(posts[i].getUserId()),
                                            posts[i].getTitle(),
                                            posts[i].getDate()));
❻     return postSummaries;
  }
```

图 4.6 相关帖子微服务产生的最终结果,是通过调用关系和帖子这两个微服务,并将结果聚合而成的

对于步骤 2 和 3,以及步骤 4 和 5 来说,相关帖子这个微服务分别充当了关系和帖子微服务的客户端。显然,这里使用了图 4.2 左侧所示的请求/响应协议。但是,如果你仔细观察,就会发现还有另一处调用存在。最终结果中包括了发布帖子的用户名称,但是该数据既不是请求关系服务返回的,也不是请求帖子服务返回的,每个响应只包含了用户的 ID。显然,在目前的实现中,我们会向关系服务发起另外一组 HTTP 请求来获取每个用户的名称,但是稍后当我们使用事件驱动的方法时,你会发现这些额外的调用都会自然消失。

现在，虽然还有一些效率的优化空间，但是这个基础代码工作得还算不错。不过它相当脆弱。为了产生最终的结果，需要启动和运行关系微服务和帖子微服务。网络也必须足够稳定，从而保证所有的请求和响应都可以被接收。相关帖子微服务的正常运行，在很大程度上依赖于许多其他的因素，因此它并不能真正掌控自己的命运。

事件驱动架构在很大程度上是为了解决系统过于紧耦合的问题而设计的。现在让我们来看一个这方面的实现，它既满足了相关帖子微服务的需求，又具有不同的架构和弹性。

4.3.2 事件驱动

在事件驱动的系统中，代码不是在某个人或某个实体发出请求时才执行的，而是在发生某些事情的时候才执行。这里的"某些事情"代表的范围很广，甚至可以是一个用户请求，但是事件驱动的核心思想在于，因为事件导致代码被执行，然后可能会产生更多的事件。理解这个基本原理的最佳方法是借助一个具体的例子，因此我们继续以刚刚在请求/响应式架构中解决的问题为例，将其重构为以事件驱动的架构风格。

我们的最终目标仍然是列出我所关注的人发表的文章。在这种情况下，对结果会造成影响的事件可能有哪些？当然，如果我关注的人发布了一个新的帖子，那么这个帖子就应该包含在我的列表中。但是我所关注对象的变化也会影响结果。如果我添加或者删除了关注的某个人，或者其中某个人更改了用户名，那么都可能会导致相关帖子服务的数据发生改变。

当然，我们有负责处理帖子和用户关系的微服务，它们会跟踪这些对象的状态。在你刚刚看到的请求/响应方式中，那些微服务会管理这些对象的状态，并且当接收到请求时，微服务会提供当时的状态。在我们的新模型中，那些微服务仍然管理这些对象的状态，而且更加主动，并且在任何状态改变时都会生成事件。然后，根据软件的拓扑结构，这些事件会影响相关帖子的微服务。这种关系如图4.7所示。

当然，你已经在图4.3和图4.4中看到了相关帖子微服务、关系微服务和帖子微服务之间的关联，但这里的重点是箭头的方向。正如我所说，关系和帖子这两个微服务会主动发送变更通知，而不是被动等待请求。当你向相关帖子服务请求数据时，它已经知道了答案，不需要再向下游发送请求。

4.3 我的全球食谱

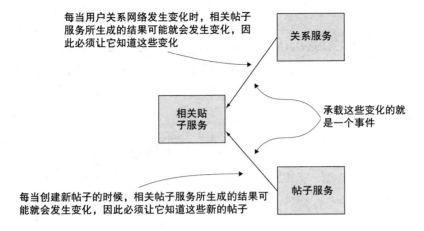

图 4.7 事件是连接相关微服务的桥梁

我本想更详细地讨论这些含义,但首先让我们看一下该模式的实现代码。这样可以帮助你从另一个角度来理解它。

搭建环境

与本书中所有其他示例一样,你需要在电脑中安装以下工具:

- Maven
- Git
- Java 1.8

获取代码并构建微服务

在构建之前,你需要通过以下命令克隆 cloudnative-abundantsunshine 代码仓库:

仓库网址及命令参见链接 29

本例的代码位于 cloudnative-eventdriven 子目录中,因此你需要切换到该目录下:

```
cd cloudnative-eventdriven
```

稍后会深入讲解示例的源代码,但首先让我们运行它。可以通过下面的命令来构建代码:

```
mvn clean install
```

运行微服务

与前面一样,你将看到在 target 目录下创建了一个新的 JAR 文件,cloudnative-eventdriven-0.0.1-SNAPSHOT.jar。这是一个胖 jar 文件,即自身包含了完整的 Spring Boot 应用程序和一个 Tomcat 容器。因此,要运行该应用程序,只需用 Java 命令来运行指定的 JAR 文件:

```
java -jar target/cloudnative-eventdriven-0.0.1-SNAPSHOT.jar
```

微服务现在已经启动并运行。和以前一样,我在启动时加载了一些样本数据,这样你可以打开一个单独的命令行窗口,通过 curl 命令来访问相关帖子服务:

```
curl localhost:8080/connectionsposts/cdavisafc
```

你应该看到与运行请求/响应版本的应用程序完全相同的输出:

```
[
  {
    "date": "2019-01-22T01:06:19.895+0000",
    "title": "Chicken Pho",
    "usersName": "Max"
  },
  {
    "date": "2019-01-22T01:06:19.985+0000",
    "title": "French Press Lattes",
    "usersName": "Glen"
  }
]
```

如果你以前没有做过这些练习,请先参阅 4.3.1 节,了解一下发送请求时会用到的示例数据和 API 端点。三个微服务都实现了与之前相同的接口,它们只是在具体实现上有所不同。

现在,我想演示一下刚刚确定的事件(即创建新的帖子和创建新的关系)会如何改变相关帖子微服务所产生的内容。首先,你可以通过以下命令来发布一篇新的帖子:

```
curl -X POST localhost:8080/posts \
-d '{"userId":2,
    "title":"Tuna Onigiri",
    "body":"Sushi rice, seaweed and tuna. Yum..."}' \
--header "Content-Type: application/json"
```

然后再执行原来的命令:

```
curl localhost:8080/connectionsposts/cdavisafc
```

这次会产生如下数据：

```
[
  {
    "date": "2019-01-22T05:36:44.546+0000",
    "usersName": "Max",
    "title": "Chicken Pho"
  },
  {
    "date": "2019-01-22T05:41:01.766+0000",
    "usersName": "Max",
    "title": "Tuna Onigiri"
  },
  {
    "date": "2019-01-22T05:36:44.648+0000",
    "usersName": "Glen",
    "title": "French Press Lattes"
  }
]
```

学习代码

这正是我们所期望的，相同的请求/响应步骤会得到同样的结果。在前面的实现中（如图 4.6 所示），你可以清楚地看到如何通过多次调用生成新的结果，例如，首先获取关注用户的列表，然后获取他们每个人发布的帖子。

要想弄清楚事件驱动的工作方式，你必须理解几处代码。让我们先来看看相关帖子服务中的聚合实现。

清单 4.1　ConnectionsPostsController.java 文件中的方法

```java
@RequestMapping(method = RequestMethod.GET,
            value="/connectionsposts/{username}")
public Iterable<PostSummary> getByUsername(
                    @PathVariable("username") String username,
                    HttpServletResponse response) {

    Iterable<PostSummary> postSummaries;
    logger.info("getting posts for user network " + username);

    postSummaries = mPostRepository.findForUsersConnections(username);

    return postSummaries;
}
```

没错,这就是整个实现。为了生成相关帖子微服务的结果,getByUsername 方法所做的唯一一件事情就是查询数据库。之所以能够做到这一点,是因为相关帖子服务在接收请求之前,就已经知道了应该输出的数据。我们不需要被动等待是否有新的帖子发布,而是通过事件的传递,让相关帖子服务主动知道这些变化。

我现在还不想深入介绍 getByUsername 方法如何查询数据库,会把它放到第 12 章讨论云原生数据时再进行讲解。目前,你只需知道相关帖子服务有一个数据库,存储了所传播事件的结果状态。总而言之,当"充足的阳光"(Abundant Sunshine)这个单页面程序发起请求时,getByUsername 方法会返回一个结果,如图 4.8 所示,即你在图 4.2 左侧看到的那种模式。要重点注意的是,相关帖子服务可以在不依赖任何其他服务的情况下生成自己的响应。

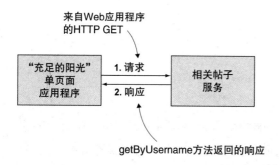

图 4.8 当接收到某个请求时,相关帖子服务不需要依赖系统中的其他服务就可生成一个结果

现在让我们来看一下与相关帖子服务有关的事件,首先是帖子服务上允许创建新帖子的代码。你可以在 com.corneliadavis.cloudnative.posts.write 包中找到清单 4.2 所示的 newPost 方法。

清单 4.2 PostsWriteController.java 文件中的方法

```java
@RequestMapping(method = RequestMethod.POST, value="/posts")
public void newPost(@RequestBody Post newPost,
                    HttpServletResponse response) {

    logger.info("Have a new post with title " + newPost.getTitle());

    if (newPost.getDate() == null)
        newPost.setDate(new Date());
    postRepository.save(newPost);

    //event
    RestTemplate restTemplate = new RestTemplate();
```

```
    ResponseEntity<String> resp = 
restTemplate.postForEntity("http://localhost:8080/connectionsposts/posts",
                    newPost, String.class);
    logger.info("[Post] resp " + resp.getStatusCode());

}
```

帖子服务首先会接收到一个 HTTP POST 事件,并将帖子数据存储在 Posts repository 当中,这是帖子服务的主要内容,用来实现博客帖子的创建和读取操作。但是因为它是事件驱动系统的一部分,所以它也会产生一个事件,并通知到与它相关的其他服务。在这个特例中,这个事件被表示为向相关帖子服务发送的一个 HTTP POST 请求。这段代码实现了图 4.9 中所示的模式,你可以将其看作图 4.2 右侧的一个实现。

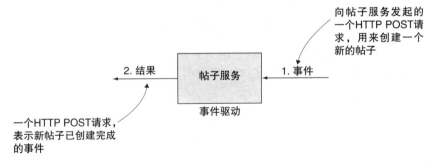

图 4.9 帖子服务不仅会保存已创建的新帖子,还会发出一个表明该帖子已经创建完成的事件

现在转向该事件的接收方,让我们来看一下相关帖子服务中的 newPost 方法,你可以在 com.corneliadavis.cloudnative.newpostsfromconnections.eventhandler 包中找到它,代码如清单 4.3 所示。

清单 4.3 相关帖子服务 EventsController.java 文件中的方法

```
@RequestMapping(method = RequestMethod.POST, value="/posts")
public void newPost(@RequestBody Post newPost, HttpServletResponse
response) {

    logger.info("[NewFromConnections] Have a new post with title "
            + newPost.getTitle());
    MPost mPost = new MPost(newPost.getId(),
                            newPost.getDate(),
                            newPost.getUserId(),
                            newPost.getTitle());
    MUser mUser;
```

```
mUser = mUserRepository.findOne(newPost.getUserId());
mPost.setmUser(mUser);
mPostRepository.save(mPost);
```
}

如你所见，该方法只是接受了 HTTP POST 请求中的事件，然后将事件的结果存储下来，以便将来使用。请记住，当请求相关帖子服务时，它只需要执行数据库查询即可获得结果，原因就在于这段代码。你会注意到，相关帖子服务只对它所接收消息中的几个字段感兴趣，包括 ID、日期、用户 ID 和标题，这些字段都存储在一个本地定义的 post 对象中。它还在帖子和指定用户之间建立了正确的外键关联。

到这里，我们已经介绍了这个示例的不少内容，会在后续章节继续深入介绍其他代码。例如，每个微服务都有自己的数据存储，并且相关帖子服务只需要帖子事件中内容的一个子集，即与关注用户有关的话题。但是我们现在不需要担心这些细节。

在此我想请大家注意的是，这三个微服务之间是独立的。当调用相关帖子服务时，相关帖子服务不会请求关系服务或者帖子服务，它自己就可以独立返回结果，这就是自治的。即使因为网络分区的故障短暂影响了相关帖子服务与关系服务和帖子服务之间的连接，它依然可以正常工作。

我还想指出的是，相关帖子服务会同时处理请求和事件。当你发起一个 curl 命令，想获得指定用户所关注对象的帖子列表时，相关帖子服务会生成一个响应。但是当产生新的帖子事件时，相关帖子服务会处理该事件，而不返回响应。它只会将新的帖子存储在本地，并且不会产生其他事件。图 4.10 将图 4.2 中描述的模式组合在了一起，展示了我刚才所说的这个过程。

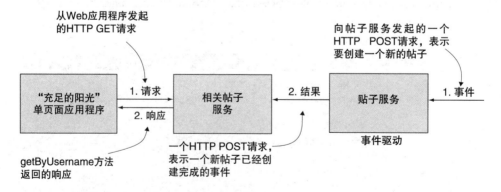

图 4.10 微服务可以同时实现请求 / 响应模式和事件驱动模式。事件主要用于让微服务之间形成松耦合的关系

在图 4.10 中,你会注意到这两个服务之间是松耦合的,每个服务都可以自动执行。帖子微服务在收到一个新帖子时会执行相关任务,并产生另一个事件。相关帖子微服务在处理请求时,只需要查询其本地的数据存储。

> **你明白我的意思!**
>
> 你可能认为我关于松耦合的说法有些夸大其词,对于当前的实现来说,你绝对没有错。在图 4.10 中,标记为"结果"的箭头表示存在紧耦合。在当前的实现中,我将帖子微服务中的"事件"用一个 HTTP POST 请求来实现,它会直接调用相关帖子微服务。这其实是一个脆弱的设计,因为如果后者在前者发起请求时不可用,那么我们的事件就会丢失,并且系统会崩溃。
>
> 如果要确保这种事件驱动模式在分布式系统中能正常工作,需要比这更加复杂的技术,也正是本书后续部分要介绍的内容。现在,为了简单起见,先以这种方式来实现这个示例。

将所有这些部分放在一起,图 4.11 显示了这个示例应用程序的事件驱动架构。你可以看到,每个微服务都是独立运行的。注意有许多标记为"1"的注释,这里面有一些顺序。正如你在帖子服务中看到的,当影响用户和关系的事件发生时,关系服务会执行自己的任务,存储数据并生成一个相关帖子的事件。当影响相关帖子服务的结果的事件发生时,事件处理程序会将这些更改保存到其本地的数据存储中。

非常有趣的是,来自两个数据源的数据聚合工作已经发生了变化。对于请求/响应模型,它是在 `NewFromConnectionsController` 类中实现的。对于事件驱动的方法,它是通过产生事件和事件处理程序来实现的。

图 4.11 中各个标记所对应的代码,如下面的三张图所示。图 4.12 所示为关系服务中的 `ConnectionsWriteController` 类。图 4.13 所示为帖子服务中的 `PostsWriteController` 类。图 4.14 所示为相关帖子服务中的 `EventsController`(事件处理程序)。

第 4 章 事件驱动微服务：不只是请求/响应

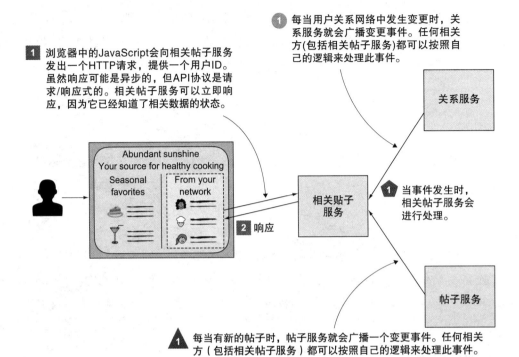

图 4.11 Web 页面的展示现在只需要调用相关帖子微服务。通过处理事件，它已经有了足够处理请求的数据，所以无须再向下游服务发起请求和接收响应

```
@RequestMapping(method = RequestMethod.POST, value="/connections")
public void newConnection(@RequestBody Connection newConnection, HttpServletResponse response) {

    logger.info("Have a new connection: " + newConnection.getFollower() +
            " is following " + newConnection.getFollowed());
    connectionRepository.save(newConnection);

    //event
    RestTemplate restTemplate = new RestTemplate();
    ResponseEntity<String> resp = restTemplate.postForEntity(         ①
            url: "http://localhost:8080/connectionsposts/connections", newConnection, String.class);
    logger.info("resp " + resp.getStatusCode());
}
```

图 4.12 当增加一个新的关系时，关系服务会产生一个事件

4.3 我的全球食谱

```java
@RequestMapping(method = RequestMethod.POST, value="/posts")
public void newPost(@RequestBody Post newPost, HttpServletResponse response) {
    logger.info("Have a new post with title " + newPost.getTitle());

    if (newPost.getDate() == null)
        newPost.setDate(new Date());
    postRepository.save(newPost);

    //event
    RestTemplate restTemplate = new RestTemplate();
    ResponseEntity<String> resp = restTemplate.postForEntity(       ①
            "http://localhost:8080/connectionsposts/posts", newPost, String.class);
    logger.info("[Post] resp " + resp.getStatusCode());
}
```

图 4.13 当增加一个新的帖子时,帖子服务会产生一个事件

```java
① @RequestMapping(method = RequestMethod.POST, value="/users")
public void newUser(@RequestBody User newUser, HttpServletResponse response) {
    logger.info("[NewPosts] Creating new user with username " + newUser.getUsername());
    mUserRepository.save(new MUser(newUser.getId(), newUser.getName(), newUser.getUsername()));
}

① @RequestMapping(method = RequestMethod.PUT, value="/users/{id}")
public void updateUser(@PathVariable("id") Long userId,
        @RequestBody User newUser, HttpServletResponse response) {
    logger.info("Updating user with id " + userId);
    MUser mUser = mUserRepository.findById(userId).get();
    mUserRepository.save(mUser);
}

① @RequestMapping(method = RequestMethod.POST, value="/connections")
public void newConnection(@RequestBody Connection newConnection, HttpServletResponse response) {
    logger.info("Have a new connection: " + newConnection.getFollower() +
            " is following " + newConnection.getFollowed());
    MConnection mConnection = new MConnection(newConnection.getId(), newConnection.getFollower(),
                                              newConnection.getFollowed());
    // add connection to the users
    MUser mUser;
    mUser = mUserRepository.findById(newConnection.getFollower()).get();
    mConnection.setFollowerUser(mUser);
    mUser = mUserRepository.findById(newConnection.getFollowed()).get();
    mConnection.setFollowedUser(mUser);
    mConnectionRepository.save(mConnection);
}

① @RequestMapping(method = RequestMethod.DELETE, value="/connections/{id}")
public void deleteConnection(@PathVariable("id") Long connectionId, HttpServletResponse response) {
    MConnection mConnection = mConnectionRepository.findById(connectionId).get();

    logger.info("deleting connection: " + mConnection.getFollower() +
            " is no longer following " + mConnection.getFollowed());
    mConnectionRepository.delete(mConnection);
}

① @RequestMapping(method = RequestMethod.POST, value="/posts")
public void newPost(@RequestBody Post newPost, HttpServletResponse response) {
    logger.info("Have a new post with title " + newPost.getTitle());
    MPost mPost = new MPost(newPost.getId(), newPost.getDate(), newPost.getUserId(), newPost.getTitle());
    MUser mUser;
    mUser = mUserRepository.findById(newPost.getUserId()).get();
    mPost.setmUser(mUser);
    mPostRepository.save(mPost);
}
```

图 4.14 相关帖子服务的事件处理程序会处理发生的各种事件

最后，在图 4.15 中，相关帖子服务会响应各个请求，处理代码位于 Connec-tionsPostsController 类中。

```
@RequestMapping(method = RequestMethod.GET, value="/connectionsposts/{username}")   ①
public Iterable<PostSummary> getByUsername(@PathVariable("username") String username,
                                    HttpServletResponse response) {

    Iterable<PostSummary> postSummaries;
    logger.info("getting posts for user network " + username);

    postSummaries = mPostRepository.findForUsersConnections(username);

    return postSummaries;   ②
}
```

图 4.15 相关帖子服务在接收到一个请求时，会生成并返回一个响应。这同其他微服务是完全独立的

虽然我们的注意点可能都在"如何在多个微服务之间分布式地生成相关帖子的结果"，但更重要的是时间。对于请求/响应的方式，聚合发生在用户发出请求的时候。而对于事件驱动的方式，聚合发生在系统中数据发生变化的时候，并且这是异步的。正如你将看到的，异步在分布式系统中是非常重要的。

4.4 命令查询职责分离模式

我想从帖子服务和关系服务开始，从另一个方面来看看本例的代码。它们本质上都是一些 CRUD 服务，即允许创建、更新、删除和读取帖子、用户和关系。我们需要一个数据库来存储服务的状态，并且 RESTful 服务实现需要支持 HTTP 的 GET、PUT、POST 和 DELETE 的操作，通过它们来与数据存储进行交互。

在请求/响应方式的实现中，所有这些功能都包含在一个控制器中，例如，帖子服务的 PostsController 类。但是在事件驱动的实现中，你可以看到 com.corneliadavis.cloudnative.posts 包下有一个读控制器和一个写控制器。在大多数情况下，这两个控制器都有一些在原来单个控制器中实现的功能，只是我加上了对状态变更事件的处理。但是你可能想知道，我为什么要费这么大精力把这段代码分成两部分。

说实话，在这个简单的例子中，这种拆分对帖子服务和关系服务几乎没有什么价值。但是对于稍微复杂一点的服务，读写分离允许我们更好地控制服务的设计。如果你熟悉过去几十年中广泛使用的"模型—视图—控制器"（MVC）模式，你就会知道

4.4 命令查询职责分离模式

控制器是为了操作某个模型的业务逻辑（这就是为什么你会看到很多以 Controller 结尾的控制器类）。当你有一个单独的控制器时，读写操作的模型是相同的，但是当你将业务逻辑拆分成两个单独的控制器时，每个控制器都可以有自己的模型。这可能是很有用的。

我们的服务甚至不需要很复杂就可以让你看到作用。假设有一个联网汽车的场景，其中车辆上的传感器每秒都在收集数据。这些数据包括一个时间戳和 GPS 坐标（经度和纬度），以及一个用来存储这些值的服务。这个服务的模型包括了这些数据字段，例如时间戳、纬度和经度。现在你希望增加访问行驶速度的功能，例如，你可能想要分析出某一段时间行驶的速度是否大于每小时 50 英里。速度数据可以从提供的数据计算出来，但不能直接通过写控制器提供。这个服务的部分业务逻辑就是生成这个数据。

很明显，对模型的读和写是不同的。虽然有些字段同时存在于这两个模型中，但其他字段仅对其中一个有意义，如图 4.16 所示。这是用两个独立模型带来的最基本的好处之一，它能够让你编写更容易理解和维护的代码，并极大地减少 bug 的出现概率。

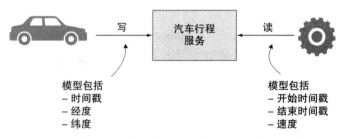

图 4.16 将写逻辑与读逻辑分离，使你可以用不同的模型来解决不同的问题，这会让代码更加优雅、更易于维护

总之，你所做的就是将写逻辑（命令）与读逻辑（查询）分离开来。这就是命令查询责任隔离（CQRS）模式的核心思想。CQRS 的核心就是将这两个关注点分离开来。CQRS 有很多优点。前面的例子就是一个更优雅的代码实现，而另一个优点体现在事件驱动的实现中。

例如，对于帖子服务来说，事件驱动模式下位于读、写控制器中的代码，在请求/响应实现中大部分都位于一个控制器中。但是，如果你注意一下相关帖子服务的实现，就会发现区别更大。

在事件驱动的解决方案中，你可以在 com.corneliadavis.cloudnative.connectionsposts 包中找到查询的实现。命令实现的代码可以在 com.corneliadavis.cloudnative.connectionsposts.eventhandlers 包中找到。与请求 / 响应的实现相比，你首先要注意到的是，在请求 / 响应的实现中没有命令代码。

由于相关帖子服务是完全无状态的，其结果来自其他两个服务的数据聚合，因此不需要命令代码。如你所见，在事件驱动的解决方案中，查询实现得到了简化，所有的聚合逻辑都消失了。聚合现在以一种完全不同的形式出现在命令控制器中。在请求 / 响应模式中，你看到的是对下游资源、用户、关系和帖子的调用，而在事件驱动的命令控制器中，你看到的是相同对象变更的事件处理程序。

这些命令代码正在改变状态，虽然我不会在这里详细讨论数据存储（将在第 12 章中讨论）的过程，但是我们应该注意 CQRS 的其他含义。尽管目前相关帖子服务命令端和查询端的事件处理程序，都是以 HTTP 请求的形式实现的，但是查询和命令的分离最终会让我们在两端使用不同的协议。在本例的查询端，基于 HTTP 实现的 REST 接口，是 Web 应用程序访问服务的理想选择。然而，在命令端，异步甚至是函数即服务（FaaS）的实现可能更好。[1] 命令与查询实现的分离提供了这种灵活性。（对于那些习惯了解更多的人来说，请查看代码仓库 cloudnative-eventlog 模块中，相关帖子服务的事件处理程序的实现。你会看到另一种区别于 HTTP 的方法。）

关于这个话题，我想分享最后一点看法。我发现很多人经常将 CQRS 与事件驱动混为一谈。如果软件使用了事件驱动的方法，那么可能会考虑使用 CQRS 模式，但是如果没有使用事件驱动，很多人就不会真正考虑 CQRS。我鼓励你将事件驱动和 CQRS 分开来看待。的确，它们相辅相成，并且一起使用时功能非常强大，但是命令逻辑与查询逻辑的分离，也适用于非事件驱动的设计。

4.5 不同的风格，相同的挑战

这两种实现产生了完全相同的结果，一切顺利。如果以下所有条件都为真，你可以随意选择使用请求 / 响应或者事件驱动的调用风格：

- 没有网络分区会切断一个微服务与另一个微服务之间的连接。

---

[1] FaaS 是一种计算少量逻辑（例如，更新数据库中的一条记录）的方法，可以按需运行，并且非常适合事件驱动的设计。

4.5 不同的风格，相同的挑战

- 在生成我所关注的个人列表时，没有发生意外的延迟。
- 所有运行服务的容器都能够保持稳定的 IP 地址。
- 我从不需要更新身份信息或者证书。

但是这些条件，以及其他更多的条件，正是云的特征。云原生软件被设计为即使在网络不稳定、某些组件可能突然发生延时、主机和可用区可能会消失、请求量可能会突然增加一个数量级的情况下，依然能返回所需的结果。

在这种情况下，请求/响应和事件驱动方法可以产生非常不同的结果。但我并不是说哪个更好。两者都是有效和合适的方法。然而，你必须在正确的时间使用正确的模式，才能面对云计算环境所带来的特有的挑战。

例如，为了应对请求量的峰值和低谷，你可以通过创建或删除服务实例来伸缩容量。拥有多个实例还可以提供一定程度的弹性，尤其是当它们分布在多个故障区域（可用区）的时候。但是，当你需要将新的配置应用于数百个微服务的实例时，你需要一种配置服务来解决它们高度分布式的部署。这些以及更多的模式同样适用于微服务，不管它们实现的是请求/响应协议，还是事件驱动的协议。

但是有些问题可能需要根据不同的协议，用不同的方式来处理。例如，对于可能会断开微服务彼此之间连接的短暂网络分区（可能小于 1 秒或者 1 分钟），你应该采取什么样的补偿机制？如果当前相关帖子服务无法连接到关系或者帖子微服务，那么这个服务就会彻底失败。在这种场景下要用到的一个关键模式是重试，即如果客户端向服务发起的一个请求无法返回任何结果，那么会重试这个请求。重试是消除网络故障的一种方法，使得调用协议可以保持同步。

另一方面，考虑到事件驱动的协议本质上是异步的，解决相同问题的补偿机制可能会非常不同。在这个架构中，你会使用诸如 RabbitMQ 或者 Apache Kafka 之类的消息队列系统，来保持网络分区中的事件。你的服务应该实现能够支持此架构的协议，例如，通过一个循环来不断地检查事件存储中是否有感兴趣的新事件。回想一下从帖子微服务直接发送到相关帖子服务事件处理程序的 HTTP POST 请求，你已经通过使用一个消息队列替代了紧耦合。图 4.17 描述了不同模式在处理分布式系统这一特性时的差异。

本书的其余部分将继续深入探讨这些不同的模式，并始终关注云环境所带来的问题。仅仅选择哪种调用风格并不能成为一种解决方案，还要考虑选择其他的模式。我将教你如何选择正确的协议，以及支持它们的其他模式。

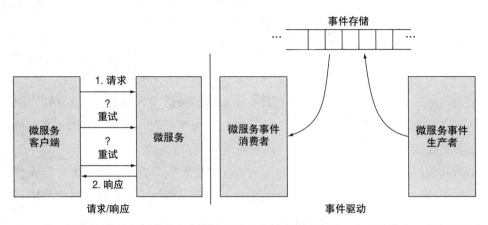

图 4.17 在请求/响应的微服务架构中,重试是补偿网络分区的一个关键模式。在事件驱动的系统中,事件存储是对网络不稳定性的一个关键补充

小结

- 请求/响应和事件驱动的方法,都可以用来连接组成云原生软件的各个组件。
- 一个微服务可以同时实现请求/响应和事件处理两种协议。
- 在理想、稳定的环境下,其中一种方法的实现,可以产生与使用另一种方法实现完全相同的结果。
- 但是在云环境中,解决方案是一个分布式系统,环境在不断变化,结果可能会有很大的不同。
- 除了请求/响应和事件驱动风格以外,其他一些架构模式也同样适用于云原生软件。
- 但是其他模式会专门服务于其中某一种调用协议。
- CQRS 在事件驱动的系统中起着重要的作用。

应用程序冗余：水平伸缩和无状态

本章要点

- 水平伸缩是云原生应用程序的核心思想
- 云原生软件中有状态应用程序的陷阱
- 对于应用程序来说，无状态意味着什么
- 有状态服务，以及如何用在无状态应用程序中
- 为什么不选择使用黏性会话

虽然标题上写着"水平伸缩"，但实际上，这不仅仅是一个伸缩的问题。我认为云原生软件的核心思想是冗余，原因很多。无论你的应用程序组件是大还是小；无论它们是否可以通过环境变量进行配置，或者是否将配置放入属性文件中；无论它们是否可以实现回滚，容忍变化的关键是不存在单点故障。因此，应用程序总是会部署多个实例。

但是，因为应用程序的任何一个实例都可以响应请求（很快你就会知道为什么这是必要的），所以你需要让多个实例从逻辑上看上去是一个实例。图 5.1 清晰地描绘了这一点。

图 5.1 给定相同的输入，每个应用程序实例产生的结果必须相同，不管应用程序有一个、两个还是一百个实例

虽然这看起来很简单，但在实际场景中可能会有点棘手，因为每个应用程序实例运行的环境都是不同的。调用应用程序的输入（我在这里没有指明使用何种模式，因此请求/响应或者事件驱动都有可能）并不是影响结果的唯一因素。每个应用程序实例运行在自己的容器中，这可能是一个 JVM、一台主机（虚拟机或者物理机），或者一个 Docker（或者类似技术的）容器，并且环境参数也会影响应用程序的执行。应用程序的配置也会影响每个应用程序的实例。在本章中我们感兴趣的是，用户与应用程序曾经发生的交互行为，也会对应用程序造成显著的影响。

图 5.2 显示了应用程序实例的相关环境，以及让应用程序在外部影响下保持一致所面临的挑战。

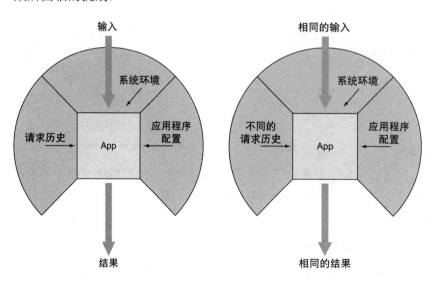

图 5.2 即使可能受到不同外部因素的影响，云原生应用程序必须保证具有一致的结果

第 6 章将讨论系统环境和应用程序配置等影响因素。在本章中，我将介绍请求历史会造成的影响。

我首先会介绍部署多个应用程序实例的好处，你会立即看到对有状态应用程序的影响。我们会继续以第 4 章的食谱程序为例，将单体应用程序分解成多个可独立部署和管理的微服务。在其中一个微服务中，我会引入本地状态，主要是存储身份验证令牌。没错，黏性会话是解决这类会话状态的一种常见模式，但在云计算中这不是一个好主意，我会解释这其中的原因。我还会介绍"有状态服务"的概念，这是一种特殊的服务，通过精心的设计来处理状态的复杂性。最后，我会向你展示如何将软件中有状态的部分与无状态的部分分隔开来。

5.1 云原生应用程序会部署许多实例

在云计算环境中，增加或减少应用程序的容量来应对变化的流量，我们将之称为水平伸缩。这里指的不是增加或者减少单个应用程序实例的容量（垂直伸缩），而是通过添加或者删除应用程序实例，来增加或者减少能够处理的请求数量。

这并不是说不能为应用程序的实例分配更多的计算资源，像 Google Cloud Platform（GCP）现在已经可以提供 1.5TB 内存的机器，而 AWS 可以提供将近 2TB 内存的机器。但是，改变应用程序运行机器的规格会带来很多影响。例如，假设你估计 16GB 的内存对于应用程序来说是足够的，并且在一段时间内程序都可以正常运行。但是随后请求量开始增加，于是打算增加机器的容量。在 AWS、Azure 或者 GCP 等云环境中，你无法更改正在运行的机器的配置类型。你必须创建一个新的、32GB 内存的机器（即使你只需要大约 20GB），部署你的应用程序，然后将用户流量尽可能无缝地迁移到新的实例。

我们现在改为水平伸缩的方式。相比为应用程序提供 16GB 的内存，我们选择提供 4 个实例，每个实例 4GB 内存。当需要更大的容量时，你只需要增加第 5 个应用程序的实例，让它变得可用，例如，把它注册到一个动态路由上，那么现在你运行的总共内存是 20GB。这样你不仅可以更细粒度地控制资源消耗，而且也更容易实现更大的规模。

但是灵活的伸缩性并不是采用多个实例的唯一动机，高可用、可靠性和运维效率也同样是考虑因素。回到本书的第一个例子，在图 1.2 和图 1.3 所描述的假想场景中，是应用程序的多个实例让 Netflix 在遇到 AWS 基础设施宕机时依然可用。显然，如果你将应用程序部署为单个实例，那么它就是单点故障。

在生产环境中运维软件时，多个实例也会带来好处。例如，越来越多的应用程序在一些平台上运行，这些平台提供了一组在原始计算、存储和网络资源上的服务。例如，现在已经不需要应用程序团队（开发和运维）自己来提供操作系统，它们只是简单地将代码发送到平台，由平台建立运行时环境并部署应用程序。如果平台（从应用程序的角度来看，平台属于基础设施的一部分）需要升级操作系统，理想情况下，应用程序应该在整个升级过程中依然保持运行。当一台主机正在升级它的操作系统时，它上面运行的程序必须停止，但是如果你在其他主机上也运行着应用程序的实例（回想一下第 3 章关于应用程序实例分布的讨论），那么可以每次升级一台主机。当一个应用程序实例离线时，其他实例依然可以保持在线状态。

最后，当你同时结合水平伸缩和基于微服务的架构时，会在系统的整体资源消耗方面获得极大的灵活性。如第 4 章中介绍的烹饪社区软件所示，多个独立的应用程序组件允许你水平伸缩帖子服务的实例数量，处理大量的请求，而其他服务，例如关系服务依然只需要少量实例来处理更少的请求，如图 5.3 所示。

5.2 云环境中的有状态服务

正如你所看到的，对于灵活伸缩、弹性和运维效率等方面的需求，会促使我们部署应用程序的多个实例。这些相同的目标，以及我刚才描述的多实例架构，都与应用程序的有状态或者无状态有很大的关系。但是，与其抽象地讨论这些问题，不如让我们从一个具体的示例开始。

我会从第 4 章的应用程序开始，特别是那个请求/响应风格的应用程序。这个实现是有状态的，因为它甚至将所有应用程序的数据、用户、关系和帖子都存储在内存数据库中。它也是一个单体的应用程序。相关帖子、关系和帖子服务是同一个项目的不同部分，并且最终会编译到同一个 JAR 文件（Java 归档文件）中。首先，你需要解决这两个问题。

5.2 云环境中的有状态服务

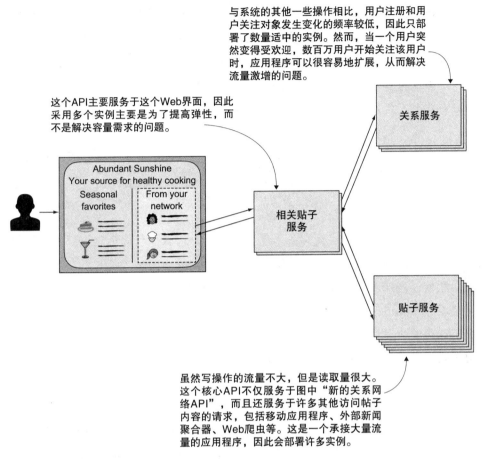

图 5.3 部署应用程序的多个实例，会显著增加对资源的使用效率，以及弹性和其他运维好处

你可以在 cloud-native 仓库中找到本例的源代码，主要是在 cloudnative-statelessness 的目录 /module 中。首先我们会从一个简单的、有状态的实现开始，然后再来解决这些问题。当你克隆仓库后，请检出一个指定的标签，并切换到 cloudnative-statelessness 目录下：

```
git clone https://git***.com/cdavisafc/cloudnative-abundantsunshine.git
git checkout statelessness/0.0.1
cd cloudnative-statelessness
```

5.2.1 解耦单体程序并绑定到数据库

让我们先来看看，如何将以前的单体应用程序分解成三个独立的服务。

cloudnative-statelessness 目录现在只有一个 pom.xml 文件，以及包含了三个微服务的 /submodule 目录。cloudnative-posts 和 cloudnative-connections 这两个微服务是完全独立的，每个服务都不依赖于任何其他的微服务。

第三个微服务是 cloudnative-connectionsposts 应用程序，它也几乎与其他两个应用程序没有关系，只有在 application.properties 文件中才能看到真正的依赖关系：

```
management.endpoints.web.exposure.include=*
connectionpostscontroller.connectionsUrl=http://localhost:8082/connections/
connectionpostscontroller.postsUrl=http://localhost:8081/posts?userIds=
connectionpostscontroller.usersUrl=http://localhost:8082/users/
INSTANCE_IP=127.0.0.1
INSTANCE_PORT=8080
```

回想一下，这个应用程序会向关系服务发出一个请求，获取指定用户所关注的对象列表，然后向帖子服务发出一个请求，获取他们发布的帖子。我们在应用程序的配置中指定了各个 URL，以便可以通过 HTTP 来访问这些服务。（注意，将这些 URL 配置到 application.properties 中，对于云计算来说是一种反模式，我们会在第 6 章中更正这种做法。）

现在回到用户、关系和帖子数据的存储上来，无论你是否在云环境中运行这个应用程序，几乎可以肯定的是，应用程序的数据不仅会保存在内存中，而且还会存储在某个持久化的磁盘上。之前只将它存储在内存中的 H2 数据库，纯粹是为了方便。数据的持久存储与我们在第 4 章的讨论无关。最后，我们还必须考虑这些持久化数据的弹性，稍后我将更深入地讨论这个问题。我在关系服务和帖子服务的 pom.xml 文件中都添加了对 MySQL 数据库的依赖。这个 POM 文件现在会包含以下两个依赖项：

```
<dependency>
    <groupId>com.h2database</groupId>
    <artifactId>h2</artifactId>
</dependency>
<dependency>
    <groupId>mysql</groupId>
    <artifactId>mysql-connector-java</artifactId>
</dependency>
```

H2 数据库的依赖项之前就存在，MySQL 依赖项是新增加的。之所以保留了 H2 依赖项，主要是为了在测试中使用它。如果在启动时配置了一个 MySQL 的 URL，Spring Boot JPA 会初始化并配置一个 MySQL 客户端，否则它会使用 H2 作为数据库。

让我们启动并运行这段代码。

搭建环境

与第 4 章的示例一样，为了运行示例，我们需要安装一些标准工具，列表中的最后两个是新增加的：

- Maven
- Git
- Java 1.8
- Docker
- 某种 MySQL 客户端，例如，`mysql` 命令行接口（CLI）
- 某种 Redis 客户端，例如，`redis-cli`

构建微服务

在 cloudnative-statelessness 目录下，输入如下命令：

```
mvn clean install
```

运行这个命令会开始构建这三个应用程序，并在每个模块的 target 目录下生成一个 JAR 文件。

运行应用程序

在运行任何微服务之前，你需要启动 MySQL 服务，并创建一个 cookbook 数据库。你需要 Docker 来启动 MySQL 服务。假设你已经安装了 Docker，可以使用以下命令：

```
docker run --name mysql -p 3306:3306 -e MYSQL_ROOT_PASSWORD=password \
 -d mysql:5.7.22
```

要创建数据库，可以通过自己的客户端工具连接到 MySQL 服务器。如果是使用 `mysql` CLI，可以输入以下命令：

```
mysql -h 127.0.0.1 -P 3306 -u root -p
```

然后输入密码 `password`。在 MySQL 命令提示符下，可以执行以下命令：

```
mysql> create database cookbook;
```

现在，你已经准备好运行这三个应用程序了。我们要遇到的第一个情况是，因为你已经将软件分成了三个独立的微服务，所以需要运行三个不同的 JAR 文件。因为你是在本地运行每个应用程序的，所以每个 Spring Boot 应用程序服务器（默认为

Tomcat)必须使用不同的端口来启动。你需要在命令行上为帖子服务和关系服务配置 MySQL 服务的 URL。因此,你需要打开三个终端窗口,分别执行以下三个命令:

```
java -Dserver.port=8081 \
-Dspring.datasource.url=jdbc:mysql://localhost:3306/cookbook \
-jar cloudnative-posts/target/cloudnative-posts-0.0.1-SNAPSHOT.jar

java -Dserver.port=8082 \
-Dspring.datasource.url=jdbc:mysql://localhost:3306/cookbook \
-jar cloudnative-connections/target/
  cloudnative-connections-0.0.1-SNAPSHOT.jar

java -jar cloudnative-connectionposts/target/
  cloudnative-connectionposts-0.0.1-SNAPSHOT.jar
```

我喜欢像图 5.4 一样设置我的终端窗口,我会将所有窗口都切换到 cloudnative-statelessness 目录下。这样我可以观察最右侧的数据库,同时观察顶部(运行 Java 命令的三个窗口)三个微服务的日志输出,并且在左下角的大窗口中执行 `curl` 命令。

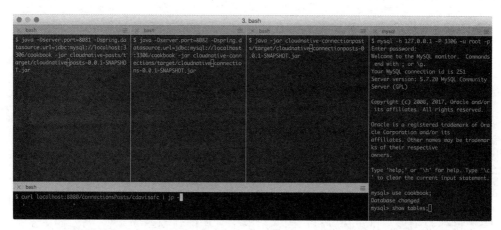

图 5.4 我的终端配置既可以向微服务发送请求,同时也可以在其他窗口中查看结果

接下来,你可以执行如下 `curl` 命令来运行每个微服务:

```
curl localhost:8081/posts
curl localhost:8082/users
curl localhost:8082/connections
curl localhost:8080/connectionsposts/cdavisafc
```

尤其是,在执行最后一个 `curl` 命令时,要注意上面的三个窗口。你会看到单个请求最终是如何被发送到所有三个微服务的。

有了这个软件,你现在可以实现图 5.3 所示的部署拓扑结构了,即不同的应用程序可以独立进行伸缩。但是，当前所有东西都是在本地环境上部署和运行的，每个应用程序只有一个实例，并且你的配置是嵌入 JAR 文件的，并通过 application.properties 文件来配置一些值。不过，这些应用程序都是无状态的。你可以停止或启动任意的应用程序实例，而不会丢失数据。

在没有过多关注的情况下，我先悄悄地实现了一个无状态的模式，并且我将状态转移到了一个外部存储。之所以我没有关注这一点的原因是，大多数人都很熟悉与外部数据库的连接，因此我希望大家的注意力能够放在无状态上。为了更好地解释无状态模式，我想将状态重新引入某个微服务，也侧面说明如果你掉以轻心，状态会很容易存在于你的设计中。

注意 常见的状态就是会话状态。

5.2.2 错误处理会话状态

到目前为止，相关帖子服务的客户端只需要提供一个用户名，就可以查询到该用户所发布的帖子。你可以随意访问系统中任何用户的帖子。然而，你要做的是，只允许 Max 查询他所关注的人发布的帖子，而 Glen 只能查询他所关注的人的帖子。为了实现这一点，你要求连接相关帖子服务的客户端，但在提供任何内容之前先进行身份验证。

为了了解如何实现，请在之前的仓库中检出如下标签的代码：

```
Git checkout statelessness/0.0.2
```

我已经为相关帖子服务的实现增加了一个登录控制器。调用登录功能（为简单起见，该功能只接受用户名作为输入）将生成一个身份令牌，然后该令牌会被传递给相关帖子服务的后续调用。如果传入的令牌有效，则返回一组帖子信息，如果令牌无效，则返回一个 `HTTP 1.1/401 Unauthorized` 的响应。

登录控制器是相关帖子服务的一部分，你可以在 LoginController.java 文件中找到它。正如你在清单 5.1 中所看到的，在创建登录令牌之后，它会存储在内存的哈希映射中，通过该哈希映射可以将一个令牌与一个用户名关联起来。

清单 5.1 LoginController.java

```
package com.corneliadavis.cloudnative.connectionsposts;
```

```
import ...

@RestController
public class LoginController {

    @RequestMapping(value="/login", method = RequestMethod.POST)
    public void whoareyou(
        @RequestParam(value="username", required=false) String username,
        HttpServletResponse response) {

        if (username == null)
            response.setStatus(400);
        else {
            UUID uuid = UUID.randomUUID();
            String userToken = uuid.toString();

            CloudnativeApplication.validTokens.put(userToken, username);
            response.addCookie(new Cookie("userToken", userToken));
        }
    }
}
```

内存中的这个哈希映射是在 CloudnativeApplication.java 文件中声明的，如清单 5.2 所示。

清单 5.2　CloudnativeApplication.java

```
public class CloudnativeApplication {

    public static Map<String, String> validTokens
        = new HashMap<String, String>();

    public static void main(String[] args) {
        SpringApplication.run(CloudnativeApplication.class, args);
    }
}
```

我还对获取用户帖子的方法进行了一处修改，这部分代码在 ConnectionsPostsController.java 文件中，如清单 5.3 所示。该服务不接受用户名作为 URL 参数，而是在传递给服务的 cookie 中查找某个令牌。

清单 5.3　ConnectionsPostsController.java

```
@RequestMapping(method = RequestMethod.GET, value="/connectionsposts")
public Iterable<PostSummary> getByUsername(
    @CookieValue(value = "userToken", required=false) String token,
    HttpServletResponse response) {
```

```
        if (token == null)
            response.setStatus(401);
        else {
            String username =
                CloudnativeApplication.validTokens.get(token);
            if (username == null)
                response.setStatus(401);
            else {

                // code to obtain connections and relevant posts

                return postSummaries;
            }
        }
        return null;
}
```

你可以重新构建应用程序，并重新部署相关帖子服务来测试此功能。请在 cloudnative-statelessness 目录中运行以下命令来构建项目：

```
mvn clean install
```

现在，正如你之前所做的，请使用以下命令在三个终端窗口中运行微服务：

```
java -Dserver.port=8081 \
-Dspring.datasource.url=jdbc:mysql://localhost:3306/cookbook \
-jar cloudnative-posts/target/cloudnative-posts-0.0.1-SNAPSHOT.jar

java -Dserver.port=8082 \
-Dspring.datasource.url=jdbc:mysql://localhost:3306/cookbook \
-jar cloudnative-connections/target/
  cloudnative-connections-0.0.1-SNAPSHOT.jar

java -jar cloudnative-connectionposts/target/
  cloudnative-connectionposts-0.0.1-SNAPSHOT.jar
```

相关帖子服务不需要在 URL 中指定用户名。在成功登录之前，任何对新端点的调用都会导致 HTTP 错误。如果你想查看这个效果，请在 curl 命令中指定 -i 参数，如下所示：

```
$ curl -i localhost:8080/connectionsposts
HTTP/1.1 401
X-Application-Context: application
Content-Length: 0
Date: Mon, 27 Nov 2018 03:42:07 GMT
```

你可以使用以下命令，并用在样本数据中预先加载的用户名进行登录：

第 5 章 应用程序冗余：水平伸缩和无状态

```
$ curl -X POST -i -c cookie localhost:8080/login?username=cdavisafc
HTTP/1.1 200
X-Application-Context: application
Set-Cookie: userToken=f8dfd8e2-9e8b-4a77-98e9-49aaed30c218
Content-Length: 0
Date: Mon, 27 Nov 2018 03:44:42 GMT
```

现在，当你调用相关帖子服务时，需要通过 -b 命令行参数传递 cookie，会收到如下响应：

```
$ curl -b cookie localhost:8080/connectionsposts | jp -
[
    {
      "date": "2019-02-01T19:09:41.000+0000",
      "usersname": "Max",
      "title": "Chicken Pho"
    },
    {
      "date": "2019-02-01T19:09:41.000+0000",
      "usersname": "Glen",
      "title": "French Press Lattes"
    }
]
```

虽然我还没有明确说明，但是你可能已经注意到，此处的实现不再是无状态的。有效令牌会被存储在内存中。虽然你可能认为使用一个哈希映射的做法有些简陋，但是我可以向你保证，它是如今应用程序中常见模式的典型代表。作为在 Pivotal 工作的成果之一，我最近向市场推出了一个新的缓存产品（Pivotal Cloud Cache），并与开发人员和架构师进行了很多次交谈，他们都在寻找能够处理应用程序 HTTP 会话状态的有效方法。虽然这里我没有明确使用任何 HTTP 接口，但为了使代码尽可能简单，基本结构是相同的。

尽管我们在实现中假设存在这种限制，但是如果重复运行最后一个 curl 命令，你仍然可以接收到预期的响应。如果一切工作正常，那么问题是什么？问题是，此时你仍然在一个非云计算、非云原生的环境中运行应用程序。每个应用程序只有一个实例，只有当它们正常运行，并且相关帖子服务也正常运行时，整个系统才可以提供预期的功能。

但是你也知道，在云环境中，事情总是在变化的，而且从前面的内容中你也已经了解到应该部署应用程序的多个实例，所以让我们来做一些试验。

首先以相关帖子服务为例。在实际环境中，如果应用程序本身崩溃，系统可能会终止服务，但更有可能发生的情况是，由于正在部署一个应用程序的新版本，或者基础设施正在进行变更，从而导致需要在新的基础设施环境中重新创建应用程序的实例。为了模拟这种情况，我们在右侧窗口中按下 Ctrl+C 组合键，停止应用程序，然后重新运行 java 命令来启动应用程序：

```
java -jar cloudnative-connectionposts/target/
  cloudnative-connectionposts-0.0.1-SNAPSHOT.jar
```

现在尝试使用 curl 命令，同时传递一个有效的身份验证令牌，你应该会接收到一个 HTTP 1.1/401 Unauthorized 响应：

```
$ curl -i -b cookie localhost:8080/connectionsposts
HTTP/1.1 401
X-Application-Context: application
Content-Length: 0
Date: Mon, 27 Nov 2018 04:12:07 GMT
```

我相信你不会对此感到惊讶。你很清楚这些令牌都存储在内存中，当你停止并重新启动应用程序时，就会丢失内存中的所有东西。然而，我希望你也已经意识到，你不希望这种情况不断发生。变化是一定的，而不是例外。

现在让我们看看第二个场景，部署应用程序的多个实例。一旦你有了多个实例，就需要一个负载均衡程序来路由它们之间的流量。你可以自己搭建一个 Nginx 之类的程序，并在其中配置所有的实例，但是这也正是云平台所做的，因此我会再次借这个机会向你介绍云平台。实际上，Kubernetes 有一个易于使用的本地部署版本，因此我选择用它来进行演示。Kubernetes 有一个充满活力的社区，可以在需要的时候提供支持，并且它也是我非常喜欢的一项技术。如果你熟悉并能够使用其他的云平台，例如，Cloud Foundry、Heroku、Docker、OpenShift 等，也可以在它们上面进行试验。

介绍一个云原生平台

Kubernetes 是一个运行应用程序的平台，它允许你部署、监视和伸缩应用程序。它提供了我在本书前几章中谈到的健康监测和自动修复的功能，并且让你可以轻松地测试各种示例和模式。例如，当某个应用程序实例由于某种原因出现故障时，Kubernetes 会启动一个新的实例来替换它。正如我多次提到的（并且会继续提到），云原生平台会支持书中所介绍的许多模式，甚至提供实现。

第 5 章　应用程序冗余：水平伸缩和无状态

如果我们要在 Kubernetes 中运行某个应用程序，需要将其容器化。你需要有一个包含应用程序的 Docker 镜像（或者类似的镜像）。我不会详细介绍容器化的理论，但是会告诉你如何执行，这样你就可以将应用程序打包成一个 Docker 镜像，并提供给 Kubernetes。

我们将在这里使用一个开源的 Kubernetes 发行版，名为 Minikube（详情参见链接 30）。在生产环境中，Kubernetes 总是会部署为一个多节点的分布式系统（正如我们之前已经讨论过的，可能会跨多个可用区部署），而 Minikube 提供了一个单节点部署，使你可以在自己的机器上快速启动和运行。Minikube 的安装说明包含在 GitHub 仓库的 README 文件中，并提供了在 Linux、Windows 和 macOS 上运行的步骤。在安装 Minikube 之前，你还应该安装 Kubernetes 的 CLI 命令行工具 `kubectl`（详情参见链接 31）。当解决了这些先决条件（例如，在你的机器上安装 VirtualBox）并安装好 Minikube 之后，就可以在 Kubernetes 上部署示例应用程序了。

我为所有要部署的组件准备了一份清单。在这个阶段，你有了以前在本地运行的 4 个组件：MySQL 数据库和 3 个微服务（关系、帖子和相关帖子服务）。接下来你可以按照如下步骤，部署图 5.5 所示的拓扑结构。

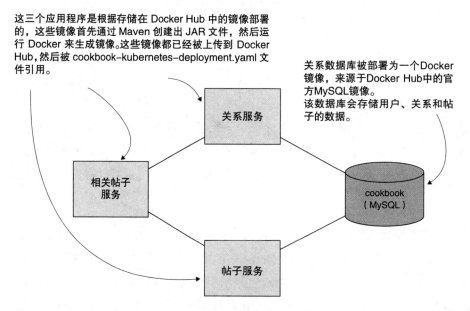

图 5.5　食谱软件的部署拓扑结构，被重构为多个独立的组件，并部署到一个云环境中。目前，每个应用程序只部署了一个实例

部署和配置数据库

你将在 Kubernetes 中运行与在本地运行时完全相同的 Docker 镜像,要使用的部署清单是 mysql-deployment.yaml。需要使用如下命令来让 Kubernetes 启动和管理该组件:

```
kubectl create -f mysql-deployment.yaml
```

可以用如下方式观察部署的状态:

```
$ kubectl get all
NAME                             READY   STATUS    RESTARTS   AGE
pod/mysql-75d7b44cd6-dbnvp       1/1     Running   0          30s

NAME                   TYPE        CLUSTER-IP      EXTERNAL-IP   PORT(S)          AGE
service/kubernetes     ClusterIP   10.96.0.1       <none>        443/TCP          14d
service/mysql-svc      NodePort    10.97.144.19    <none>        3306:32591/TCP   6h14m

NAME                     READY   UP-TO-DATE   AVAILABLE   AGE
deployment.apps/mysql    1/1     1            1           30s

NAME                                DESIRED   CURRENT   READY   AGE
replicaset.apps/mysql-75d7b44cd6    1         1         1       30s
```

你可能注意到,输出中显示了许多与 MySQL 有关的内容。简单说明一下,即你部署了一个 MySQL,它运行在一个 pod 中(Docker 镜像都在 pod 中运行),你可以通过 MySQL 服务访问它。副本集(Replica sets)表示当前运行的副本数量。

为了创建 cookbook 数据库,需要使用与本地运行时相同的机制。你只需要知道传递给 MySQL 客户端的连接字符串,可以通过如下命令从 Minikube 获得:

```
minikube service mysql -url
```

如果当前使用 `mysql` 命令行工具,可以执行以下命令来访问数据库,然后执行下一个命令来创建数据库:

```
$ mysql -h $(minikube service mysql-svc --format "{{.IP}}") \
  -P $(minikube service mysql-svc --format "{{.Port}}") -u root -p
mysql> create database cookbook;
Query OK, 1 row affected (0.00 sec)
```

你的数据库服务器现在已经运行,应用程序所使用的数据库也已经创建。

配置和部署关系服务和帖子服务

关系服务和帖子服务的配置和部署方式实际上是相同的。每个服务都必须知道刚刚部署的 MySQL 数据库的连接字符串和密码，并且每个服务都将在自己的容器（以及 Kubernetes pod）中运行。每个服务都有一个部署清单，你必须在每个清单中插入 MySQL 连接字符串。为了获得插入每个文件中的 URL，请执行以下命令：

```
minikube service mysql-svc --format "jdbc:mysql://{{.IP}}:{{.Port}}/cookbook"
```

该命令运行的结果如下所示：

```
jdbc:mysql://192.168.99.100:32713/cookbook
```

现在编辑 cookbook-deployment-connections.yaml 和 cookbook-deployment-posts.yaml 两个文件。在里面用前面 minikube 命令返回的 jdbc URL，来替换字符串 `<insert jdbc url here>`。例如，cookbook-deployment-kubernetes-connections.yaml 文件的最后一行应该如下所示：

```
- name: SPRING_APPLICATION_JSON
  value: '{"spring":{"datasource":{"url":
➥ "jdbc:mysql://192.168.99.100:32713/cookbook"}}}'
```

然后，可以执行如下命令来部署这两个服务：

```
kubectl create -f cookbook-deployment-connections.yaml
kubectl create -f cookbook-deployment-posts.yaml
```

再次运行 `kubectl get all` 会显示除了 MySQL 数据库以外，你已经有了两个微服务在运行中：

```
$ kubectl get all
NAME                                 READY   STATUS    RESTARTS   AGE
pod/connections-7dffdc87c4-p8fc8     1/1     Running   0          12s
pod/mysql-75d7b44cd6-dbnvp           1/1     Running   0          13m
pod/posts-6b7486dc6d-wmvmv           1/1     Running   0          12s

NAME                     TYPE        CLUSTER-IP      EXTERNAL-IP   PORT(S)
service/connections-svc  NodePort    10.106.214.25   <none>        80:30967/TCP
service/kubernetes       ClusterIP   10.96.0.1       <none>        443/TCP
service/mysql-svc        NodePort    10.97.144.19    <none>        3306:32591/TCP
service/posts-svc        NodePort    10.99.106.23    <none>        80:32145/TCP

NAME                            READY   UP-TO-DATE   AVAILABLE   AGE
deployment.apps/connections     1/1     1            1           12s
deployment.apps/mysql           1/1     1            1           13m
deployment.apps/posts           1/1     1            1           12s
```

5.2 云环境中的有状态服务

```
NAME                                    DESIRED   CURRENT   READY   AGE
replicaset.apps/connections-7dffdc87c4  1         1         1       12s
replicaset.apps/mysql-75d7b44cd6        1         1         1       13m
replicaset.apps/posts-6b7486dc6d        1         1         1       12s
```

为了测试每个服务是否正确运行,请使用以下两个命令,来查询已经加载到数据库中的关系和帖子的示例数据:

```
$ curl $(minikube service --url connections-svc)/connections
[
  {
    "id": 4,
    "follower": 2,
    "followed": 1
  },
  {
    "id": 5,
    "follower": 1,
    "followed": 2
  },
  {
    "id": 6,
    "follower": 1,
    "followed": 3
  }
]
$ curl $(minikube service --url posts-svc)/posts
[
  {
    "id": 7,
    "date": "2019-02-03T04:36:28.000+0000",
    "userId": 2,
    "title": "Chicken Pho",
    "body": "This is my attempt to re-create what I ate in Vietnam..."
  },
  {
    "id": 8,
    "date": "2019-02-03T04:36:28.000+0000",
    "userId": 1,
    "title": "Whole Orange Cake",
    "body": "That's right, you blend up whole oranges, rind and all..."
  },
  {
    "id": 9,
    "date": "2019-02-03T04:36:28.000+0000",
    "userId": 1,
    "title": "German Dumplings (Kloesse)",
    "body": "Russet potatoes, flour (gluten free!) and more..."
  },
  {
```

```
    "id": 10,
    "date": "2019-02-03T04:36:28.000+0000",
    "userId": 3,
    "title": "French Press Lattes",
    "body": "We've figured out how to make these dairy free, but just as
     good!..."
  }
]
```

配置和部署相关帖子服务

最后,让我们部署相关帖子服务,用来收集和返回某个用户所有关注对象发布的帖子。该服务不会直接访问数据库,它会调用关系服务和帖子服务。因为我们刚刚已经完成了前两个服务的部署,它们现在都运行在测试的 URL 上,所以你只需将这些 URL 配置到相关帖子服务中即可。可以通过编辑部署清单 cookbook-deployment-connectionsposts-stateful.yaml 来实现这一点。你可以通过如下命令来获得三个 URL 的值,并用它们替换文件中的相应内容:

Posts URL	minikube service posts-svc --format "http://{{.IP}}:{{.Port}}/posts?userIds=" --url
Connections URL	minikube service connections-svc --format "http://{{.IP}}:{{.Port}}/connections/" --url
Users URL	minikube service connections-svc --format "http://{{.IP}}:{{.Port}}/users/" --url

部署清单文件的最后几行应该如下所示:

```
- name: CONNECTIONPOSTSCONTROLLER_POSTSURL
  value: "http://192.168.99.100:31040/posts?userIds="
- name: CONNECTIONPOSTSCONTROLLER_CONNECTIONSURL
  value: "http://192.168.99.100:30494/connections/"
- name: CONNECTIONPOSTSCONTROLLER_USERSURL
  value: "http://192.168.99.100:30494/users/"
```

最后,你可以使用如下命令来部署服务:

```
kubectl create \
-f cookbook-deployment-connectionsposts-stateful.yaml
```

现在你可以使用如下命令来测试这个刚刚部署的服务:

```
curl -i $(minikube service --url connectionsposts-svc)/connectionsposts
curl -X POST -i -c cookie \
$(minikube service --url connectionsposts-svc)/login?username=cdavisafc
```

```
curl -i -b cookie \
$(minikube service --url connectionsposts-svc)/connectionsposts
```

我保证这很快会好起来。我知道所有这些手动配置会让你感到沮丧，但是不要害怕。在第 6 章中我们将介绍应用程序配置，通过合理使用配置，可以避免这种单调乏味的工作。

为了准备下一个演示，我会让你记录下相关帖子服务的日志。你可以在一个新的终端窗口中，执行以下命令，同时指定 connectionsposts pod 的名称（可以运行 kubectl get pods 命令获取名称）：

```
kubectl logs -f pod/<name of your connectionsposts pod>
```

可以重复前面最后的 curl 命令，查看 connectionsposts 日志中的活动结果。服务已经启动并运行，假设你不想重新部署相关帖子服务，那么它仍可以运行得很好。但是当你为服务添加多个实例时，会发生什么情况呢？为了弄清楚这一点，请执行以下命令：

```
kubectl scale --replicas=2 deploy/connectionsposts
```

再次执行 kubectl get all 命令会显示一些有趣的信息：

NAME	READY	STATUS	RESTARTS	AGE
pod/connections-7dffdc87c4-cp7z7	1/1	Running	0	10m
pod/connectionsposts-5dc77f8bf9-8kgld	1/1	Running	0	5m4s
pod/connectionsposts-5dc77f8bf9-mvt89	1/1	Running	0	81s
pod/mysql-75d7b44cd6-dbnvp	1/1	Running	0	36m
pod/posts-6b7486dc6d-kg8cp	1/1	Running	0	10m

NAME	TYPE	CLUSTER-IP	EXTERNAL-IP	PORT(S)
service/connections-svc	NodePort	10.106.214.25	<none>	80:30967/TCP
service/connectionsposts-svc	NodePort	10.100.25.18	<none>	80:32237/TCP
service/kubernetes	ClusterIP	10.96.0.1	<none>	443/TCP
service/mysql-svc	NodePort	10.97.144.19	<none>	3306:32591/TCP
service/posts-svc	NodePort	10.99.106.23	<none>	80:32145/TCP

NAME	READY	UP-TO-DATE	AVAILABLE	AGE
deployment.apps/connections	1/1	1	1	10m
deployment.apps/connectionsposts	2/2	2	2	5m4s
deployment.apps/mysql	1/1	1	1	36m
deployment.apps/posts	1/1	1	1	10m

```
NAME                                          DESIRED   CURRENT   READY   AGE
replicaset.apps/connections-7dffdc87c4        1         1         1       10m
replicaset.apps/connectionsposts-5dc77f8bf9   2         2         2       5m4s
replicaset.apps/mysql-75d7b44cd6              1         1         1       36m
replicaset.apps/posts-6b7486dc6d              1         1         1       10m
```

可以看到,你已经创建了第二个运行相关帖子实例的 pod,但是仍然只有一个 connectionsposts-svc 服务。这个服务现在将对两个实例的请求进行负载均衡。你还可以看到,部署和副本控制器都希望同时运行应用程序的两个实例。

> **不要在生产环境中这样做!**
>
> 我不得不指出,不应该在生产环境中通过发送命令来部署相关帖子的第二个实例。一旦你这样做了,就会创建一个变更碎片,一个在任何地方都没有记录的拓扑结构。
>
> 你最初用于部署软件的部署清单会形成初始的拓扑结构,希望它们可以在生产环境中运行,但是实际情况可能与所记录的不同。当某个人手动更改了某个运行中的系统时,该系统就无法进行自动的运维管理。
>
> 实现这种水平伸缩的正确方法是修改部署清单,将文件提交到版本控制系统,然后再应用到云环境中。Kubernetes 可以支持这一点,通过更新一个正在运行的系统,从而代替使用 `kubectl apply` 之类的命令来生成一个新的系统。为了简单起见,我没有采用常规的方法。

在新的拓扑结构中测试应用程序功能之前,请先记录新应用程序实例的日志。你可以在另一个终端窗口中执行 `kubectl logs -f` 命令,并指定新 pod 的名称,这个名称可以在 `kubectl get all` 命令的输出中找到:

```
kubectl logs -f po/<name of your new pod>
```

现在,让我们再次发送最后的 `curl` 命令,来测试应用程序的功能:

```
curl -i -b cookie \
$(minikube service --url connectionsposts-svc)/connectionsposts
```

请注意正在滚动显示应用程序日志的两个窗口。如果负载均衡器将流量路由到

5.2 云环境中的有状态服务

第一个实例,你会在日志流中看到相关的活动,并且返回预期的结果。但是,如果流量被路由到第二个实例,那么日志会显示有人试图使用无效的令牌访问应用程序,并返回 401 错误。当然,这个令牌是有效的,问题是第二个实例不知道这个令牌是有效的。

我相信这是一个糟糕的用户体验。curl 命令有时会返回请求的信息,有时会提示用户未通过身份验证。然后用户会挠挠头,心里想:"我不是已经登录了吗",然后他会刷新页面,可能又会得到一个有效的响应,但是下一个请求会再次提示未通过身份验证。

> **使用 Kubernetes 需要构建 Docker 镜像**
>
> 你可能会注意到,我并没有要求像前面的示例那样构建应用程序。我在这里跳过了这些步骤,因为为了将应用程序部署到 Kubernetes,它们必须被封装为容器,这个构建过程有点复杂。需要创建 JAR 文件,运行 docker build 命令来创建 Docker 镜像,将这些镜像上传到镜像仓库,更新部署清单引用这些镜像,然后再执行部署过程。
>
> 我已经提供了用来创建每个容器镜像的 Dockerfile。但是为了简单起见,我提供的部署清单指向的是我自己的 Docker Hub 仓库中的 Docker 镜像。我执行的命令如下所示。
>
> 构建源代码:
>
> ```
> mvn clean install
> ```
>
> 创建 Docker 镜像:
>
> ```
> docker build --build-arg \
> jar_file=cloudnative-connectionposts/target\
> /cloudnative-connectionsposts-0.0.1-SNAPSHOT.jar \
> -t cdavisafc/cloudnative-statelessness-connectionposts-stateful .
>
> docker build --build-arg \
> jar_file=cloudnative-connections/target\
> /cloudnative-connections-0.0.1-SNAPSHOT.jar \
> -t cdavisafc/cloudnative-statelessness-connections .
> ```

```
docker build --build-arg \
jar_file=cloudnative-posts/target/cloudnative-posts-0.0.1-SNAPSHOT.jar \
-t cdavisafc/cloudnative-statelessness-posts .
```

上传到 Docker hub：

```
docker push cdavisafc/cloudnative-statelessness-connectionposts-stateful
docker push cdavisafc/cloudnative-statelessness-connections
docker push cdavisafc/cloudnative-statelessness-posts
```

虽然在这个简单的示例中，我们很容易理解为什么会发生这种情况，但是让我们再从架构的角度来看一下。图 5.6 描述了应用程序的预期行为。虽然相关帖子应用程序有多个实例，但是逻辑上会表现为只有一个单独的应用程序。我在这一章的开始就指出过，相同的输入应该产生相同的结果，无论有多少实例，也无论请求被路由到哪个实例。

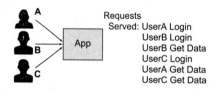

图 5.6 在逻辑上，你只有一个单独的应用程序来服务各个请求。因为每个用户在尝试调用 Get Data 方法时都需要先登录，所以你希望每次登录都可以成功

但是现在我们还没有实现这一点，因为应用程序不是无状态的。如图 5.7 所示，我们将单个逻辑应用程序拆分为两个实例，并将请求顺序路由到这些实例中。在这张图中，我没有改变请求的顺序，只是将它们分布在不同的应用程序实例中。现在

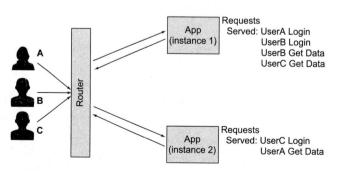

图 5.7 当单个逻辑实体被部署为多个实例时，必须注意确保将分布式事件作为一个整体来处理

我们很容易发现，如果你的应用程序只考虑本地的请求，在许多情况下将无法保证应用程序的功能。

回到我们的食谱示例，图 5.8 总结了当前实现的调用流程。

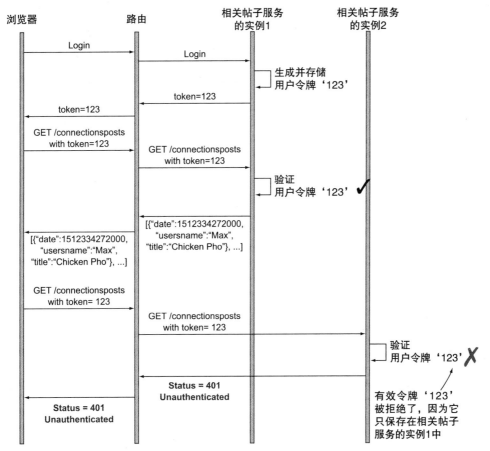

图 5.8　当你添加第二个相关帖子应用程序的实例时，其本地的有效令牌列表与第一个实例不同。这正是云原生中有状态应用程序的问题所在

那么如何解决这个问题呢？让我们考虑一个目前使用相对广泛的"解决方案"，但不适合用于云原生，它就是黏性会话。（然后我会介绍云原生的解决方案。）

5.3　HTTP会话和黏性会话

什么是黏性会话呢？从我们使用负载均衡来分配应用程序多个实例之间的请求开始，就一直在使用黏性会话，这比云原生的处理方式出现的时间要早得多。为什么我们不能继续使用黏性会话来处理有状态的服务呢？

首先，让我简要介绍一下这项技术。黏性会话是一种实现模式，在这种模式中，应用程序在响应用户的第一个请求时会包含一个会话 ID，也可以称为该用户的指纹。然后，通常在用户后续的所有请求中，都会在 cookie 中包含该会话 ID。这使得负载均衡器可以跟踪与应用程序交互的个人用户。负责分发请求的负载均衡器，会记得第一次访问的是哪个实例，并且会"尽力"将携带相同会话 ID 的请求发给这个实例。如果应用程序实例有一个本地状态，那么不断路由到该实例的请求也可以使用这个本地状态。

图 5.9 显示了黏性会话的调用顺序：当请求中含有一个会话 ID 时，路由器会查找该 ID 所对应的实例，并将请求发往该应用程序的实例。

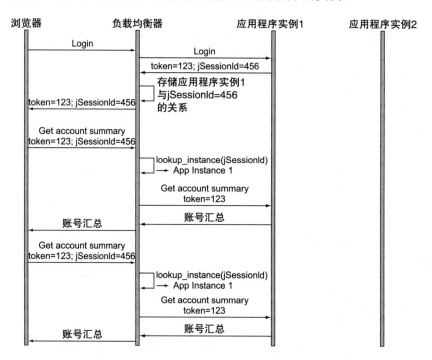

图 5.9　通过负载均衡器实现的黏性会话，将指定用户和某个应用实例绑定到一起

这个解决方案难道不是比确保每个应用程序都是完全无状态的更简单吗？

还记得我们之前说的是"尽力"吗？尽管尽最大努力，路由器可能还是无法将请求发送到"正确的"实例。因为该实例可能已经消失，或者由于网络异常而无法访问。例如，在图 5.10 中，由于实例 1 不可用，所以路由器会将用户请求发送到另一个实例。因为该实例没有实例 1 拥有的本地状态，所以用户会再次经历登录失败的情况。

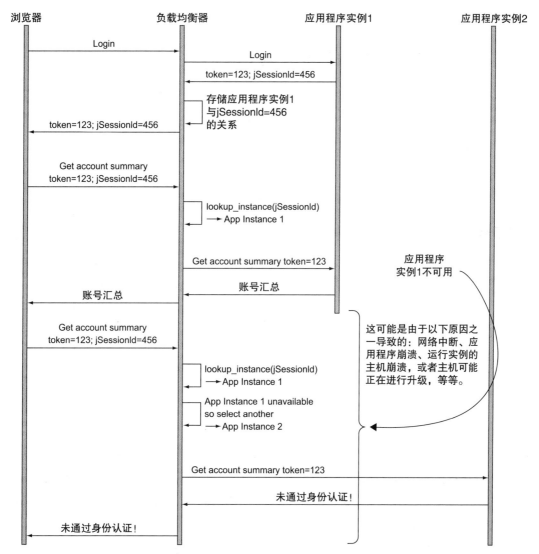

图 5.10　一个支持黏性会话的负载均衡器会试图将指定用户固定路由到某个指定的实例，但是也可能不得不向其他实例发送请求。在云原生软件中，你必须假设实例随时可能不可用，如果你没有考虑到这种情况，就会影响用户体验

一段时间以来，开发人员已经证明了黏性会话的使用是合理的，他们认为异常情况（例如，实例消失或网络中断）是罕见的，当它们确实发生时，用户体验下降（虽然不希望如此）也是可以接受的。这是一个糟糕的想法，原因有两点。首先，应用

程序实例的回收已经变得越来越普遍，因为基础设施会面对很多意外或者人为的更改。其次，更好地实现一些东西其实并不困难，如果我们将会话状态持久化到一个共享的存储中，还会带来许多其他的优点。我们现在来介绍一下这个解决方案。

5.4 有状态服务和无状态应用程序

解决这个问题的正确方法是，让应用程序变成"无状态"。之前我们展示了反模式——有状态服务的做法，现在来展示正确的做法，并且我选择了用户身份验证作为这次的示例，因为在这个方面，我经常看到一些不太完美的实现方式。为了给使用黏性会话找到借口，人们经常会说，不应该让用户在每次请求时都提供他们的身份信息。尽管这听上去是合理的，但这并不意味着应用程序实例需要是有状态的。

5.4.1 有状态服务是特殊的服务

当然，一定会有状态存在。作为一个整体，一个应用程序必须在某处持有状态才能被用户使用。例如，如果你无法看到你的账户余额，那么银行网站就没有太多价值。所以，当我说应用程序是无状态的时候，我真正想说的是我们不需要在架构中到处都有状态。

> **注意** 云原生应用程序有存在状态的地方，同样重要的是，也有不存在状态的地方。

应用程序应该是无状态的，状态应该存在于数据服务中。这是我们现在经常听到的话。我承认，除非我明白为什么这个建议是合理的，否则我不会遵循任何建议，所以让我们先来做一个证明，简要地研究一下，如果应用程序中有很多状态，我们需要做些什么事情才能让软件运行良好。记住，我们必须假设的一件最主要的事情，就是不断地发生变化。

在这种情况下，只要应用程序的内部状态发生变化，并且该状态位于内存或者本地磁盘中，我们就需要将该状态保留下来，以防止应用程序实例丢失。一般有几种保存状态的方法，但都涉及副本。一种完全与应用程序无关的做法就是快照，即按照一定的时间间隔把内存和磁盘完整复制一份。

但是一旦我们开始讨论快照，就需要考虑很多与如何生成和管理这些快照有关的事情。多久做一次快照？如何确保快照是一致的（如果状态在快照过程中发生了

5.4 有状态服务和无状态应用程序

变化怎么办）？恢复一次快照需要多长时间？恢复时间目标（RTO）与恢复点目标（RPO）之间很难权衡。即使你不熟悉快照、RTO 和 RPO 的细节（可能因为我在一家大型存储系统企业工作了十多年），仅这一项描述可能就足以使你颇感压力。

另一种出于弹性考虑的数据复制方法是，在数据存储的同时进行复制。其中，应用程序的事件会触发主库的存储，以及一个或多个副本的复制。为了确保主库不可用时，副本可用，多个副本需要被部署在多个故障边界上，即副本存储在不同的主机、不同的可用区，或者不同的存储设备上。但是，一旦跨越多个边界，你的系统就要对数据进行分布式处理，坦率地说，这些都是很难解决的问题。

相信你肯定听说过 CAP 理论，它指出在任何系统中，一致性、可用性和分区容忍性这三者之中只能同时满足两者。由于分布式系统总是会受到偶尔出现的网络分区的影响，所以分布式数据系统只能满足一致性或者可用性。对 CAP 定理和分布式有状态服务的详细讨论，超出了本书的范围，但是下面的解释代表了我的观点。

注意 在基于云的系统中处理状态（高度分布式的）需要特殊考虑，以及复杂的算法。我们不会在每一个应用程序中都来解决这些问题，而只会集中解决云原生架构的某些特定部分，即有状态的服务。

因此，我们需要将状态放到专门设计的有状态服务中，然后从应用程序中去掉状态。稍后，会在我们的示例应用程序中实现这一点。但首先我想指出的是，无状态应用程序的其他一些优点不仅是避免了分布式数据弹性的复杂性。当你的应用程序处于无状态时，云原生应用程序平台可以在旧的实例丢失的时候，轻松创建新的实例，它只需要以初始状态启动一个新的实例。路由层可以在多个实例之间均匀地分配流量，并且可以根据请求的数量来调整实例的数量。除了创建新实例的操作外，你不需要其他任何操作。实例之间也可以轻松地进行移动。如果你要升级一个正在运行着实例的主机怎么办？没问题，只需启动一个新的实例，然后把流量路由到新的实例即可。

你可以有效地管理一个应用程序的多个版本，所有这些版本都可以同时部署和运行（回想一下我们前面在讨论持续交付时提到的并行部署的重要性）。你可以把一些流量路由到最新的版本，而其他流量仍路由到以前的版本，无论应用程序出现什么变化，状态仍然可以在有状态的服务中得到一致的处理。

现在，需要明确的是，在内存中甚至在本地磁盘上存储应用程序的数据，绝对不是错误的。但是这些数据只在最初产生它的调用期间存在。以一个具体的应用程序为例，这个程序会加载一张图片并处理它，然后返回一张新的图片。处理有多个步骤，并且会将临时结果存储在磁盘上，但是本地存储是临时的，只有在生成最终图片并返回给调用方这段时间中是可用的。当下一个请求到达同一个实例的时候，你不能指望可以使用任何数据。

因此，开发人员的工作是明确哪些状态需要保留，哪些不需要，并以此设计他们的应用程序，以便让多个调用之间所需的任何数据都可以保存在有状态的服务中。通过精心设计，你可以同时满足这两点，即一部分服务解决系统的规模和弹性（无状态应用程序），另一部分服务处理更困难的数据（状态）管理任务。

5.4.2 让应用程序变得无状态

现在让我们回到食谱的示例中。我们已经实现了一个简单的用户身份验证。但是因为你将有效的令牌保存在内存中，所以如果一个请求被路由到另一个没有存储用户令牌的实例，那么就会要求用户进行登录，即使用户已经登录过了。

解决方案很简单，你可以引入一个键/值存储，用来验证登录令牌是否有效，并将应用程序绑定到一个有状态的服务。应用程序的每个实例都应该进行绑定（我们会在第 6 章介绍如何绑定），这样任意请求可以被路由到任意的应用程序实例，都可以访问到有效的令牌。图 5.11 在之前图 5.8 的基础上，增加了这部分的拓扑结构展示。

我已经在 cloud-native 代码库的 cloudnative-statelessness 的目录 /module 中实现了这个解决方案。实现的部署拓扑如图 5.12 所示。解决方案在仓库的主（master）分支中，所以如果你之前已经克隆并检出了一个更早的标签，可以通过如下命令切换到主分支：

```
git checkout master
```

5.4 有状态服务和无状态应用程序

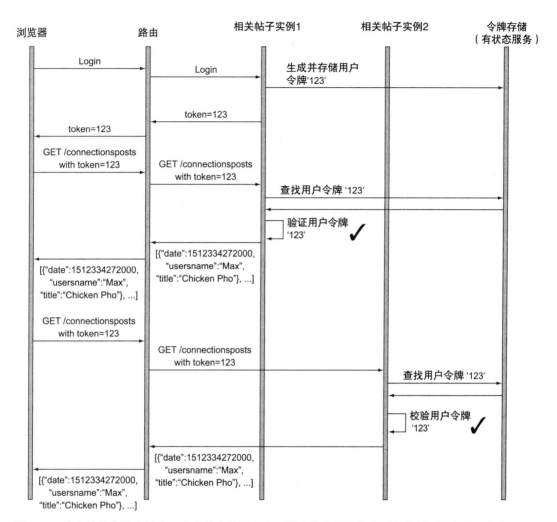

图 5.11 将有效的令牌存储在一个有状态的服务中，并且将该服务绑定到相关帖子服务的所有实例上，这样应用程序就是无状态的，但整个系统是有状态的

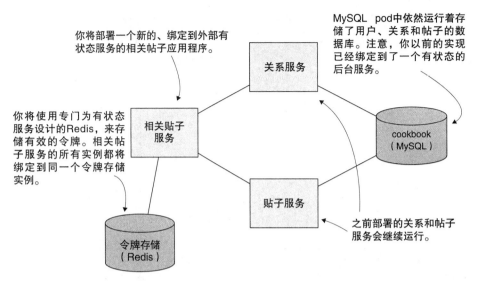

图 5.12 新的部署将相关帖子服务改为无状态版本，并添加了一个 Redis 服务器来存储身份验证令牌

这个实现使用 Redis 作为有状态服务。你将在 Minikube 环境中进行另一次部署来运行该服务。请执行以下命令来启动 Redis 服务器：

```
kubectl create -f redis-deployment.yaml
```

在容器运行以后，你可以在 Redis 命令行（或者你习惯的其他客户端）中执行以下命令，连接到 Redis 服务器，然后可以查看存储在 Redis 中的键（Key）：

```
redis-cli -h $(minikube service redis-svc --format "{{.IP}}") \
-p $(minikube service redis-svc --format "{{.Port}}")
> keys *
```

现在，你可以将之前的相关帖子服务替换为新的服务。应用程序需要改动的代码量很少。

首先，在 Spring Boot 配置和主类 CloudnativeApplication 中，删除本地存储的令牌，并添加用于连接令牌存储的 Redis 客户端配置。

清单 5.4　CloudnativeApplication.java

```java
public class CloudnativeApplication {

@Value("${redis.hostname}")

    private String redisHostName;
```

5.4 有状态服务和无状态应用程序

```java
@Value("${redis.port}")
private int redisPort;

@Bean
public RedisConnectionFactory redisConnectionFactory() {
    return new LettuceConnectionFactory
        (new RedisStandaloneConfiguration(redisHostName, redisPort));
}

public static void main(String[] args) {
    SpringApplication.run(CloudnativeApplication.class, args);
}
}
```

接下来，我们会在 LoginController.java 代码中使用 Redis 客户端，将令牌与用户名保存在外部有状态的存储中，而不是保存在已删除的本地存储中。

清单 5.5　LoginController.java

```
...
CloudnativeApplication.validTokens.put(userToken, username);      ◁── 我们已经删除了这一行代码

ValueOperations<String, String> ops = this.template.opsForValue();
ops.set(userToken, username);
```

然后，在 ConnectionsPostsController 中，通过 Redis 客户端从 cookie 中携带的令牌来获取用户名，而不是从现在已删除的本地存储中获取令牌。

清单 5.6　ConnectionsPostsController.java

```
...
String username
    = CloudnativeApplication.validTokens.get(token);              ◁── 我们已经删除了这一行代码

ValueOperations<String, String> ops = this.template.opsForValue();
String username = ops.get(token);
```

为了更加清楚地进行说明，我会让你通过以下命令删除旧版本中的相关帖子服务：

```
kubectl delete deploy connectionsposts
```

在你部署新版本的相关帖子应用程序之前，必须将 Redis 的连接信息配置到部署清单中。请编辑 cookbook-deployment-connectionsposts-stateless.yaml 文件，将 Redis 主机名和端口插入适当的位置。你可以通过以下两个命令获得主机名和端口值：

```
minikube service redis --format "{{.IP}}"
minikube service redis --format "{{.Port}}"
```

编辑完成后，YAML 文件应该类似如下所示：

```
- name: CONNECTIONPOSTSCONTROLLER_POSTSURL
  value: "http://192.168.99.100:31040/posts?userIds="
- name: CONNECTIONPOSTSCONTROLLER_CONNECTIONSURL
  value: "http://192.168.99.100:30494/connections/"
- name: CONNECTIONPOSTSCONTROLLER_USERSURL
  value: "http://192.168.99.100:30494/users/"
- name: REDIS_HOSTNAME
  value: "192.168.99.100"
- name: REDIS_PORT
  value: "32410"
```

你现在可以通过以下命令来部署新的应用程序：

```
kubectl create \
-f cookbook-deployment-connectionsposts-stateless.yaml
```

并且通过一些常用命令来测试你的软件：

```
curl -i $(minikube service --url connectionsposts-svc)/connectionsposts
curl -X POST -i -c cookie \
$(minikube service --url connectionsposts-svc)/login?username=cdavisafc
curl -i -b cookie \
$(minikube service --url connectionsposts-svc)/connectionsposts
```

curl 命令发出的 POST 请求会在 Redis 中创建一个新的键，你可以通过执行 keys * 命令（通过 Redis 命令行运行）来查看它。现在的拓扑已经恢复到发现有状态应用程序问题时的结构。可以运行如下命令将相关帖子服务扩展到两个实例：

```
kubectl scale --replicas=2 deploy/connectionsposts
```

现在可以输出两个实例的日志（使用 kubectl logs -f <podname> 命令，就像之前所做的那样），然后重复最后的 curl 命令，来查看两个实例是否可以看到所有的有效令牌，以及是否能够正确地响应：

```
curl -i -b cookie \
 $(minikube service --url connectionsposts-svc)/connectionsposts
```

没错，就是这么简单。当然，你必须慎重考虑是否让应用程序成为无状态的，也许要打破旧有习惯，但是这种模式简单直接，因此会带来巨大的优势。也许有少数人正在致力于解决更多分布式的、有状态服务的管理难题，但是大多数人（包括我自己）可以轻松地让我们的应用程序无状态化，并且利用云原生在有状态服务方面的成果和创新。

但是，我们的应用程序拓扑现在变得更复杂了，而且随着分布式程度越来越高，也带来了一些其他的挑战。当你需要将有状态服务移动到新的位置时，会发生什么？比如说它配置了一个新的 URL，或者你需要更新连接它的密码（我们甚至还没有涉及这一点）。当有状态服务出现故障时（哪怕是片刻时间），会发生什么？随着书中内容的不断深入，我们会逐渐解决这些问题。接下来，你将学习如何对应用程序进行配置，让你能够轻松地适应云环境和应用程序的不断变化。

小结

- 有状态的应用程序无法在云原生环境中很好地工作。
- 与用户的一系列交互（逻辑上是在会话状态中捕获的）是在应用程序中引入状态的常见方式。
- 有状态服务是一种特殊类型的服务，它不得不面对分布式、云环境中数据弹性的重要问题。
- 大多数应用程序应该是无状态的，并且应该将状态的处理工作交给那些有状态的服务。
- 使应用程序无状态很简单，并且一旦完成，就可以在云环境中具有显著的优势。

6 应用程序配置：不只是环境变量

本章要点
- 对应用程序进行配置的需求
- 系统配置值和应用程序配置值之间的区别
- 如何正确使用属性文件
- 如何正确使用环境变量
- 配置服务器

在第 5 章开始时，我曾经展示过图 6.1 所示的内容。图 6.1 中显示，对于任意数量的应用程序实例，相同的输入都会产生相同的结果，但其他一些因素也会影响到这些结果，即请求历史、系统环境和任何应用程序的配置。在第 5 章中，我们已经学习了如何通过将一系列请求产生的任意状态存储到一个共享的后端服务中，来确保消除请求历史的影响，这也让应用程序实例可以是无状态的。

本章会讨论剩下的两个影响因素，系统环境和应用程序配置。这些对于云原生软件来说都不是全新的，应用程序的功能总是受到它所运行的环境和所使用的配置的影响。但我在本书中介绍的新架构带来了新的挑战。我会在本章的开头介绍其中的一些方面。然后我会讨论应用程序的配置层，即在应用程序中使用系统环境和应用程序配置的机制。你可能听说过这样一句话，"将配置存储在环境变量中"，我会对此进行解释。最后，我会将重点放在应用程序配置上，同时关注我在前面几章中讨论过的反碎片化的功能。我还会解释图 6.1 所示的括号中"最终"的意思。

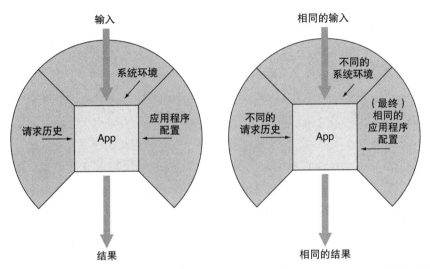

图 6.1　不管环境中的影响因素如何不同，例如，请求历史记录（不同的应用程序实例处理不同的请求）和系统环境值（例如，IP 地址），云原生应用程序必须确保结果一致。多个实例的应用程序配置应该相同，但有时可能不同

6.1　为什么要讨论配置

我为什么还要讨论应用程序的配置？开发人员应该都知道最好不要将配置硬编码到软件中（对吗？）。属性文件几乎在每个编程框架中都存在，我们已经有了多年的最佳实践。应用程序配置并不是一件新鲜的事。

但是云原生环境是全新的，而且因为太新，即使是经验丰富的开发人员也需要改进他们曾经处理应用程序配置的模式和实践。云原生应用程序比以前更加分布式。例如，我们倾向于通过启动应用程序的多个实例，来满足不断增加的流量，而不是将更多的资源分配给单个应用程序。云基础设施本身也在不断变化，远远超过过去几十年我们部署应用程序的基础设施。云平台的这些核心差异使得环境因素对应用程序有了新的影响，因此需要应用程序用新的方式来处理它们。让我们来快速看一下其中的一些差异。

6.1.1 动态伸缩——增加和减少应用程序实例的数量

第 5 章介绍了应用程序多实例的概念，已经让你很好地理解了它们对设计的影响。这里我想让你注意影响应用程序配置的两个细微差别。

首先，尽管过去你可能部署了应用程序的多个实例，但数量可能相对较少。当需要将配置应用于这些实例的时候，可以通过"手工"的方式来进行更改（即使这不太理想）。当然，你可能已经使用了一些脚本和其他工具来进行配置变更，但是可能没有使用工业级的自动化。现在，当应用程序扩展到数百个或者数千个实例时，这些实例会不断地四处移动，因此半自动化的方法将不再有效。你的软件设计以及相关的运维实践，必须确保所有应用程序实例都使用相同的配置值，并且你必须能够在不停机的情况下更新这些值。

第二个因素更加有趣。到目前为止，我已经从应用程序结果的角度引出了应用程序的配置问题，我关注的是在给定相同输入的情况下，无论应用程序有多少个实例，都应该产生相同的输出。但一个应用程序的配置也会很大程度影响其消费者发现和连接它的方式。直接地说，如果一个应用程序实例的 IP 地址或者端口发生了变化，并且在某种程度上我们认为这是一个（系统）配置数据，那么应用程序是否有责任让所有可能的消费者都知道这些变化呢？答案是肯定的，我将在第 8 章和第 9 章详细进行解释（这是服务发现的本质）。目前，请先简单认为应用程序的配置具有一种网络效应。

6.1.2 基础设施变化会导致配置变化

我们都听过这样的说法，云计算使用了大量低端、普通的服务器，由于它们的内部架构和一些嵌入式组件的健壮性（或者缺乏健壮性），基础架构会有更高发生故障的可能性。所有这些都是事实，但是硬件故障只是基础设施发生变化的一个原因，而且可能只是其中的很小一部分。

更为频繁和必要的基础设施变化来自升级。例如，越来越多的应用程序在平台上运行，而这些平台提供了一组在原始计算、存储和网络上的服务。例如，应用程序团队（开发和运维）不必再提供自己的操作系统。他们可以直接把代码发给一个平台，由平台建立运行时环境，然后部署和运行应用程序。从应用程序的角度来看，这个平台就是基础设施的一部分，如果它需要升级到操作系统的新版本（例如，因为操作系统的一个漏洞），那么就意味着基础设施要发生变化。

6.1 为什么要讨论配置

让我们继续这个升级操作系统的例子,它代表了许多种基础设施的变化,因为它需要停止和重新启动一个应用程序。这就是云原生应用程序的优势之一:你有多个实例来避免整个系统的宕机。在删除仍运行旧操作系统的实例之前,可以先启动一个运行新版本操作系统的实例。新实例将会运行在不同的节点上,并且显然与旧实例的环境不同,于是应用程序和软件作为一个整体,需要进行相应的调整。图6.2描述了这个过程的各个阶段,注意,升级前后应用程序的IP地址和端口是不同的。

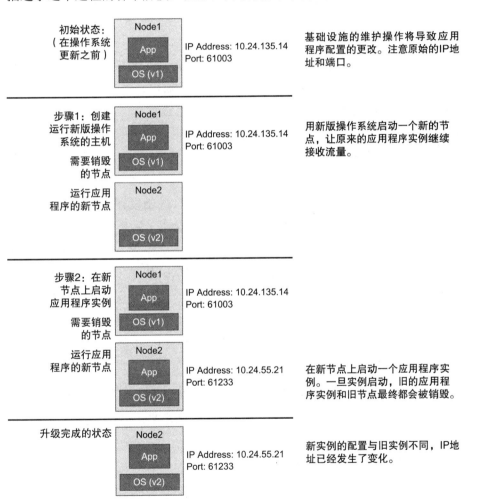

图6.2 应用程序的配置变化通常是由基础设施的变化引起的,这些变化可能是预期中的(如图所示的滚动升级),也可能是意外的

升级并不是导致基础设施变化的唯一原因。有一种获得广泛采用的安全技术,

会要求频繁地重新部署应用程序实例,因为不断变化的被攻击面,比长期存在的被攻击面要更加安全。[1]

6.1.3 零停机时间更新应用程序配置

到目前为止,我已经给出了一些变化的示例,这些变化更多的是外部环境施加给应用程序的。增减应用程序实例的数量并不会对实例直接产生变化,但多个实例的存在增加了环境变化的不确定性。

但是有的时候,在生产环境中运行的应用程序只需要应用新的配置。例如,Web 应用程序可能会在每个页面的底部显示版权信息,当时间从 12 月变为 1 月时,你会希望只更新日期内容,而不需要重新部署整个应用程序。

密码轮换是另一个例子,即定期更新一个系统组件访问另一个系统组件的密码,一些组织的安全策略经常会这样要求。这应该与让在生产环境的运维团队(希望同时也是构建应用程序的团队!)提供一个新秘密一样简单,同时系统作为一个整体依然能够正常运行。

这种环境变化表示了应用程序配置数据的更改,与基础设施的变化不同,前者通常由应用程序团队自己控制。这种区别可能会诱使你以一种更"手动"的方式来处理这种变化。但是你很快就会看到,从应用程序的角度来看,通过同样的方法来处理人为或者无意的变化不仅是可能的,而且是非常可取的。

这就是我们在所有这些场景中要用的技巧:创建合适的抽象,将应用程序的部署参数化,从而在正确的时间、以合理的方式将不同环境中的参数值注入应用程序。与任何模式一样,你的目标是使用一种经过测试、验证和可重复的方法来满足这些需求。

这个可重复模式的起点是应用程序本身,我们需要创建一种技术来清晰定义准确的应用程序配置数据,以便可以根据实际需要插入相应的值。

6.2 应用程序的配置层

如果你正在阅读一本有关云原生软件的书,那么肯定听说过十二要素应用程序(详情参见链接 33),这是一套推荐用于微服务的模式和实践。最常被提到的要素之

---

[1] 更多信息请参考 Justin Smith 的"The Three Rs of Enterprise Security: Rotate, Repave, and Repair"(网址参见链接32)。

6.2 应用程序的配置层

一是第三点，"在环境中存储配置"。当你在链接 33 所示的网页中阅读这篇简介的时候，你会发现它建议将应用程序的配置数据存储在环境变量中。

这种方法的部分依据是，实际上所有的操作系统都支持环境变量的概念，并且所有编程语言都提供了访问它们的方法。这不仅有助于利用应用程序的可移植性，而且还可以形成统一的运维基础，而无须在意应用程序运行在哪种系统上。例如，按照 Java 语言的指导，你可以使用如下代码来访问和使用存储在环境变量中的配置数据：

```
public Iterable<Post> getPostsByUserId(
    @RequestParam(value="userIds", required=false) String userIds,
    HttpServletResponse response) {
String ip;
ip = System.getenv("INSTANCE_IP");
...
}
```

虽然这种方法肯定能够让你的代码在不同的环境中使用，但是这个方法过于简单，存在一些缺陷。首先，环境变量并不是所有配置数据的最佳方法。很快你会看到，虽然它们在系统配置中工作得很好，但是不适合用在应用程序的配置中。其次，如果在代码中遍布 `System.getenv` 的调用（或者其他语言中类似的调用），那么跟踪应用程序的配置会变得非常困难。

更好的方法是在应用程序中使用一个特定的配置层，可以在这里查看某个应用程序的所有配置选项。随着你不断深入地学习本章的内容，会发现在处理系统环境配置和应用程序配置之间存在着很多不同，但应用程序配置层是这两者共有的，如图 6.3 所示。在 Java 中，这是通过使用属性文件实现的，大多数语言也都提供了类似的支持。

虽然你几乎肯定熟悉如何使用属性文件，但我想介绍一种查看它们的方法。在本章的后续部分，这种方法会让你更好地理解系统环境和应用程序配置之间的差异。

我在这里介绍的方法的最大优点，可能就是所有配置参数都定义在同一个地方（你

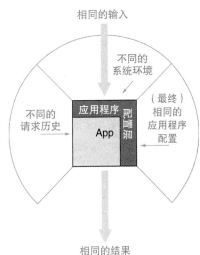

图 6.3 应用程序有一个特定的配置层，它可以同时支持系统环境和应用程序配置。这一层使得代码实现只管使用配置值，而不用管这些值是如何提供的

可能有几个属性文件，但是它们通常都位于项目目录结构中的相同位置）。这样开发人员或者运维人员可以轻松地查看和理解应用程序的配置参数。还记得我之前对 `System.getenv` 调用散布在代码中的评价吗？假设你是一名开发人员，正在接手一个现有的代码库，你不得不"搜索"几十个源代码文件，来检查应用程序的数据输入都有哪些地方，那感觉一定很不好。应该说，属性文件是一个好东西。

如今，使用属性文件的最大缺点是，它们通常被打包到了可部署的构件中（以 Java 为例，会被打包到 JAR 文件中），并且属性文件通常会含有实际的配置值。回顾一下我们在第 2 章所讲的内容，优化应用程序生命周期的关键之一，就是你拥有一个可以在整个软件开发生命周期中一直使用的可部署构件。因为在不同的开发、测试和生产环境中，环境是不同的，所以你可能想为每个环境创建不同的属性文件，但是这样就会需要不同的构建流程，产生不同的可部署构件。如果这样做，你就为"它在我的机器上可以工作"这种理由创造了机会。

> **提示** 好消息是，对于不同的部署，你可以选择使用不同的属性文件。

这时就需要使用我的方法。我认为属性文件首先是应用程序配置数据的一个规范，其次是作为应用程序环境的一个网关。属性文件定义了可以在整个代码中使用的变量，这些值应该在正确的时间，从最合适的数据源（系统环境或者应用程序配置）绑定到这些变量。所有语言都提供了在代码中访问这些属性文件中定义的变量的方法，我已经在示例代码中用到了它们。

让我们来看一下帖子服务中的 application.properties 文件，代码如清单 6.1 所示。

清单 6.1　application.properties

```
management.security.enabled=false
spring.jpa.hibernate.ddl-auto=update
spring.datasource.username=root
spring.datasource.password=password
ipaddress=127.0.0.1
```

为了从属性文件跟踪到代码，让我们仔细来看一下 `ipaddress` 这个属性。你可能还没有注意到它，但是我已经在日志输出中打印了一个应用程序实例的 IP 地址。当你在本地运行该示例时，会打印出 `127.0.0.1`。但是你可能已经注意到，当将这个服务部署到 Kubernetes 上时，日志文件输出的 IP 是不正确的。这是因为我一直在举一个反面的例子，即在属性文件中直接把值绑定到变量上。我很快就会开始修改这一点，我会在接下来的两节中讨论如何获取属性的值。现在，我想把重点放在属性文件是代码实现的一个抽象这一点上。在 PostsController.java 文件中，你可以找到清单 6.2 所示的代码。

清单 6.2　PostsController.java

```
public class PostsController {

    private static final Logger logger
        = LoggerFactory.getLogger(PostsController.class);
    private PostRepository postRepository;

    @Value("${ipaddress}")
    private String ip;

    @Autowired
    public PostsController(PostRepository postRepository) {
        this.postRepository = postRepository;
    }
...
}
```

本地变量 ip 是从环境变量 ipaddress 中获取的值。Spring 提供了 @Value 注解来简化这一过程。我们现在将各部分拼在一起，即在应用程序代码中首先定义可以被注入值的数据成员，然后从已定义的属性文件中获取到这些值。属性文件中包括所有的配置参数，这样不仅便于将值注入应用程序，而且还为开发人员或者运维人员提供了配置数据的规范。

但是，在属性文件中硬编码值 127.0.0.1 的做法不可取。有些语言，比如 Java，允许在启动应用程序时覆盖属性的值。例如，你可以使用以下命令启动帖子服务，为 ipaddress 提供一个新的值：

```
java -Dipaddress=192.168.3.42 \
    -jar cloudnative-posts/target/cloudnative-posts-0.0.1-SNAPSHOT.jar
```

但是我希望你重新回想一下十二要素中的第三点，"在环境中存储配置"。这个建议指出了一件重要的事情。的确，将参数值的绑定从属性文件转移到命令行，可以消除对不同环境采用不同构建的需求，但是不同的启动命令现在又会导致同样的问题。如果将 IP 地址存储在某个环境变量中，那么就可以使用以下命令在任何环境中启动应用程序。应用程序会根据它运行的环境来选择相应的值：

```
java -jar cloudnative-posts/target/cloudnative-posts-0.0.1-SNAPSHOT.jar
```

一些语言框架支持将环境变量映射为应用程序的属性。例如，在 Spring 框架中，设置环境变量 IPADDRESS 会导致该值被注入 ipaddress 属性。我们已经达到目标，但是我还将添加一层抽象，可以让你获得更大的灵活性和更简洁的代码。我会把属性文件中的 ipaddress 这行修改为：

ipaddress=${INSTANCE_IP:127.0.0.1}

现在，这行代码声明了 ipaddress 的值会取自环境变量 INSTANCE_IP，如果没有定义该环境变量，ipaddress 会被设置为默认值 127.0.0.1。你可以看到，在属性文件中使用值是没有问题的，只要它们存在合理的默认值，并且你要考虑如何在默认值不正确时覆盖这些值。

让我们把所有这些东西放在图 6.4 中。应用程序在代码中引用属性文件中定义的属性。属性文件充当应用程序配置参数的规范，清楚地表明哪些值可能来自环境变量。

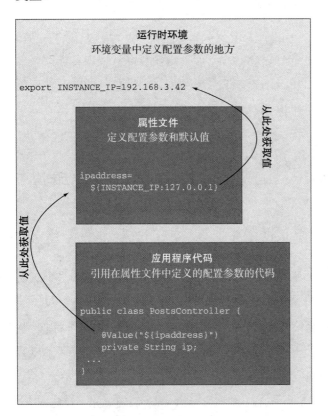

图 6.4 应用程序代码会引用在属性文件中定义的属性。属性文件充当应用程序配置参数的规范，可以表示值应该来自环境变量（INSTANCE_IP）

以这种方式编写的属性文件会被编译成一个单独的可部署构件，并且可以被实例化到任何环境中。这个构件可以适应不同的环境。这是一个好模式，也是在云环境中正确配置应用程序的一个关键模式！

但是我还没有告诉你整个故事。我所说的一切都是真实的，但是经过一些省略，我暗示了属性文件总是会从环境变量中获取值（尽管我也暗示了情况并不总是这样）。其实这只是配置数据的一个来源，还可能有别的选择。这种区别通常在于你使用的是系统配置，还是应用程序配置。现在我们分别来看一下。

6.3　注入系统/环境值

我所说的系统值是指那些应用程序的开发人员或者运维人员无法直接控制的值。什么？在我的大部分职业生涯中，这绝对是一个疯狂的概念。计算机和计算机程序都是确定性的，如果你以同样的方式提供所有的输入，就可以完全控制输出。放弃控制权会让许多软件专业人员感到不舒服。但是，迁移到云环境恰恰需要我们这样做。它把我们带回到第 2 章中提到的概念，变化是一定的，而不是例外。放弃一些控制权能够让系统更加独立地运行，最终使软件交付变得更加敏捷和高效。

系统变量反映了应用程序环境的一部分通常由基础设施来提供。我认为它代表了基础设施的状态。正如我们已经讨论过的，作为开发人员，我们的工作是确保应用程序的结果是一致的，尽管运行环境是无法预测并且不断变化的。

为了进一步解释这个问题，我们来看一个具体的示例，在日志输出中包含 IP 地址。在过去，你可能不会认为 IP 地址是不断变化的，但在云计算中确实如此。应用程序的实例不断被创建，每次都会获得一个新的 IP 地址。在云环境的日志中输出 IP 地址尤为如此，因为它可以让你跟踪哪个实例服务了指定的请求。

6.3.1　实际案例：使用环境变量进行配置

首先，我们回到 cloudnative-abundantsunshine 代码仓库，切换到 cloudnative-appconfig 目录和模块。通过查看相关帖子服务的代码，我们可以发现属性文件已经定义了 6.2 节中提到的 `ipaddress`。代码如下所示：

```
ipaddress=${INSTANCE_IP:127.0.0.1}
```

应用程序需要 `ipaddress` 的值，并且基础设施中有这样的值。那么，如何将两者联系起来呢？这就是十二要素中第三点所强调的，环境变量在几乎所有环境中都是常量，基础设施和平台知道如何提供它们，应用程序框架知道如何使用它们。这种通用性很重要。它允许你建立起统一的最佳实践，无论应用程序是运行在 Linux（任何一个发行版）、macOS 还是 Windows 上。

为了看到实际效果，我会把最新版本的应用程序部署到 Kubernetes 中。

搭建环境

就像前几章中的例子一样，为了运行示例程序，你需要安装以下几个标准工具：

- Maven
- Git
- Java 1.8
- Docker
- 某种 MySQL 客户端，例如，`mysql` 命令行
- 某种 Redis 客户端，例如，`redis-cli` 命令行
- Minikube

构建微服务（可选）

我需要你把这些应用部署到 Kubernetes，为此你需要一个 Docker 镜像，我已经提前构建好了这些镜像，并将它们上传到了 Docker Hub 中。因此，你没有必要自己从源代码构建微服务。不过，即使你自己不构建代码，研究代码也可以让你更好地理解这个过程，所以建议你了解以下步骤。

从 cloudnative-abundantsunshine 目录检出以下标签的代码，然后切换到 cloudnative-appconfig 目录：

```
git checkout appconfig/0.0.1
cd cloudnative-appconfig
```

然后，输入以下命令来构建代码（可选）：

```
mvn clean install
```

运行这个命令会构建这三个应用程序，在每个模块的 target 目录中生成一个 JAR 文件。如果希望将这些 JAR 文件部署到 Kubernetes 中，还必须运行 `docker build` 和 `docker push` 命令，如第 5 章"使用 Kubernetes 需要构建 Docker 镜像"

6.3 注入系统/环境值

的补充内容所述。如果这样做，你还必须修改 Kubernetes 的部署 YAML 文件指向你的镜像，而不是我上传的镜像。我不会在这里重复这些步骤，我提供的部署清单指向了存储在 Docker Hub 仓库的镜像。

运行应用程序

如果你还没有运行 Minikube，请按照 5.2.2 节介绍的内容启动它。为了重新开始，我们需要删除以前遗留下来的所有部署和服务。我已经为你提供了一个清理脚本：deleteDeploymentComplete.sh。这个简单的 bash 脚本可以让 MySQL 和 Redis 服务继续保持运行。如果调用这个脚本并且不指定其他选项，它只会删除三个微服务的部署，如果指定参数 all，则该脚本还会删除掉 MySQL 和 Redis。随后，你可以使用以下命令验证环境是否干净：

```
$kubectl get all
NAME                                READY   STATUS      RESTARTS   AGE
pod/mysql-75d7b44cd6-jzgsk          1/1     Completed   0          2d3h
pod/redis-6bb75866cd-tzfms          1/1     Completed   0          2d3h

NAME                      TYPE        CLUSTER-IP      EXTERNAL-IP   PORT(S)           AGE
service/kubernetes        ClusterIP   10.96.0.1       <none>        443/TCP           2d5h
service/mysql-svc         NodePort    10.107.78.72    <none>        3306:30917/TCP    2d3h
service/redis-svc         NodePort    10.108.83.115   <none>        6379:31537/TCP    2d3h

NAME                      READY   UP-TO-DATE   AVAILABLE   AGE
deployment.apps/mysql     1/1     1            1           2d3h
deployment.apps/redis     1/1     1            1           2d3h

NAME                                       DESIRED   CURRENT   READY   AGE
replicaset.apps/mysql-75d7b44cd6           1         1         1       2d3h
replicaset.apps/redis-6bb75866cd           1         1         1       2d3hNAME
```

请注意，你的 MySQL 和 Redis 仍在继续运行。

如果你已经清除了 Redis 和 MySQL，可以通过以下命令分别进行部署：

```
kubectl create -f mysql-deployment.yaml
kubectl create -f redis-deployment.yaml
```

一旦完成清理，部署的拓扑结构将如图 6.5 所示。你将分别拥有一个关系服务和帖子服务的实例，以及两个相关帖子服务的实例。要实现该拓扑结构，目前你可能仍然需要编辑部署清单。我们已经在第 5 章中详细介绍过这些步骤。

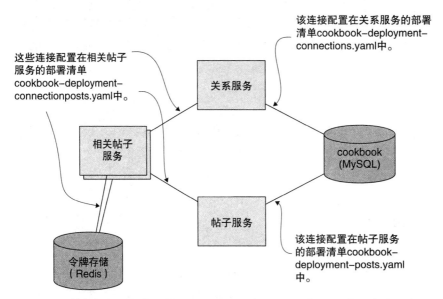

图 6.5 这种软件部署拓扑目前需要大量手工编辑服务之间的连接。随着你使用更多的云原生模式,这些手动配置将逐步被取代

1. 配置关系服务指向 MySQL 数据库。使用该命令查找到相应的 URL,并插入部署清单的适当位置:

   ```
   minikube service mysql-svc \
   --format "jdbc:mysql://{{.IP}}:{{.Port}}/cookbook"
   ```

2. 通过如下命令部署关系服务:

   ```
   kubectl create -f cookbook-deployment-connections.yaml
   ```

3. 配置帖子服务指向 MySQL 数据库。使用与第 1 步相同的命令获取 URL 地址,并将其插入部署清单的适当位置。

4. 部署帖子服务:

   ```
   kubectl create -f cookbook-deployment-posts.yaml
   ```

5. 配置相关帖子服务指向帖子、关系和用户服务,以及 Redis 服务。这些值可以通过以下命令分别找到:

Posts URL	`minikube service posts-svc --format "http://{{.IP}}:{{.Port}}/posts?userIds=" --url`
Connections URL	`minikube service connections-svc --format "http://{{.IP}}:{{.Port}}/connections/" --url`

	续表
Users URL	`minikube service connections-svc --format "http://{{.IP}}:{{.Port}}/users/" --url`
Redis IP	`minikube service redis-svc --format "{{.IP}}"`
Redis port	`minikube service redis-svc --format "{{.Port}}"`

6 部署相关帖子服务：

```
kubectl create -f cookbook-deployment-connectionsposts.yaml
```

现在部署已经完成了，但是我希望你注意一下部署清单中的几行代码，它们涉及当前讨论的话题——系统值的配置。清单 6.3 展示了相关帖子服务部署清单中的一部分内容。

清单 6.3　cookbook-deployment-connectionsposts.yaml

```yaml
apiVersion: apps/v1
kind: Deployment
metadata:
  name: connectionsposts
  labels:
    app: connectionsposts
spec:
  replicas: 2
  selector:
    matchLabels:
      app: connectionsposts
  template:
    metadata:
      labels:
        app: connectionsposts
    spec:
      containers:
      - name: connectionsposts
        image: cdavisafc/cloudnative-appconfig-connectionposts:0.0.1
        env:
        - name: INSTANCE_IP
          valueFrom:
            fieldRef:
              fieldPath: status.podIP
```

作为服务规范的一部分，你可以看到一个名为"env"的部分。没错，这就是你在应用程序上下文定义环境变量的地方。Kubernetes 可以支持几种提供值的方法。对于 `INSTANCE_IP`，它会从 Kubernetes 平台本身提供的属性中获取值。只有 Kubernetes 知道 pod（应用程序运行的实体）的 IP 地址，并且你可以在部署清单中通过属性 status.podIP 来访问该值。当 Kubernetes 建立运行时环境的时候，它会用 INSTANCE_IP 进行填充，然后通过属性文件将该值注入应用程序。

图 6.6 总结了所有这些过程。请注意，标记为"Linux 容器"的内容与图 6.4 中的完全相同。这里可以看到在 Kubernetes 上下文中运行的应用程序配置层。图 6.6 显示了上下文环境如何与应用程序配置层进行交互，这张图展示了很多复杂的东西。

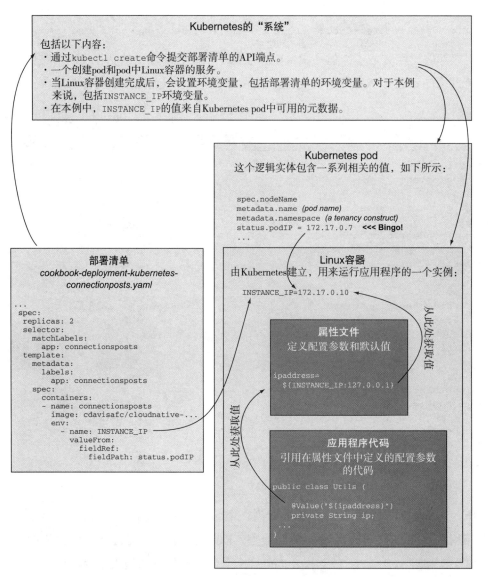

图 6.6　Kubernetes 负责部署和管理应用程序的实例，建立部署清单中定义的环境变量，并且从它为应用程序建立的基础设施中获取值

6.3 注入系统/环境值

- Kubernetes 有一个用来提供部署清单的 API。
- 该部署清单允许定义环境变量。
- 创建部署时，Kubernetes 会创建一个 pod 以及 pod 中的容器，并为每个容器提供一组配置值。

尽管过程相对复杂，但 Linux 容器中的内容仍然很简单，即应用程序从环境变量中获取值。通过将环境变量作为抽象，应用程序避免了了解 Kubernetes 的所有复杂性。这就是为什么十二要素应用程序的第三点是如此正确，因为它带来了简单和优雅。

如果查看图 6.6，你会看到一个名为 `Utils` 的 Java 类，它会生成一个将应用程序运行中的 IP 地址和端口组合起来的标签。然后该标签会被打印到日志输出中。在创建这个类的实例时，Linux 容器已经被初始化，包括设置 `INSTANCE_IP` 环境变量。这会导致初始化 ipaddress 属性，然后通过 `@Value` 注解注入 `Utils` 类。尽管与环境变量的话题无关，但为了完整起见，我还是要指出，我已经创建了 `ApplicationcontextAware` 类并实现了一个监听器，用于初始化嵌入式的 servlet 容器。此时，应用程序运行的端口已经设置完毕，可以通过 `EmbeddedServletContainer` 查找到。Utils.java 文件如清单 6.4 所示。

清单 6.4 Utils.java

```java
public class Utils implements ApplicationContextAware,
                ApplicationListener<ServletWebServerInitializedEvent> {

    private ApplicationContext applicationContext;
    private int port;
    @Value("${ipaddress}")
    private String ip;

    public String ipTag() {
        return "[" + ip + ":" + port +"] ";
    }

    @Override
    public void setApplicationContext(
                       ApplicationContext applicationContext)
                                    throws BeansException {
        this.applicationContext = applicationContext;
    }

    @Override
    public void onApplicationEvent(ServletWebServerInitializedEvent
                         embeddedServletContainerInitializedEvent) {
```

```
            this.port = embeddedServletContainerInitializedEvent
                       .getApplicationContext().getWebServer().getPort();
    }
}
```

好了,是时候来运行这一切了。

如果你已经重新创建了 MySQL 服务,请确保使用 MySQL 客户端连接到服务器,并通过 `create database` 命令来创建 cookbook 数据库。例如:

```
$mysql -h $(minikube service mysql-svc --format "{{.IP}}") \
  -P $(minikube service mysql-svc --format "{{.Port}}") -u root -p
mysql> create database cookbook;
Query OK, 1 row affected (0.00 sec)
```

除了我在这里详细介绍的内容之外,你也可以查看关系和帖子两个服务输出的日志,但是我真正想关注的是相关帖子服务的日志。让我们调用该服务几次。记得第一步先进行身份验证,然后可以通过一个简单的 `curl` 命令访问所关注对象发布的帖子列表:

```
# authenticate
curl -X POST -i -c cookie \
    $(minikube service --url connectionsposts-svc)/login?username=cdavisafc
# get the posts - repeat this command 4 or 5 times
curl -i -b cookie \
    $(minikube service --url connectionsposts-svc)/connectionsposts
```

Kubernetes 不支持日志聚合,这就是为什么我让你在查看日志之前先调用几次服务的原因。不过,现在你可以用一个命令来查看这两个实例的日志:

```
$ kubectl logs -lapp=connectionsposts
...
... : Tomcat started on port(s): 8080 (http) with context path ''
... : Started CloudnativeApplication in 16.502 seconds
... : Initializing Spring FrameworkServlet 'dispatcherServlet'
... : FrameworkServlet 'dispatcherServlet': initialization started
... : FrameworkServlet 'dispatcherServlet': initialization completed
... : Starting without optional epoll library
... : Starting without optional kqueue library
... : [172.17.0.7:8080] getting posts for user network cdavisafc
... : [172.17.0.7:8080] connections = 2,3
... : [172.17.0.7:8080] getting posts for user network cdavisafc
... : [172.17.0.7:8080] connections = 2,3
...
... : Started CloudnativeApplication in 15.501 seconds
... : Initializing Spring FrameworkServlet 'dispatcherServlet'
... : FrameworkServlet 'dispatcherServlet': initialization started
```

6.3 注入系统/环境值

```
... : FrameworkServlet 'dispatcherServlet': initialization completed
... : Starting without optional epoll library
... : Starting without optional kqueue library
... : [172.17.0.4:8080] getting posts for user network cdavisafc
... : [172.17.0.4:8080] connections = 2,3
... : [172.17.0.4:8080] getting posts for user network cdavisafc
... : [172.17.0.4:8080] connections = 2,3
```

通过这个示例，你可以看到两个相关帖子服务实例都有日志输出，日志之间没有交叉。该命令只是访问一个实例的日志并将其存储下来，然后对下一个实例执行相同的操作。但是，你可以看到输出来自两个不同的实例，因为每个实例都有自己的 IP 地址，其中一个实例的 IP 地址是 172.17.0.7，另一个是 172.17.0.4。这里你可以看到两个请求被发送到 172.17.0.4 上的实例，两个请求被发送到 172.17.0.7 上的实例。Kubernetes 会将值赋给每个实例的环境变量，同时应用程序可以通过属性文件获取到环境变量的值。这是一个好的设计。

让我们来看一下运行中的容器里的环境变量。你可以执行下面的命令，记得替换为你的 pod 的名称：

```
$ kubectl exec connectionsposts-6c69d66bb6-f9bjn -- env
PATH=/usr/local/sbin:/usr/local/bin:/usr/sbin:/usr/bin:/sbin:/bin...
CONNECTIONPOSTSCONTROLLER_POSTSURL=http://192.168.99.100:32119/
posts?userIds=
CONNECTIONPOSTSCONTROLLER_CONNECTIONSURL=http://192.168.99.100:30955/
↳ connections/
CONNECTIONPOSTSCONTROLLER_USERSURL=http://192.168.99.100:30955/users/
REDIS_HOSTNAME=192.168.99.100
REDIS_PORT=31537
INSTANCE_IP=172.17.0.7
KUBERNETES_PORT_443_TCP_PROTO=tcp
```

在输出的值列表中，你可以看到 INSTANCE_IP。根据你的指示（回想一下部署 YAML 文件中配置相关帖子服务的内容），Kubernetes 会将该值设置为 pod 的 IP 地址。这是一个由系统设置的应用程序配置值。

希望这个例子能帮助你把事情弄清楚。但即便如此，我还是想提供另一个有用的工具。我还没有提到，每个服务都有一部分其他的东西在运行。借助 Spring Boot 框架的魔力，应用程序可以自动生成一个 API 端点，你可以通过它来查看应用程序运行的环境。请运行如下命令查看输出：

```
curl $(minikube service --url connectionsposts-svc)/actuator/env
```

输出的 JSON 数据很长，但是可以看到它包含如下一些内容：

```
...
  "systemEnvironment": {
    "PATH": "/usr/local/sbin:/usr/local/bin:...",
    "INSTANCE_IP": "172.17.0.7",
    "PWD": "/",
    "JAVA_HOME": "/usr/lib/jvm/java-1.8-openjdk",
    ...
  },
  "applicationConfig: [classpath:/application.properties]": {
    ...
    "ipaddress": "172.17.0.7"
  },
...
```

在可用的数据中有你一直在操作的 IP 地址。在 systemEnvironment 键下，可以看到一个包含 INSTANCE_IP 键的映射，其值为 172.17.0.7。在 applicationConfig 键下还包含一个地址相同的 ipaddress 键。这个连接是根据你指定的值建立的。

输出中还包括了许多其他环境变量，以及许多与环境有关的值。例如，你可以看到进程 ID（PID）、操作系统版本（os.version），以及许多其他没有存储在环境变量中的值。这说明环境变量并不是应用程序唯一的配置来源。/actuator/env 端点输出的内容更多。现在我想介绍应用程序上下文环境的另一部分，以及获取值的另一种方式。

6.4 注入应用程序配置

你刚刚看到的配置数据，它们的值是运行时环境的一部分，并且由运行时平台负责管理，对于这种数据类型，使用环境变量不仅自然，而且有效。但是，当我第一次开始使用云原生系统时，我很难将十二要素的第三点——在环境中存储配置——与应用程序配置的管理结合起来。最终，答案是，需要有更好的方法来管理应用程序的配置数据。这就是我现在要向你介绍的内容。

对于在生产环境中运行应用程序，我认为配置数据和代码实现一样重要，因为没有正确的配置，软件就无法工作。这要求在管理应用程序的配置数据时，应该保持与管理代码一样的严格程度，尤其是对于以下几个方面：

- 数据必须持久化并且可以控制访问。这与处理源代码的方式非常相似，其中

6.4 注入应用程序配置

最常用的工具之一就是源代码控制（SCC）系统，比如 Git。

- 你永远不应该手动修改配置数据。如果需要修改配置，需要先修改源代码控制系统（Git）中的代码仓库，并通过一些操作来将配置应用到正在运行的系统中。
- 你必须对配置进行版本控制，这样才能重新部署某个版本的应用程序以及相应版本的配置，并始终保持一致。你还必须知道在什么时候使用了什么属性，以便知道运维行为（好的或者坏的）与哪些配置相关。
- 有些配置数据是敏感的，例如，分布式系统中组件之间通信的密码。这就需要使用特殊用途的配置仓库，例如，HashiCorp 的 Vault。

管理应用程序的配置数据，首先需要在我称为"配置数据存储"的地方进行管理（我避免将其称为"配置管理数据库"，因为这个术语会带来一些麻烦。它暗示了一些不适用于云原生环境的模式）。配置存储只是简单地存放键/值（Key/Value）对，维护版本历史记录，并提供各种访问控制机制。

管理应用程序的配置，其次是需要有一个服务，能够将版本化、具有访问控制的数据应用到应用程序上。这个服务会由一个配置服务器来提供。让我们开始将其添加到我们的示例中。

6.4.1 配置服务器简介

目前，我们对相关帖子服务提供了某种程度上的控制。在服务响应结果之前，用户必须先进行身份验证。但是，最终提供数据的两个服务，即关系服务和帖子服务，仍然是完全开放的。我们会用密码来保护这些服务，之所以使用密码而不是用户身份验证和授权，是因为这些服务不会被某个指定的登录用户调用，而是由另一个软件模块调用（在我们的示例中就是相关帖子服务）。例如，我们这里使用帖子服务来获取登录用户所关注对象的帖子，但是在其他场景中，可能用它来获取当前流行的任何博客的帖子。

我已经在示例中实现了使用密码的方式，在两个受保护的服务（关系服务和帖子服务）上配置了密码，并且在客户端（相关帖子服务）也配置了相同的密码。在详细介绍实现代码之前，让我们先看看如何管理这些值。

首先，需要创建一个源代码仓库来保存密码。你可以从头开始创建一个仓库，或者简单起见，你可以从链接 34 所示的网址复制（fork）一个我已经创建好的、超

第 6 章　应用程序配置：不只是环境变量

级简单的仓库。你需要将它复制（fork）到你的仓库中，这样可以在练习时提交更改。在这个仓库中，你可以看到一个与属性文件非常相似的文件，mycookbook. properties。这个文件中包含了两个值，一个是保护帖子服务的密码，另一个是保护关系服务的密码：

```
com.corneliadavis.cloudnative.posts.secret=123456
com.corneliadavis.cloudnative.connections.secret=456789
```

现在你需要搭建一个服务来管理对这些配置值的访问。因此你需要使用 Spring Cloud Configuration（详情参见链接 35）。Spring Cloud 配置服务器（Spring Cloud Configuration Server，SCCS）是一个开源项目，非常适合管理分布式系统（云原生软件）的配置数据。它可以作为一个基于 HTTP 的 Web 服务运行，并为整个软件交付生命周期提供数据组织支持。我建议你参考仓库中的 README 文件，以获得更多的详细介绍，现在我们要演示一些关键的功能。

让我们开始把之前介绍的内容组织起来。首先，检出（check out）如下仓库标签：

```
git checkout appconfig/0.0.2
```

接下来，启动和运行 SCCS。幸运的是，它已经提供了 Docker 镜像，并且我还为你提供了 Kubernetes 的部署清单。在使用常用命令创建 pod 之前，要先复制（fork）链接 34 所指向的仓库，然后用你的仓库的 URL 替换部署清单中的如下代码：

```
env:
  - name: SPRING_CLOUD_CONFIG_SERVER_GIT_URI
    value: "https://git***.com/cdavisafc/cloud-native-config.git"
```

然后通过如下命令来创建服务：

```
kubectl create -f spring-cloud-config-server-deployment.yaml
```

当服务启动并运行后，你可以通过如下命令来访问配置：

```
$ curl $(minikube service --url sccs-svc)/mycookbook/dev | jq
{
  "name": "mycookbook",
  "profiles": [
    "dev"
  ],
  "label": null,
  "version": "67d9531747e46b679cc580406e3b48b3f7024fc8",
  "state": null,
  "propertySources": [
```

6.4 注入应用程序配置

```
{
    "name": "https://git***.com/cdavisafc/cloud-native-
      config.git/mycookbook.properties",
    "source": {
      "com.corneliadavis.cloudnative.connections.secret": "456789",
      "com.corneliadavis.cloudnative.posts.secret": "123456"
    }
  }
 ]
}
```

SCCS 同时支持使用 Git 标签和应用程序配置文件来标记配置。在示例的配置仓库中，包含了 `mycookbook` 应用程序的两个配置文件，一个用于开发环境，一个用于生产环境。你可以执行之前的 `curl` 命令，将 `/dev` 替换为 `/prod`，即可输出生产环境配置文件的值。你现在搭建的服务如图 6.7 所示，一个存储配置的 GitHub 仓库，以及一个管理访问的配置服务。

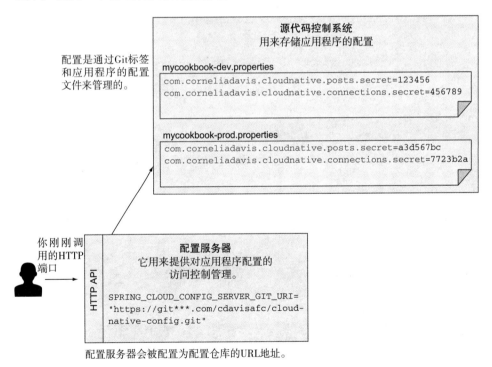

图 6.7 通过源代码控制系统来存储配置值，以及通过配置服务来控制对配置数据的访问，这样可以更好地管理应用程序的配置

让我们先来看看密码保护的两个服务。在清单 6.5 中，帖子服务（同样，以及

关系服务）会检查传递的密码是否与已配置的内容相匹配，并且相关帖子服务会负责传递已配置的密码。

清单 6.5　PostsController.java

```java
public class PostsController {
    ...

    @Value("${com.corneliadavis.cloudnative.posts.secret}")
    private String configuredSecret;

    ...
    @RequestMapping(method = RequestMethod.GET, value="/posts")
    public Iterable<Post> getPostsByUserId(
        @RequestParam(value="userIds", required=false) String userIds,
        @RequestParam(value="secret", required=true) String secret,
        HttpServletResponse response) {
        Iterable<Post> posts;

        if (secret.equals(configuredSecret)) {

            logger.info(utils.ipTag() +
                "Accessing posts using secret " + secret);

            // look up the posts in the db and return
            ...
        } else {
            logger.info(utils.ipTag() +
                "Attempt to access Post service with secret " + secret
                + " (expecting " + password + ")");
            response.setStatus(401);
            return null;
        }
    }
    ...
}
```

在相关帖子服务中，配置的密码会在请求中传递给关系服务或者帖子服务，代码如清单 6.6 所示。

清单 6.6　ConnectionsPostsController.java

```java
public class ConnectionsPostsController {
    ...

    @Value("${connectionpostscontroller.connectionsUrl}")
    private String connectionsUrl;
    @Value("${connectionpostscontroller.postsUrl}")
    private String postsUrl;
```

6.4 注入应用程序配置

```java
@Value("${connectionpostscontroller.usersUrl}")
private String usersUrl;
@Value("${com.corneliadavis.cloudnative.posts.secret}")
private String postsSecret;
@Value("${com.corneliadavis.cloudnative.connections.secret}")
private String connectionsSecret;

@RequestMapping(method = RequestMethod.GET, value="/connectionsposts")
public Iterable<PostSummary> getByUsername(
    @CookieValue(value = "userToken", required=false) String token,
    HttpServletResponse response) {

    if (token == null) {
        logger.info(utils.ipTag() + ...);
        response.setStatus(401);
    } else {
        ValueOperations<String, String> ops =
            this.template.opsForValue();
        String username = ops.get(token);
        if (username == null) {
            logger.info(utils.ipTag() + ...);
            response.setStatus(401);
        } else {
            ArrayList<PostSummary> postSummaries
                = new ArrayList<PostSummary>();
            logger.info(utils.ipTag() + ...);

            String ids = "";
            RestTemplate restTemplate = new RestTemplate();

            // get connections
            String secretQueryParam = "?secret=" + connectionsSecret;
            ResponseEntity<ConnectionResult[]> respConns
                = restTemplate.getForEntity(
                    connectionsUrl + username + secretQueryParam,
                    ConnectionResult[].class);
            ConnectionResult[] connections = respConns.getBody();
            for (int i = 0; i < connections.length; i++) {
                if (i > 0) ids += ",";
                ids += connections[i].getFollowed().toString();
            }
            logger.info(utils.ipTag() + ...);

            secretQueryParam = "&secret=" + postsSecret;
            // get posts for those connections
            ResponseEntity<PostResult[]> respPosts
                = restTemplate.getForEntity(
                    postsUrl + ids + secretQueryParam,
                    PostResult[].class);
            PostResult[] posts = respPosts.getBody();

            for (int i = 0; i < posts.length; i++)
```

```
                postSummaries.add(
                    new PostSummary(
                        getUsersname(posts[i].getUserId()),
                        posts[i].getTitle(),
                        posts[i].getDate())); 

            return postSummaries;
        }
    }
    return null;
}
...
}
```

除了在实际代码中永远不会做的事情之外（我稍后会介绍它们），这些应该都不会让你感到惊讶。但是，我们再来了解一下配置值是如何注入应用程序的。相关帖子服务的属性文件如清单 6.7 所示。

清单 6.7　相关帖子服务的属性文件 application.properties

```
management.endpoints.web.exposure.include=*
connectionpostscontroller.connectionsUrl=http://localhost:8082/connections/
connectionpostscontroller.postsUrl=http://localhost:8081/posts?userIds=
connectionpostscontroller.usersUrl=http://localhost:8082/users/
ipaddress=${INSTANCE_IP:127.0.0.1}
redis.hostname=localhost
redis.port=6379
com.corneliadavis.cloudnative.posts.secret=drawFromConfigServer
com.corneliadavis.cloudnative.connections.secret=drawFromConfigServer
```

如前所述，这里定义的属性可能只是作为占位符。这两个密码的值都是 `drawFromConfigServer`（这不是必需的，而是任意指定的。它也可以被设置为 foobar）。然后，相关帖子控制器有如下对应的代码：

```
@Value("${com.corneliadavis.cloudnative.posts.secret}")
private String postsSecret;
@Value("${com.corneliadavis.cloudnative.connections.secret}")
private String connectionsSecret;
```

这看起来很熟悉，因为它与获取 `INSTANCE_IP` 系统配置值所使用的技术完全相同。这就是问题的关键。应用程序配置层可以采用完全相同的形式，不管注入的是系统 / 环境的值，还是应用程序配置的值。

图 6.8 显示了如何将应用程序的配置数据注入正在运行的应用程序。注意，以属性文件为中心的应用程序配置层，仍然如图 6.4 所示的那样简单。唯一改变的是，

6.4 注入应用程序配置

由配置服务器为属性文件中定义的变量提供绑定的参数值。

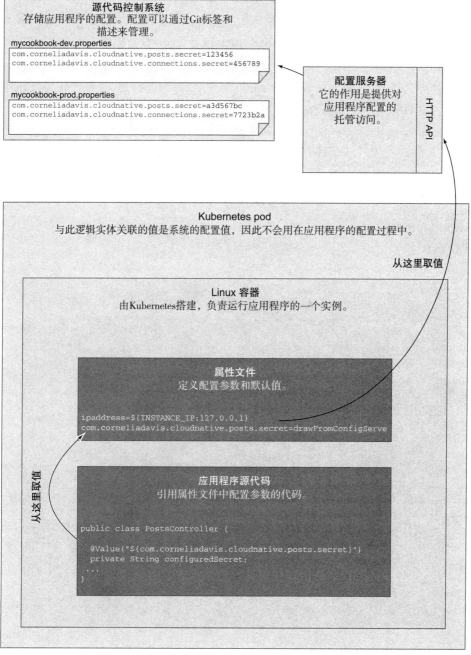

图6.8 应用程序配置层依赖属性文件来注入值,这些值是通过配置服务器获得的

170　第 6 章　应用程序配置：不只是环境变量

现在让我们将应用程序配置和系统配置放在一张图中，如图 6.9 所示。这正是我们在示例程序中所实现的。再次需要注意的是，应用程序配置层中使用的模式对于两种配置数据都是相同的，不同的是将值注入应用程序配置层的方式。对于系统的配置数据，它由平台（在本例中是 Kubernetes）负责，通过环境变量注入。对于应用程序的配置数据，你正在使用 Spring 框架（还有其他框架，请参考我将来关于该主题的博客文章），它会调用 Spring Cloud 配置服务器的 HTTP 接口，并且允许你对应用的配置数据进行版本管理。

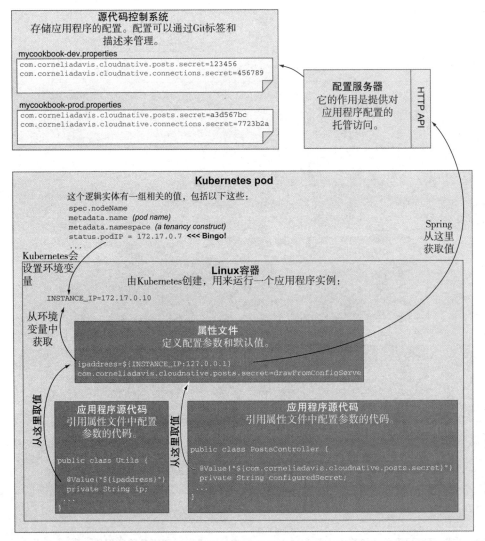

图 6.9　属性文件作为系统配置和应用程序配置的公共配置层。系统配置数据通过环境变量注入，应用配置数据通过配置服务注入

6.4.2 安全方面的额外需求

我用这种方式实现了示例程序，以便你能更加容易地理解云原生应用程序的主要设计模式。但是有几件事你不应该像示例中这样做：

- 永远不要在查询字符串上传递密码，应该在 HTTP 头信息或者正文中传递。
- 永远不要在日志文件中输出密码的值。
- 在配置存储中，要对敏感的信息进行加密。虽然 SCCS 支持加密，但是 HashiCorp 的 Vault 等技术为密码管理提供了更多的服务。
- 你可能会注意到，帖子服务和关系服务的控制器中使用了相同的代码。这些代码分散了方法的主要功能，并且过于频繁重复。大多数现代编程框架都提供了与安全相关的抽象，可以更优雅地配置这方面的功能。

6.4.3 实际案例：使用配置服务器的应用程序配置

好吧，如果所有应用程序中配置的密码都是匹配的，那么目前的实现方式会工作得很好。但是，这直接涉及配置云原生应用程序的一个关键问题，它们是高度分布式的！注意，mycookbook 属性并不是为单个应用程序定义的；相同的配置会应用到多个不同的微服务。我已经有了一个配置密码的地方，需要一些运维实践将它们以正确的方式组合在一起。

所有这些都准备好了，来验证一下我们的设计是否如宣传的那样有效。

搭建环境

如果你已经按照 6.3.1 节中的示例说明搭建了环境，那么这里就不需要再做其他工作了。与往常一样，欢迎你从源代码来构建可执行文件、构建 Docker 镜像并将它们上传到 Docker Hub 仓库。不过我已经这样做了，并且将 Docker Hub 的文件提供给你。所有的配置文件都指向相应的 Docker 镜像。

运行应用程序

首先，清理部署到 Kubernetes 的微服务。回忆一下，我提供了一个脚本，让你只需运行一个命令就可以做到这一点：

```
./deleteDeploymentComplete.sh
```

在重新部署服务之前，需要将部署流程与配置服务器连接起来。你已经部署了配置服务器（如果还没有像前面描述的那样部署配置服务器，请现在就部署）。现在必须将配置服务器的地址注入代码，以便 Spring 框架能够找到并注入配置值。在 Kubernetes 针对每个服务的部署清单中，可以找到 SCCS URL 的定义或者环境变量。需要在所有三个位置（帖子、关系和相关帖子的部署清单）中都指定 URL。可以通过以下命令获得正确的值：

```
minikube service --url sccs-svc
```

假设 Redis 和 MySQL 服务仍然在运行，那么这些 URL 不需要更新。可以使用以下两个命令，来部署帖子服务和关系服务：

```
kubectl create -f cookbook-deployment-connections.yaml
kubectl create -f cookbook-deployment-posts.yaml
```

同样，现在必须更新相关帖子服务的部署清单，指向帖子服务和关系服务的 URL 属性。还记得吗，可以通过如下方式来获得这些值：

Posts URL	`minikube service posts-svc --format "http://{{.IP}}:{{.Port}}/posts?userIds=" --url`
Connections URL	`minikube service connections-svc --format "http://{{.IP}}:{{.Port}}/connections/" --url`
Users URL	`minikube service connections-svc --format "http://{{.IP}}:{{.Port}}/users/" --url`

现在可以用如下命令来部署相关帖子服务：

```
kubectl create -f cookbook-deployment-connectionsposts.yaml
```

像之前一样调用相关帖子服务，首先进行身份验证，然后获取帖子列表：

```
# authenticate
curl -X POST -i -c cookie \
    $(minikube service --url connectionsposts-svc)/login?username=cdavisafc
# get the posts
curl -i -b cookie \
    $(minikube service --url connectionsposts-svc)/connectionsposts
```

好像什么都没变，是吧？这正是你所期望的，但是让我们查看一下帖子服务的日志，了解一下背后的情况：

```
... : [172.17.0.4:8080] Accessing posts using secret 123456
... : [172.17.0.4:8080] getting posts for userId 2
... : [172.17.0.4:8080] getting posts for userId 3
```

6.4 注入应用程序配置

可以看到，使用密码 123456 访问了帖子服务。显然，密码被正确地配置到了调用者（相关帖子）和被调用者（帖子）服务中。

现在，当需要更新应用程序的配置时，会发生什么？你希望在单个服务的所有实例中都注入新值，当然，如果要将值注入不同的服务，也必须进行协调。我们来试试。需要做的第一件事是更新 mycookbook 开发环境配置文件中的密码，可以将值更改为你喜欢的任何值。然后必须将这些更改提交到代码仓库，并推送到 GitHub。在 cloud-native-config 目录下执行如下命令：

```
git add .
git commit -m "Update dev secrets."
git push
```

如果你现在发起最后的 curl 请求来访问相关帖子的数据，那么一切都会按照预期进行。但是如果你再次查看帖子服务的日志文件，会看到帖子服务仍然会使用密码 123456。现在我们将进入第 7 章的主题——应用程序生命周期。你必须仔细考虑何时可以改变应用程序的配置。从目前的示例中，可以看到还没有使用新的密码。

但是在启动时更换密码是可以的，所以你可以删除 pod，重新启动帖子服务。因为已经实例化了一个 Kubernetes 部署，指定了帖子服务的一个实例应该总是处于运行状态，所以 Kubernetes 会立即为帖子服务创建一个新的 pod，并且在 pod 中创建一个新的实例：

```
kubectl delete pod/posts-66bcfcbbf7-jvcqb
```

现在再次向相关帖子服务发起 curl 请求。你会看到发生了如下两件事情：

- 首先，服务调用会失败。
- 其次，查看一下帖子服务的日志文件就会知道原因：

  ```
  ... : [172.17.0.7:8080] Attempt to access Post service with secret
        123456 (expecting abcdef)
  ```

当删除并重新创建帖子服务时，帖子服务会获取到新的配置值。但是，相关帖子服务仍然使用的是旧的配置，因此发送的是旧的密码，但是对方期望的是新的密码。显然，需要跨多个实例（有时是跨多个服务）协调更新配置，但在此之前，你必须理解应用程序生命周期的问题和模式。这是我们下一章的主题。

小结

- 云原生软件架构需要重新评估配置应用程序的技术。一些现有的方法仍然存在,一些新的方法也是有用的。
- 云原生应用程序的配置并不像在环境变量中存储配置那么简单。
- 属性文件仍然是正确处理软件配置的重要部分。
- 使用环境变量进行配置非常适合于系统配置数据。
- 可以使用 Kubernetes 等云原生平台,将环境配置的值传递给应用程序。
- 应该像对待源代码一样对待应用程序的配置:在源代码仓库中管理配置、进行版本控制和访问控制。
- 配置服务器(例如,Spring Cloud Configuration Server)可以用来注入应用程序的配置值。
- 你现在必须考虑何时应用配置,它与云原生应用程序的生命周期息息相关。

7 应用程序生命周期：考虑不断的变化

本章要点

- 零停机时间升级：蓝/绿升级和滚动升级
- 金丝雀升级
- 密码轮换模式
- 应用程序生命周期和故障排除
- 应用程序健康检查

应用程序的生命周期看起来非常简单：应用程序被部署、启动、运行一段时间，最后关闭。除了意外"关闭"时可能带来的混乱之外，这个生命周期通常是乏味的（我们希望如此）。那么，为什么我们要专门用一整章来讨论这个话题呢？

在回答这个问题之前，让我先明确一下对应用程序生命周期的定义。在这里所涉及的应用程序生命周期，与我已经大量讨论过的软件开发生命周期（SDLC）截然不同。后者是关于软件从开发到交付过程中所经历的各个阶段——从设计，到开发，然后到通过单元测试、集成测试，最终交付到生产环境。

应用程序的生命周期指的是应用程序已经准备好进行生产部署之后，要经历的所有阶段。它的核心关注点不是软件开发或者管理，而是应用程序本身的状态。应用程序是否已经部署？是否还在运行？是否停止（因为故障或人为停止）？虽然将部署中的应用程序认为是 SDLC 的一部分是很自然的，但是这里关注的重点是应用程序的运行状态。

为了帮助你理解本章的内容，并为后面的解释提供基础，我们在图 7.1 中描绘了一个应用程序在其生命周期中所经历的基本阶段。你可能会注意到，我已经在应用程序生命周期中排除了创建可部署构件的过程，这是软件开发生命周期的一部分。另一方面，你可能会感到奇怪，我在应用程序生命周期中包含了一个已分配的环境，后面又包含了一个已销毁的环境。请耐心一些，我保证你很快就会弄清楚这些问题的。

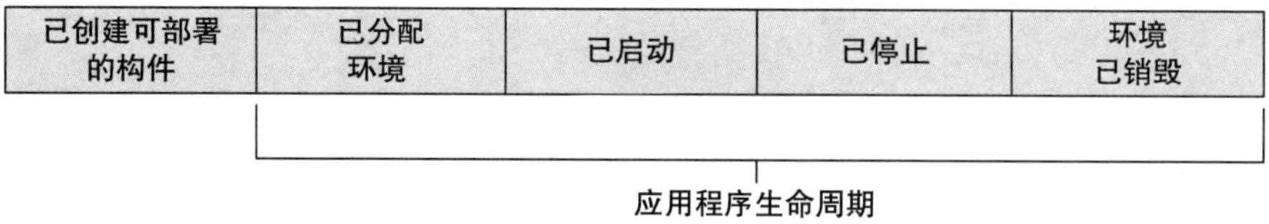

已创建可部署的构件	已分配环境	已启动	已停止	环境已销毁

应用程序生命周期

图 7.1　对应用程序生命周期中各个阶段的简单描述

我们都知道，应用程序会启动和停止，是什么让它们在我们的云计算环境中变得不同？事实上，就是因为云原生应用程序的两个特征：高度的分布式以及不断的变化。

让我们从前者开始。你已经知道，即使部署了一个应用程序的多个实例，它们也需要作为单个逻辑实体一起工作。那么，如何正确地让应用程序使用新的配置，或者部署新版本呢？你是统一对所有的应用程序都进行操作，还是用其他的方法？（请回头看看图 6.1，它指出"最终"所有实例必须具有相同的配置，这是为本章内容所做的铺垫。）

至于不断的变化，请回忆一下，应用程序会定期地四处移动，要么是因为故障，要么是因为处理操作系统漏洞等管理事件。除了这些原因会导致应用程序启动和停止之外，我们还需要考虑级联效应。例如，当另一个微服务依赖于刚刚启动的应用程序时，可能还需要将新的运行信息提供给依赖它的应用程序。

云原生应用程序的生命周期与过去几十年运行的应用程序不同，这对应用程序的设计提出了新的要求。这就是为什么我把整个章节的重点放在应用程序的生命周期上。

在简要回顾了一些与应用程序生命周期相关的运维问题之后，我将讨论拥有多个实例的应用程序的生命周期(这是你经常会遇到的情况)。正如我们已经弄清楚的，软件是由许多在一起工作的应用程序组成的，因此我将讨论一个应用程序的生命周期如何影响另一个应用程序的生命周期。然后，我将介绍我们的应用程序目前所处的环境，以及这对设计应用程序意味着什么。在一个不断变化的环境中，对应用程序健康状态进行准确的评估变得至关重要，如果有必要，还应该根据它采取相应的行动，我们也将对此进行讨论。最后，我将从应用程序生命周期的角度简要介绍无服务器编程，或者更确切地说，函数即服务的编程范式。

7.1 运维同理心

应用程序生命周期更多的是与运维有关而不是与开发有关，但是作为一名开发人员，需要交付可以在生产环境中有效管理的软件。对应用程序运维人员的同理心是贯穿本节的主题。见鬼，这些天你可能既要做运维又要做开发，所以不要把注意力放在这里。让我们来看一些运维方面的主要关注点，以及对云原生生命周期的影响。

- 可管理性——运维的首要关注点之一是管理应用程序部署的可持续性。如果可能，管理功能应该是自动化的，当需要执行任何管理任务时，应该高效、可靠地完成任务。软件的设计方式会对此产生显著的影响。例如，如果发现应用程序的配置需要更改，几乎总是要重新启动应用程序，那么你应该仔细考虑是选择使用配置还是输入数据。

- 弹性——在本书的最后，你会对那些运行应用程序的平台有一个深入的理解，即使它们周围在不断地发生各种变化。我有时喜欢把这些平台想象成机器人，它们处理着人类曾经做过的所有运维任务。但问题在于，机器人不会阅读发布说明。这句话说得有点含糊其词，而且只是打个比方，但它的目的对于应用程序生命周期来说是正确的，就像它对于云原生软件的许多其他方面一样。例如，如果像 Kubernetes 这样的系统，会在应用程序失败时为其创建一个新的实例，那么它必须有一种非主观的方式来检测应用程序是否失败。应用程序的开发人员需要确保平台能够通过一种安全的方法，来检测到应用程序何时出现失败。

- 响应性——软件的用户必须能及时地接收到输出，但是如何算是及时取决于实际情况。例如，如果用户正在将某个幻灯片上传至 SlideShare，其他人即使在几分钟内无法使用该幻灯片，也没有关系，因为需要时间进行格式转换。另一方面，如果用户第一次访问一个新闻聚合网站，发现页面需要花费几十秒的时间来打开，那么这可能就是他们最后一次访问这个网站了。许多因素会影响应用程序的响应性，应用程序生命周期与用户行为的关系就是其中之一。例如，如果一个应用程序在用户发出请求后才能启动，用户会感受到启动的成本。在前一种情况中，他们可能不会注意到。但是在后一种情况下，成本可能意味着客户留存和流失之间的区别。

- 成本管理——云计算最大的承诺之一就是成本效率。你可以只使用当前需要的资源，而不是为峰值流量分配、配置和管理基础设施，或者过高地估计峰值流量。能够根据流量负载伸缩或者调整应用程序的容量，甚至能够优化任何空闲的计算时间，这是 IT 成本管理中的一个强大能力。这些伸缩能力意味着新的应用程序会被启动，旧的应用程序会被停止。优雅地处理这些应用程序生命周期事件是至关重要的。

在本章的后续部分，我将介绍许多用来解决上述问题的模式。

7.2 单实例应用程序生命周期和多实例应用程序生命周期

让我们从一个具体的例子开始，以帖子服务为例。在第 6 章中，你向该服务添加了一些配置，一个用于验证身份的密码。假设有多个应用程序的实例，每个实例都使用相同的配置（相同的密码）运行。一切都很顺利，应用程序的功能完全符合你的需要，然后，糟糕，你无意中将包含密码的 mycookbook.properties 提交到了 GitHub 的某个公共代码仓库中。

虽然你很快意识到自己的错误并撤回了文件，但你的密码可能已被泄露，因此需要更换这个密码。为此，你需要更改配置源文件，并且通过配置服务器将配置发送给所有正在运行的应用程序。这里就需要考虑应用程序生命周期。

警告 没错，我意识到在示例代码中，已经让你做了这件错误的事情，在公共的 GitHub 代码仓库中存储密码。我需要你把注意力放在第 6 章的注释上，我在这里重申一下，密码应该存储在专门为处理敏感信息而设计的仓库中，例如 HashiCorp 的 Vault 或者 Pivotal 的 CredHub。我在示例中使用 GitHub 只是为了让演示过程更加简单。

7.2 单实例应用程序生命周期和多实例应用程序生命周期

我上面说的是,"将配置发送给正在运行的应用程序",但这种说法有点模糊。我的意思是,我想让你滚动更新应用程序,即用新的配置来重新启动应用程序。这正是我在第 6 章结尾实现的做法,我让你删除了帖子服务的 pod,然后让 Kubernetes 创建一个新的 pod 和实例。这是关于应用程序配置和应用程序生命周期的第一课。

注意 让正在运行的应用程序更新配置时,应该重新创建应用程序,然后重新启动以应用新配置。

你可能会对这种做法感到不舒服。重新启动应用程序可能看起来很浪费,因为启动一个应用程序需要一些时间,而重新创建运行时环境则需要更长的时间和更多的成本。如果熟悉 Spring 框架,你可能已经想到了可以启用 /refresh 端点,当它被调用时会刷新应用程序的上下文,而不需要完全重新启动应用程序。

为了解释这其中的原因,让我们考虑以下场景。假设你部署了帖子服务的两个实例。正如我已经介绍过的,当运行一个应用程序的多个实例时,云原生应用程序架构会让这些实例作为一个逻辑上的应用程序来响应结果。当用户向帖子服务发出请求时,无论到达哪个实例,结果都是相同的。图 7.2 显示了前面架设了负载均衡器的两个帖子服务实例。

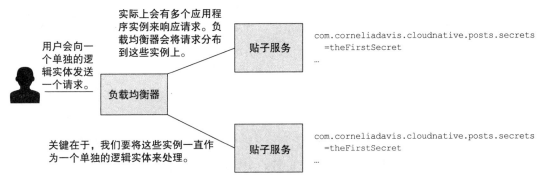

图 7.2 帖子服务的两个实例以相同的配置运行,表现为一个单独的逻辑应用

现在,让我们考虑一下,如果向 /refresh 端点发送 curl 命令会发生什么。curl 命令只能到达一个实例,因此只能更新该实例的密码。现在,如图 7.3 所示,一个实例使用 theFirstSecret 密码运行,另一个实例使用 theSecondSecret 密码运行。现在很容易看到,当发出如下请求时,如果负载均衡器将请求转发到第一个实例,请求将成功,但是如果转发到了第二个实例,那么请求将失败。这时,

这两个实例肯定无法作为一个单独的、逻辑上的应用程序：

```
$ curl http://myapp.example.com /posts?secret=theFirstSecret
```

于是你可能认为答案很简单，只需遍历所有实例并更新配置。从最终结果来看，你是对的，但是以始终保持运行的方式遍历实例有点难办。你必须考虑一些因素，包括所有应用程序实例的循环方式，以及升级过程中整个系统的状态。

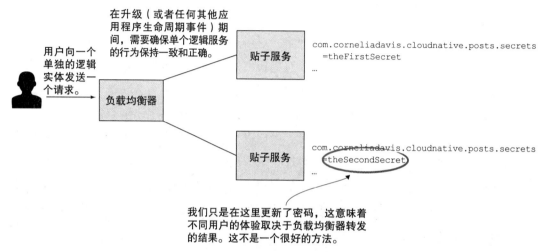

图 7.3 由于帖子服务的两个实例使用了不同的配置，因此请求的结果会有很大的不同，这取决于请求是被路由到第一个实例还是第二个实例。即使在零停机时间的升级期间，也必须避免这种情况

要让所有实例都更新密码，你可能想要发出另一个 /refresh 的 curl 命令，但这不能保证请求一定会到达另一个应用程序实例。这就是为什么使用 /refresh URL 是行不通的。你可能会试图通过一个用户界面来执行管理功能。升级所有应用程序实例的配置绝对是一个管理功能，于是你需要使用一个工具来操作每个实例，并且能够控制这个过程。你不能受负载均衡器的摆布。因此，升级所有实例配置的管理功能必须位于负载均衡器的后面，而不是前面。

在 7.3 节的具体示例中，我将向你展示其中的一种控制工具（提醒：它在 Kubernetes 中），但是现在让我们先来继续讨论，并且假设已经存在这样一个控制功能。尽管使用 /refresh URL 的机制并不正确，但其目的是刷新应用程序的配置，并且你希望在零停机时间的前提下应用这个新的配置。让我们考虑以下三个选择：

- 在应用程序运行时更改配置。

- 建立另一组实例,所有这些实例都拥有新的配置,然后将所有流量从第一组实例切换到第二组实例。这是一个蓝/绿升级。
- 滚动部署应用程序的实例,用一组新实例替换一组旧实例的子集,然后继续下一个子集。这是一个滚动升级。

出于几个原因,我想立即排除掉第一种选择。首先,许多应用程序和框架只允许应用程序在启动时更改配置。例如,以我们在示例中使用 .properties 文件为例,这无疑是一种很好的实践方式,但是它只允许在上下文刷新之后才能够更改应用配置,这与重新启动应用程序的方式非常接近(并且与 /refresh 端点的方式完全相同)。

此外,如果不重新启动应用程序,配置变更可能会使应用程序进入无法重现的状态。例如,应用程序在启动时会加载引用数据,数据的位置由配置参数提供。如果更改了配置参数并从新的位置加载数据,那么加载到内存中的引用数据会是第一次加载和第二次加载的组合,应用程序的功能也会反映出这种状态。现在假设应用程序发生崩溃,你希望排除故障,但是无法创建一个与崩溃时状态相同的实例。正如已经多次看到的,在频繁创建应用程序实例的云环境中,可重现的应用程序部署是绝对必要的。

注意 在应用程序启动时应用配置(如图 7.4 所示)可以大大简化运维工作,因此强烈建议你这样做。

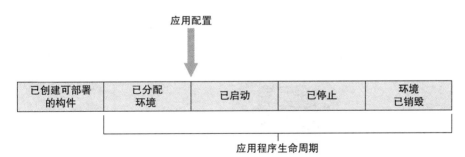

图 7.4 最好在启动应用程序的时候应用配置。大多数应用程序的框架都是这样做的

第二个和第三个选择在云原生应用环境中都很有价值。让我们更深入地介绍它们。

7.2.1 蓝/绿升级

从开发人员的角度来看，如果要更新运行中的应用程序的配置或者版本，蓝/绿升级应该是最简单的方法。运行中的版本称为"蓝色"版本，希望部署的新版本称为"绿色"版本。

图 7.5 假设你部署了云原生应用程序的多个实例，描述了整个蓝/绿升级的过程。

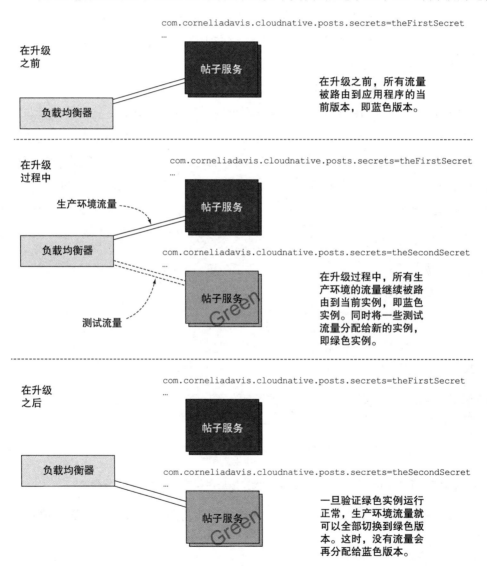

图 7.5 当应用程序无法同时运行多个版本时（即多个版本不能作为单个逻辑实体来运行），可以使用蓝/绿升级

7.2 单实例应用程序生命周期和多实例应用程序生命周期

首先,有一个负载均衡器为所有蓝色实例分配流量。在下一步中,要部署相同数量的新的绿色版本实例,但是仍将所有生产环境的流量路由到蓝色实例。然后,可以向绿色实例分配一些流量来检查它们运行是否正常,通过验证之后,就可以将所有流量从蓝色版本切换到绿色版本。

> **注意** 从应用程序设计的角度来看,蓝/绿升级比滚动升级更加简单,原因在于前者同一时间只能运行一个应用程序的版本。

上面的"注意"内容实际上很有趣。在生产环境中,一次只能使用一个应用程序的版本,这是你所习惯的,但是当取消这个假设之后,它就会为你提供强大的能力。滚动升级就是其中之一。

7.2.2 滚动升级

对于运行中的应用程序来说,滚动升级可以实现零停机时间升级,并且就像蓝/绿升级一样,在完成升级时,应用程序的所有流量会被路由到新的版本。然而,两者的升级过程有明显差异。

图 7.6 描述了这个过程。一开始,所有的流量都是在应用程序当前版本的多个实例之间进行负载均衡的。在升级过程中,流量会改为在应用程序原始版本的实例和新版本的实例之间进行负载均衡。也就是说,应用程序的多个版本会同时承接流量!在确认第一组新版本的实例运行良好之后,可以继续升级下一组,以此类推。滚动升级完成时,所有旧版本的应用程序实例会被新的版本取代。

我再次提请你注意图 6.1,它表明应用程序的所有实例最终都会以相同的配置运行。现在你应该可以清楚地理解我的意思了。

> **注意** 在滚动升级过程中,应用程序的流量会由应用程序的多个版本来处理。

上面"注意"的内容实际很有趣。回想一下我们的一个基本前提:一组独立的应用程序实例应该作为一个整体提供功能。不管哪个应用程序实例响应了调用请求,响应的结果应该都是相同的。思考一下这个问题。这意味着你(可能是应用程序的架构师或者开发人员)需要确保应用程序的设计可以支持这种部署模式。现在,让我在这里澄清一下:有些时候这可能是做不到的,但是只有你在设计中意识到这个问题，才有可能使用滚动升级的部署模式。

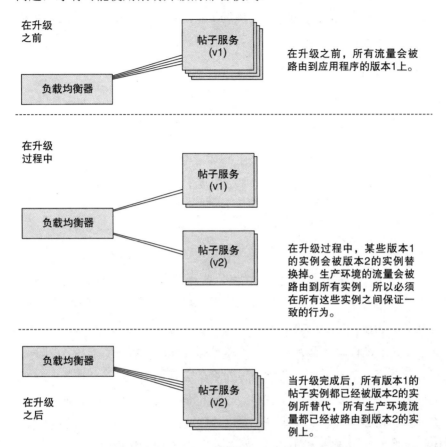

图 7.6 在滚动升级过程中，生产环境流量会被路由到应用程序的多个版本上。应用程序必须整体上像一个单一的逻辑实体一样，即使请求会被分布到多个版本的实例上

7.2.3 并行部署

毫无疑问，创建一个允许滚动升级的软件需要格式小心（稍后我将演示一个具体的示例）。你可能想知道，如果蓝/绿升级和滚动升级最后会产生相同的结果，即所有实例都切换到新版本，那么为什么还要选择滚动升级。简短的回答是"很多原因"，但是我特别提醒你注意以下两点。

首先，蓝/绿升级比滚动升级需要更多的资源。在升级期间，为了保持应用程序的容量稳定，你需要与蓝色实例一样多的绿色实例。只有当部署完毕并且所有的流量被切换到新版本之后，旧版本所使用的资源才能被释放。而在滚动升级中，你可以选择每组新版本的实例数量，这样就可以控制升级过程所需的资源。你可以在图 7.7 中看到这种对比。

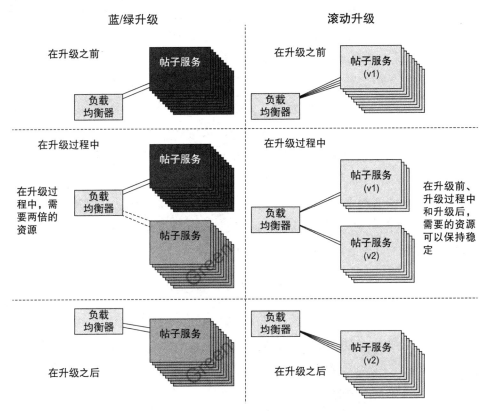

图 7.7　在决定使用蓝 / 绿升级和滚动升级时需要考虑的一个因素是资源需求。请注意，在蓝 / 绿升级期间，帖子服务 API 所需要的资源翻了一倍，而滚动升级仅仅略微增加了一点点资源需求

其次，允许多个版本同时运行的应用程序设计，会带来比蓝 / 绿升级更多的好处。其中之一就是敏捷性。

你的云原生软件是由许多个应用程序组成的，每个应用程序在任何时间都有多个实例在运行，这样做的主要目的是让软件可以更频繁地升级。从之前介绍的内容中可以知道，需要组成软件的所有微服务同时升级，实际上会阻碍这个速度。这类方法需要跟踪不同组件和团队的数十个甚至数百个依赖项，并且要求它们在部署到生产环境之前强行对齐，从而产生像噩梦一般的甘特图。[1]

---

[1] 维基百科上介绍了有关甘特图的更多信息。

现在，假设你的应用程序能被许多其他组件使用。当你想要升级应用程序时，是否希望所有的消费者都必须同时适应新的应用程序？答案当然是否定的。如果你构建的应用程序可以同时运行多个版本，那么你可以让一些消费者仍然使用旧的版本，而让另一些消费者使用新的版本。我们称之为并行部署。

并行部署的另一个用途是支持灰度发布。我经常用来解释这个概念的例子是电子商务的推荐引擎。虽然我对此并没有直接的了解，但我敢打赌亚马逊的推荐引擎会同时运行多个版本。向购物者推荐相关商品的算法非常复杂，几乎可以肯定是由机器学习生成的模型驱动的。对算法稍做调整，甚至只是对模型进行不同的配置，就可以产生不同的点击率和购买量。为了优化结果，电商平台会让多个版本同时运行一段时间，分析结果，然后保留结果更好的版本。

并行部署的功能非常强大，但是它们确实增加了软件版本控制的重要性。当流量被路由到一个应用程序的多个版本时，版本必须是可识别的，并且软件运行的最终版本是由可部署构件的版本和实例使用的配置版本共同组成的。

注意 运行中的版本 = 可部署构件的版本 + 应用配置的版本

控制可部署构件的版本应该由构建管道来完成。应用程序配置的版本控制是通过源代码控制系统来实现的。例如，如果你使用的是 Git，那么运维人员可以使用提交记录的 SHA（安全哈希算法）作为版本。

总结一下本节的重点内容：

- 即使在升级应用程序的过程中，也需要让多个应用程序的实例作为一个整体工作。
- 以一种允许多个版本同时运行的方式构建应用程序，使得你可以采用滚动升级的部署方式（并且会带来其他的好处）。
- 滚动升级比蓝 / 绿升级能带来更多的好处。

最后需要指出的是，任何允许滚动升级的应用程序都可以通过蓝 / 绿升级的方式部署。但是，反过来则不成立。要使用滚动升级，应用程序的设计必须允许同时运行不同版本的实例和配置，而对于蓝 / 绿升级，一次只需提供一个版本或者配置，因此不需要这种特殊处理。

在应用程序生命周期的事件（例如，升级）期间，让多个实例正确工作只解决了一半的问题。同样重要的是，要考虑升级会对客户端造成什么样的影响。一个应用程序的生命周期，会如何影响另一个应用程序的生命周期呢？现在我们来讨论一下这个方面。

7.3 协调多个不同的应用程序生命周期

回到我们的帖子服务，图 7.3 所示的两个应用程序实例不能提供一致的行为，这是一个很明显的问题。现在你已经学习了 7.2 节的内容，知道这个应用程序不能以滚动的方式升级。假设你已经使用蓝 / 绿升级的方式升级了应用程序，那么帖子服务现在已经配置了一个新的密码。

这给我们带来了另一个问题：应用程序生命周期事件不仅影响所在的应用程序，还影响其他依赖于它们的应用程序。例如，因为相关帖子服务是帖子服务的一个客户端，所以你可以看到一个应用程序的生命周期事件，会如何影响其他相关的应用程序。在这个特定的场景中，如果改变帖子服务的密码，还需要改变相关帖子服务的密码。这个依赖关系如图 7.8 所示。

因此，问题是如何协调这些更新。显然，它不属于任何一种"事务"。[1] 你的软件是一个分布式的系统，这点我们已经很清楚了，保持自治是云原生应用程序的一个重要特征。如果你只能同步地更新客户端和服务，就会失去很多自治权。

你需要精心设计应用程序，以便让不同应用程序的生命周期事件可以独立进行，同时保持软件功能正常且没有停机时间。没有一种模式可以解决所有这些情况。作为应用程序的架构师 / 开发人员，你应该负责设计出适合的算法。

> **注意** 你必须设计应用程序并为 API 编写文档，以便减少、最小化任何对依赖服务有影响的生命周期事件，或者让这些客户端能够适应这些事件。

好吧，我承认，这有点抽象。让我们回到示例程序，可能会更容易理解。回想一下，之前你更改了帖子服务的密码，因此需要更新其他运行中的程序的配置。为此，需要用新的配置来重新启动所有的应用程序实例。目前，你不必关心自己是使用蓝 / 绿升级还是滚动升级的方法。前者要面临的挑战如下所示：

---

[1] 当你更新所有相关应用程序时导致停机，也是一种事务，但显然它不能做到零停机时间。

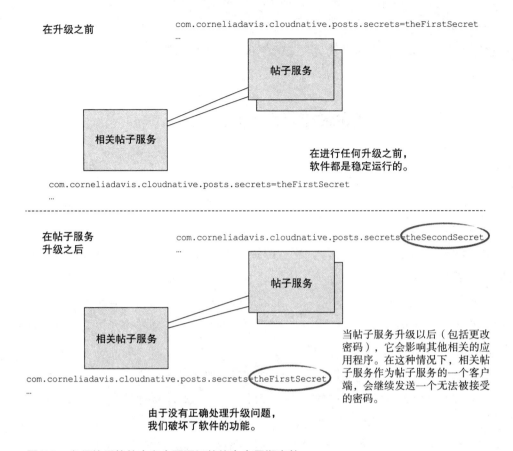

图 7.8 必须协调软件中多个不同组件的生命周期事件

- 如果你首先更新了帖子服务，那么相关帖子服务发送的请求会失败，因为它依然使用的是旧的密码。
- 如果你首先更新了相关帖子服务，那么它会将新的密码发送给帖子服务，请求依然会失败。
- 我们已经确定，你不可能在同一时间更新它们，而不导致停机。

所以你必须更聪明地设计应用程序。对于更换密码，有一个常用的模式。这项技术的关键是需要实现一个分阶段更新密码的方法，在某一个阶段中，客户端服务可以接受多个密码。整个流程如图 7.9 所示。

- 在开始升级之前，客户端和服务端配置的密码是一样的。
- 然后，升级帖子服务，在已配置的密码列表中添加一个新的密码。授权指的

7.3 协调多个不同的应用程序生命周期

是列表中的任何密码都允许访问(在大多数情况下,列表仅限于包含两个凭据)。请注意,客户端仍然使用旧的密码,但是因为旧的密码仍然在列表中,所以请求仍会成功。

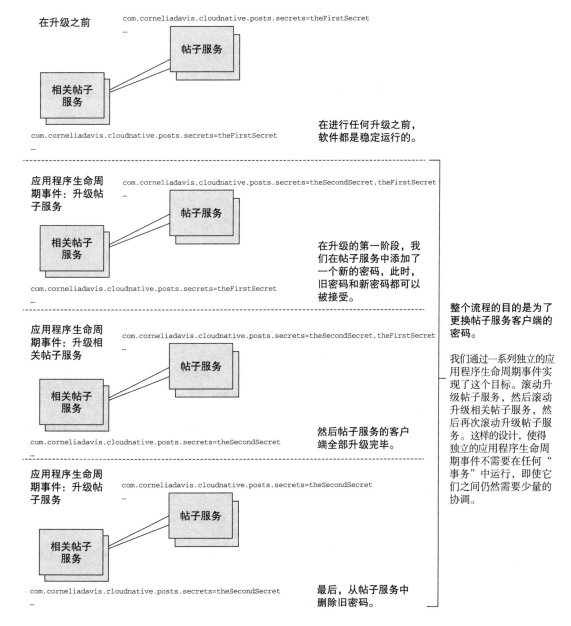

图 7.9 这个密码轮换模式的案例,是软件架构师/开发人员必须注意思考的。目标是确保当应用程序生命周期事件会造成许多其他影响的情况下,软件的升级不会造成停机时间

- 然后升级相关帖子服务,将旧密码替换为新的密码。由于新的密码也已经存在于帖子服务的密码列表中,所以新客户端发起的请求也会成功。
- 最终,当客户端升级完成后,可以将帖子服务中的旧密码删去。

如果你像我一样,已经在软件行业工作了一段时间,那么可能一开始会对这种操作流程产生反感。它造成了大量的重新部署,每一次都需要销毁和创建很多新的应用程序实例。我们需要抛弃这种陈旧的偏见。云原生应用程序就是为这种短暂性而设计的(记住,变化是一定的,而不是例外),并可使我们的软件更加健壮和易于管理。

最后,我想指出的是,这种设计还允许以滚动升级的方式来升级每个应用程序。在升级的第一阶段,可以让相关帖子服务的实例仍然都使用旧的密码,即使已经在新的实例中添加了新的密码。此时,帖子服务的旧实例和新实例都应该接受该密码。在下一个阶段,相关帖子服务的一些实例仍发送旧的秘密,而其他一部分实例可以发送新的密码,帖子服务此时仍同时接受两者。在相关帖子服务的实例完全升级完毕后,它们将只发送新的密码,因此在第二次升级帖子服务期间,旧版本和新版本的实例都会成功。具体流程如图 7.10 所示。

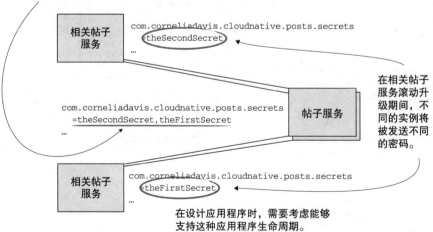

图 7.10 在相关帖子服务滚动升级期间,不同的实例将被发送不同的密码。在设计这些应用程序时,需要考虑能够支持这种应用程序生命周期

在进行了架构方面的讨论之后,现在让我们实际来体验一下滚动升级,以及协调多个应用程序的生命周期事件。在示例应用程序中,我们将适当轮换更新密码,来解决第 6 章末尾的错误。

7.4 实际案例：密码轮换和应用程序生命周期

为了方便演示代码（稍后我会让你运行一些代码），请确保你已经检出了示例代码仓库的主分支，并切换到了 cloudnative-applifecycle 目录下：

```
git checkout master
cd cloudnative-applifecycle
```

在本例中，你将实现图 7.9 中描述的密码轮换模式。先滚动升级帖子服务，然后滚动升级相关帖子服务，最后再次滚动升级帖子服务。注意，每个应用程序都部署了两个实例，在开始状态下，两个应用程序实例中配置的密码是一样的，它们在相关帖子服务、关系服务和帖子服务之间互相进行协调。我需要提醒你的是，这三个应用程序都是通过配置服务器，从一个已提交到 GitHub 上的 mycookbook.properties 文件中获取值的。注意，这个配置文件是构成"我的食谱"软件的三个应用程序组合起来的。

要想实现 7.3 节中描述的密码轮换模式，需要修改帖子服务和关系服务的代码，让它们能够保存一个有效的密码列表，并且用其中任何一个密码都可以调用服务。密码的存储通过 Utils 类的单例对象来完成，其关键部分的代码如清单 7.1 所示。

清单 7.1　Utils.java

```java
public class Utils implements
        ApplicationContextAware, ApplicationListener<ApplicationEvent> {

    // <lines omitted for brevity>
    @Value("${com.corneliadavis.cloudnative.posts.secrets}")
    private String configuredSecretsIn;
    private Set<String> configSecrets;

    // <lines omitted for brevity>

    @Override
    public void onApplicationEvent(ApplicationEvent applicationEvent) {

        if (applicationEvent instanceof ServletWebServerInitializedEvent) {
            ServletWebServerInitializedEvent
                servletWebServerInitializedEvent
                    = (ServletWebServerInitializedEvent) applicationEvent;
            this.port = servletWebServerInitializedEvent…
        } else if (applicationEvent instanceof ApplicationPreparedEvent) {
            configSecrets = new HashSet<>();
            String secrets[] = configuredSecretsIn.split(",");
```

```
            for (int i=0; i<secrets.length; i++)
                configSecrets.add(secrets[i].trim());
            logger.info(ipTag()
                    + "Posts Service initialized with secret(s): "
                    + configuredSecretsIn);
        }
    }

    public String ipTag() { return "[" + ip + ":" + port +"] "; }

    public boolean isValidSecret(String secret) {
        return configSecrets.contains(secret);
    }

    // 下面这个方法只是为了方便记录生产环境中没有的一些日志信息
    public String validSecrets() {
        String result = "";
        for (String s : configSecrets)
            result += s + ",";
        return result;
    }
}
```

首先，我想请你注意 onApplicationEvent 方法，尤其是处理 ApplicationPreparedEvent 的过程。你无须深入了解 Spring 框架的众多生命周期事件的细节，只需了解当应用程序完全初始化时，ApplicationPreparedEvent 事件会被触发。通过配置服务器，字符串 configuredSecretsIn 会根据 com.corneliadavis.cloudnative.posts.secrets 属性初始化。我们这里做的，是对它进行解析并将值加载到一个集合中，这样会让有效性测试变得很简单，如 isValidSecret 方法的定义所示。

现在，在 PostsController 类的实现中你可以看到，只需在继续处理之前，检查传入的密码是否有效，代码参见清单 7.2。如果密码是无效的，会打印出传过来的无效密码，以及应用程序配置的一个或者多个有效的密码。在真实的应用程序中，不应该将这些值打印到日志中，这里我们这样做只是为了有助于试验，以及理解这些概念。

清单 7.2　PostsController.java 中的方法

```
@RequestMapping(method = RequestMethod.GET, value="/posts")
public Iterable<Post> getPostsByUserId(
    @RequestParam(value="userIds", required=false) String userIds,
    @RequestParam(value="secret", required=true) String secret,
    HttpServletResponse response) {
```

7.4 实际案例：密码轮换和应用程序生命周期

```java
        Iterable<Post> posts;
    if (utils.isValidSecret(secret)) {
            logger.info(utils.ipTag()
                + "Accessing posts using secret " + secret);

        if (userIds == null) {
            logger.info(utils.ipTag() + "getting all posts");
            posts = postRepository.findAll();
            return posts;
        } else {
            ArrayList<Post> postsForUsers = new ArrayList<Post>();
            String userId[] = userIds.split(",");
            for (int i = 0; i < userId.length; i++) {
                logger.info(utils.ipTag()
                    + "getting posts for userId " + userId[i]);
                posts = postRepository.findByUserId(
                                 Long.parseLong(userId[i]));
                posts.forEach(post -> postsForUsers.add(post));
            }
            return postsForUsers;
            }
    } else {
            logger.info(utils.ipTag()
                + "Attempt to access Post service with secret " + secret
                + " (expecting one of " + utils.validSecrets() + ")");
            response.setStatus(401);
            return null;
        }
}
```

这个模式会涉及服务端的两个关键部分：(1) 密码在应用程序启动时配置，(2) 为了支持零停机时间的密码轮换模式，服务允许一次有多个有效密码。我在这里只展示了帖子服务中的代码，关系服务中的代码结构与帖子服务中的是相同的。

现在让我们来看看客户端代码的实现，如清单 7.3 所示。其基本结构类似帖子和关系应用程序。你需要使用 Utils 类来处理密码配置。然后在应用程序的控制器中，调用帖子服务和关系服务，通过 Utils 类的单例对象来访问这些值。首先看一下控制器代码，你会发现它很简单。可以通过请求 utils 对象的值来访问帖子服务和关系服务中配置的密码，并将其作为请求的查询字符串一起发出。

清单 7.3　ConnectionsPostsController.java 中的方法

```
@RequestMapping(method = RequestMethod.GET, value="/Connections' Posts")
public Iterable<PostSummary> getByUsername(
    @CookieValue(value = "userToken", required=false) String token,
    HttpServletResponse response) {

    // <lines omitted for brevity>

            // get connections
            String secretQueryParam
                = "?secret=" + utils.getConnectionsSecret();      ◁──── 访问关系应用程
            ResponseEntity<ConnectionResult[]> respConns                序中配置的密码
                = restTemplate.getForEntity(
                    connectionsUrl + username + secretQueryParam,
                    ConnectionResult[].class);
            // <lines omitted for brevity>

   访问帖子应
   用程序中配     secretQueryParam = "&secret=" + utils.getPostsSecret();
   置的密码       // get posts for those connections
            ResponseEntity<PostResult[]> respPosts
                = restTemplate.getForEntity(
                    postsUrl + ids + secretQueryParam,
                    PostResult[].class);
            // <lines omitted for brevity>
}
```

虽然这里的 `Utils.class` 与帖子应用程序中的类基本相似，但有一个细微差别。注意，虽然 `com.corneliadavis.cloudnative.connections.secrets` 和 `com.corneliadavis.cloudnative.posts.secrets` 这两个属性取自 `mycookbook.properties` 文件，并且可能每个都包含一个密码列表，但是在相关帖子服务中，你只需要最近使用的一个。我们需要建立一个运维实践规范，总是将最新的密码放置于属性文件的第一行，并将这个规范记录在相关帖子服务的文档中。正如所见，在 `utils` 单例对象的状态中，只存储了帖子服务和关系服务中的一个密码。再说得清楚一点，就是即使属性文件中包含多个密码，在应用程序中配置的密码也只有一个。同样，清单 7.4 所示的代码中的日志输入不适用于生产系统，但它对于教学过程来说是有价值的。

清单 7.4　ConnectionsPosts 服务的 Utils 类中的方法

```
@Override
public void onApplicationEvent(ApplicationEvent applicationEvent) {
    if (applicationEvent instanceof ServletWebServerInitializedEvent) {
        ServletWebServerInitializedEvent
            servletWebServerInitializedEvent
                = (ServletWebServerInitializedEvent) applicationEvent;
```

7.4 实际案例:密码轮换和应用程序生命周期

```
                this.port = servletWebServerInitializedEvent...;
    } else if (applicationEvent instanceof ApplicationPreparedEvent) {
        connectionsSecret = connectionsSecretsIn.split(",")[0];
        postsSecret = postsSecretsIn.split(",")[0];
        logger.info(ipTag()
            + "Connection Posts Service initialized with Post secret: "
            + postsSecret + " and Connections secret: "
            + connectionsSecret);
    }
}
```

好了,现在让我们开始工作。

搭建环境

同之前章节中的示例一样,你必须安装以下这些工具来运行示例程序:

- Maven
- Git
- Java 1.8(只有你打算自己构建容器镜像时才需要)
- Docker(只有你打算自己构建容器镜像时才需要)
- 某种 MySQL 客户端,如 `mysql` 命令行工具
- 某种 Redis 客户端,如 `redis-cli` 命令行工具
- Minikube

构建微服务(可选)

因为我会让你把这些应用都部署到 Kubernetes 中,所以需要 Docker 镜像,我已经预先构建好了这些镜像,并将它们放在了 Docker Hub 中。因此,你不必自己从源代码构建微服务。

如果你想自己构建,可以检出主分支,并且从 cloudnative-abundantsunshine 目录切换到 cloudnative-applifecycle 目录:

```
git checkout master
cd cloudnative-applifecycle
```

然后,为了构建代码(可选),请输入如下命令:

```
mvn clean install
```

运行该命令会构建这三个应用程序,在每个模块的 target 目录中会生成一个 JAR 文件。如果希望将这些 JAR 文件部署到 Kubernetes 中,还必须运行 `docker` build 和 docker push 命令，如第 5 章 "使用 Kubernetes 需要构建 Docker 镜像"补充内容中所述。如果你这样做了，还必须修改 Kubernetes 的部署 YAML 文件，将其指向你的镜像地址，而不是我的镜像地址。我不在这里重复这些步骤，我提供的部署清单会指向存储在 Docker Hub 仓库中的镜像。

运行应用程序

如果你还没有运行应用程序，请按照 5.2.2 节所述内容启动 Minikube。为了在开始前能有一个干净的环境，需要删除以前工作中遗留下来的任何部署内容。我已经为你提供了一个执行此操作的脚本 deleteDeploymentComplete.sh。这个简单的 bash 脚本可以让你保持 MySQL 和 Redis 服务的运行。

如果调用脚本并且不指定任何参数，那么只会删除这三个微服务的部署，如果指定 all 作为脚本参数，那么还会删除掉 MySQL 和 Redis。Kubernetes 服务不会被删除，这可以为你节省在每个应用程序的部署清单中配置 URL 的步骤。

可以使用如下命令来确认环境是否已经清理干净：

```
$ kubectl get all
NAME                             READY    STATUS     RESTARTS   AGE
pod/mysql-75d7b44cd6-s8zcr       1/1      Running    0          70m
pod/redis-6bb75866cd-kf99k       1/1      Running    0          72m
pod/sccs-787888bfc-x9p2m         1/1      Running    0          73m

NAME                             TYPE         CLUSTER-IP       EXTERNAL-IP   PORT(S)
service/connections-svc          NodePort     10.103.148.230   <none>        80:30955/TCP
service/connectionsposts-svc     NodePort     10.104.253.33    <none>        80:31742/TCP
service/kubernetes               ClusterIP    10.96.0.1        <none>        443/TCP
service/mysql-svc                NodePort     10.107.78.72     <none>        3306:30917/TCP
service/posts-svc                NodePort     10.110.192.11    <none>        80:32119/TCP
service/redis-svc                NodePort     10.108.83.115    <none>        6379:31537/TCP
service/sccs-svc                 NodePort     10.107.16.107    <none>        8888:30455/TCP

NAME                      READY   UP-TO-DATE   AVAILABLE   AGE
deployment.apps/mysql     1/1     1            1           70m
deployment.apps/redis     1/1     1            1           72m
deployment.apps/sccs      1/1     1            1           73m

NAME                                       DESIRED   CURRENT   READY   AGE
replicaset.apps/mysql-75d7b44cd6           1         1         1       70m
replicaset.apps/redis-6bb75866cd           1         1         1       72m
replicaset.apps/sccs-787888bfc             1         1         1       73m
```

7.4 实际案例：密码轮换和应用程序生命周期

注意，这将让 MySQL 和 Redis 继续保持运行。如果你已经删除了 Redis 和 MySQL，可以使用如下命令重新部署它们，并通过下面两个 `mysql` 命令重新创建 cookbook 数据库：

```
kubectl create -f mysql-deployment.yaml
kubectl create -f redis-deployment.yaml
mysql -h $(minikube service mysql-svc --format "{{.IP}}") \
    -P $(minikube service mysql-svc --format "{{.Port}}") -u root -p
mysql> create database cookbook;
```

完成以下步骤后，部署拓扑图应该如图 7.9 中的第 1 阶段所示。你将分别拥有一个关系服务和一个帖子服务的实例，以及两个相关帖子服务的实例。要实现此拓扑结构，还需要编辑部署清单。我们已经在第 5 章中详细介绍过这些步骤。

1 使用如下值来配置关系服务和帖子服务：

MySQL URL	`minikube service mysql-svc --format "jdbc:mysql://{{.IP}}:{{.Port}}/cookbook"`
SCCS URL	`Minikube service sccs-svc --format "http://{{.IP}}:{{.Port}}"`

2 部署关系服务：

```
kubectl apply -f cookbook-deployment-connections.yaml
```

3 部署帖子服务：

```
kubectl apply -f cookbook-deployment-posts.yaml
```

4 配置相关帖子服务，指向帖子服务、关系服务和用户服务以及 Redis 服务。可以分别通过如下命令找到这些值：

Posts URL	`minikube service posts-svc --format "http://{{.IP}}:{{.Port}}/posts?userIds=" --url`
Connections URL	`minikube service connections-svc --format "http://{{.IP}}:{{.Port}}/connections/" --url`
Users URL	`minikube service connections-svc --format "http://{{.IP}}:{{.Port}}/users/" --url`
Redis IP	`minikube service redis-svc --format "{{.IP}}"`
Redis port	`minikube service redis-svc --format "{{.Port}}"`
SCCS URL	`Minikube service sccs-svc --format "http://{{.IP}}:{{.Port}}"`

5 部署相关帖子服务：

```
kubectl apply -f cookbook-deployment-connectionsposts.yaml
```

你可以向任何一个微服务发出 curl 命令，来测试部署是否正确。帖子服务和关系服务要求在查询字符串中传递密码，而相关帖子服务要求在响应内容之前先进行登录。相关命令如下所示：

```
curl -i $(minikube service --url connections-svc)/connections?secret=anyval
curl -i $(minikube service --url connections-svc)/users?secret=anyvalue
curl -i $(minikube service --url posts-svc)/posts?secret=foobar
curl -X POST -i -c cookie \
    $(minikube service --url connectionsposts-svc)/login?username=cdavisafc
curl -b cookie \
    $(minikube service --url connectionsposts-svc)/connectionsposts
```

提示　查找软件中配置的密码的一个简单方法,是使用 ?secret=anyvalue 作为参数，向帖子服务和关系服务发起 curl 命令，然后查看输出的日志。回想一下，你会将接收到的值打印到日志中。

现在让我们来执行升级过程的第一部分。为此，你需要修改部署的配置文件，然后滚动升级帖子服务。回想一下，你将配置存储在了 GitHub 中，并使用 SCCS（Spring Cloud Config Server）将配置传递给应用程序实例。请打开 cloud-native-config 仓库中的 mycookbook.properties 文件，修改如下内容：

com.corneliadavis.cloudnative.posts.secrets=originalSecret

在列表前添加一个新的密码：

com.corneliadavis.cloudnative.posts.secrets=newSecret,originalSecret

你必须提交这些改动，并推送到 GitHub 仓库中。现在需要对帖子服务进行滚动升级，因此将使用 kubectl apply 命令。由于该配置的更改是通过 SCCS 完成的，因此 Kubernetes 不会发现该属性被修改了，因此必须让 Kubernetes 重新加载应用程序实例。这里我的技巧是，在部署的 YAML 文件中使用一个环境变量，当希望 Kubernetes 滚动升级应用程序实例时，就可以对其进行修改，因此你只需将 VERSIONING_TRIGGER 的值修改为新的值。这是在 cookbook-deployment-posts.yaml 文件中完成的：

7.4 实际案例：密码轮换和应用程序生命周期

```
- name: VERSIONING_TRIGGER
  value: "1"
```
◁── 更新为新的值，我通常只是增加数字

在运行启动滚动升级的命令之前，需要打开一个终端窗口，监控当前环境中运行的 pod：

```
watch kubectl get pods
```

现在可以运行启动滚动升级的命令了：

```
kubectl apply -f cookbook-deployment-posts.yaml
```

在监控窗口中，你会看到帖子服务正在创建的新实例，以及被停止并最终销毁的旧实例。这是在执行图 7.6 中描述的升级过程。（我不知道你是怎么想的，但是第一次看到这种应用程序生命周期自动化对我来说太酷了！）现在让我们用 `curl` 命令调用一下帖子服务，以尝试不同的密码。先从一个无效的密码开始：

```
curl -i $(minikube service --url posts-svc)/posts?secret=aBadSecret
```

查看两个 pod 实例的日志。在其中一个 pod 的日志中，你会发现这样一条信息：

```
Attempt to access Post service with secret aBadSecret (expecting one of
   newSecret,oldSecret,)
```

我再次提醒你，永远不要将密码显示在日志文件中，我们这里只是为了方便演示。该条消息表明，帖子服务已经开始使用新的配置。你现在可以使用其中任意一个密码来调用帖子服务，并接收响应。

相关帖子服务仍然使用 `oldSecret`，因此我们现在来更新它。

你已经更新了 GitHub 中的配置，因此必须让 Kubernetes 只进行滚动升级操作。通过编辑 cookbook-deployment-connectionsposts.yaml 文件可实现这一点。请像之前在帖子服务中所做的一样，修改 `VERSIONING_TRIGGER` 属性：

```
- name: VERSIONING_TRIGGER
  value: "1"
```
◁── 更新为新的值，我通常只是增加数字

然后通过如下命令来启动滚动升级：

```
kubectl apply -f cookbook-deployment-connectionsposts.yaml
```

在升级之后和升级期间，你都可以调用相关帖子服务。根据路由到的实例，它会向帖子服务发送旧的密码或者新的密码。同样，由于你已经实现了这个模式，所

以一切都将按预期运行。

最后，在相关帖子服务完全升级之后，你可以从配置中删除旧的密码（不要忘记提交文件并推送到 GitHub），更新部署的 YAML 文件中的 VERSIONING_TRIGGER，并执行以下命令：

```
kubectl apply -f cookbook-deployment-posts.yaml
```

当 Kubernetes 完成了帖子服务的滚动升级之后，密码的轮换也完成了。你刚刚升级了软件，完全没有停机时间，并且使用了滚动升级的方式（让 Kubernetes 内置的应用程序生命周期自动化），这都是因为你的软件是为了专门支持它而设计的。

7.5 处理临时运行时环境

现在你应该很清楚了，云原生应用程序的主要特征之一是它们被不断地销毁和重新创建。你刚刚在密码轮换的示例中已经体验到了这一点，在那个示例中，两次滚动升级升级了所有帖子服务和关系服务的实例，第一次是添加新的密码，第二次是删除旧的密码。我理解你可能会对这种做法反感，它违背了人们根深蒂固的信念，即稳定是好事，变化是坏事，但是在云计算中，变化是不可避免的，甚至可以带来一种新的稳定。

然而，与许多其他云原生模式和实践一样，采用这种新的范式会带来级联效应——这是应用程序开发人员／架构师需要关注的新问题。我现在主要想谈的是，这些短暂的运行时上下文对应用程序可管理性的影响。在这个标题下，我想讨论两个主题：（1）故障排除和（2）可重复性。

让我先简单谈一下后一种情况，因为这是我已经多次提出的观点。重点是，应用程序的部署（部署的构件、运行方式和运行环境）应该是百分之百可重现的。云原生应用程序平台提供了许多特性来支持这一目标，因此学习如何使用平台的最佳实践非常重要。但是，因为我将更多地介绍故障排除，所以需要指出，最好的平台在正确配置之后，是不允许通过 ssh 进入运行时环境的。为什么？简单地说，就是要确保你无法创建一个不可复制的运行实例。

假设你被允许通过 ssh 连接到应用程序所在的容器。在那里，你做了一些你认为只跟故障排除有关的事情，它们不属于生产环境的配置。例如，可以打开端口允许监控工具进入，或者可以安装额外的包。你修复了这个问题，因为你是一名负责任的工程师，所以你找到问题出现的源代码或者配置。然后你退出了，但是让容器继续运行，为什么不呢，既然它能够正常工作。但是容器现在就变成了一个碎片，尽管你已经在应用程序源代码和配置上进行了"修复"，但是可能只有这唯一的容器具有能够工作的正确配置。稍后，当实例被替换时（出于各种原因），新的应用程序实例可能（也可能不会）会让旧的问题再次出现。约束可能产生碎片化的操作，可以极大地增强软件部署的可管理性。

这就引出了我要介绍的第二点。如果不能通过 ssh 连接到一个实例中，那么当应用程序不能正常工作时，你如何知道发生了什么？答案是：日志和指标。作为一名软件开发人员，你需要确保日志和指标中能够包含足够诊断问题的信息，这一点至关重要。这里面还有另一个与应用程序生命周期有关的问题，在排除故障时，出现问题的应用程序实例可能已经不存在了。如果应用程序崩溃，容器可能已经被丢弃，取而代之的是一个新的实例。

处理有问题的应用程序实例，这种行为在云原生平台中非常常见，因此十二要素原则中的第十一条为"将日志视为事件流"。这条原则的独特之处在于，它为日志数据的"发布"建立一个合约或者 API，这样运行云原生应用程序的平台既可以保持对应用程序生命周期的控制，又可以保证数据的可用性。你对这一点应该不会陌生，因为之前在配置数据中使用环境变量时，已经见过类似的参数，并且 stdout 和 stderr 这两个流几乎存在于每个运行时环境中，每种编程语言 / 框架都支持对这些流的写入。这是一个简单的标准，不需要定位存储在指定目录中的日志文件，甚至不需要进行日志滚动。所有的日志数据都是流式输出的，然后可以由平台自己处理。

提示 这就把我们带到了最重要的地方：将日志写入 stdout 和 stderr 流。

这并不意味着应该在代码中到处使用 `System.out`。发明 Apache Log4j 或者 Logback 这样的日志框架是有原因的。但是你可以将这些日志框架配置为（通常是默认配置）将所有日志输出到 stdout 和 stderr。

指标的问题要复杂一些，主要是因为指标数据本质上比日志数据更结构化，并且在不同的应用程序和平台之间差异较大。没有一组指标数据让平台和工具满足所有的需求。也就是说，这个主题很重要，一些事实上的标准实践和工具已经开始出现，我们会在第 11 章介绍其中的一些。

希望到目前为止你已经清楚，尽管这一整章都是关于应用程序生命周期这个主题的，但我在这里先简要介绍了一下故障排除，因为应用程序生命周期对它会造成影响。与核心应用程序逻辑一样，如何处理可观察性数据也必须考虑到应用程序生命周期更加动态的内在本质。我在前面强调了这一点：在云原生世界中，人类无法控制应用程序的生命周期，但是系统可以（在最好的情况下，像 Kubernetes 或 Cloud Foundry 这样的智能系统可以）。系统需要更强大的合约或者 API，你需要负责确保应用程序可以满足这些合约。

7.6 应用程序生命周期状态的可见性

在 7.3 节中，我们讨论了跨多个不同但相关的应用程序的生命周期问题。具体来说，你可以通过一系列生命周期事件，来发现运维方面的需求。我现在想谈的是与跨应用程序关系有关的另一个问题，它发生在当一个应用程序想要了解另一个应用程序的生命周期事件的时候。

例如，如你已经知道的，不管出于什么原因，当帖子服务被重新部署时（我的意思是 Kubernetes 服务，不是 pod），都需要重新部署相关帖子服务的配置，并且配置一个指向帖子服务的新的 URL 地址。如果能让后者在前一个应用程序改变时自动更新，这样体验会更好（再忍耐我一会儿吧，马上还有几页就能搞定！）。

从应用程序生命周期的角度来看，这意味着相关帖子服务需要知道帖子服务何时发生了生命周期事件。从最简单的意义上说，帖子服务需要负责其生命周期状态的可用性。例如，图 7.11 显示了当应用程序启动时，向外广播的应用程序生命周期事件。

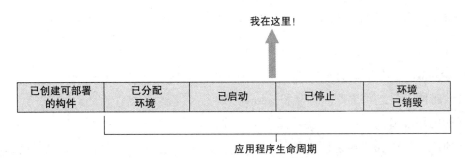

图 7.11 应用程序启动，是云原生软件中许多其他组件都很关注的重要事件

更进一步，图 7.12 显示了对这个生命周期事件的依赖。在该图中，相关帖子服务最初访问的是 IP 地址为 10.24.1.35 的帖子服务，但是当一个新的帖子服务在 IP

7.6 应用程序生命周期状态的可见性

地址 10.24.1.128 上启动时，它负责广播该信息，并且相关帖子服务需要更新该 IP 地址。

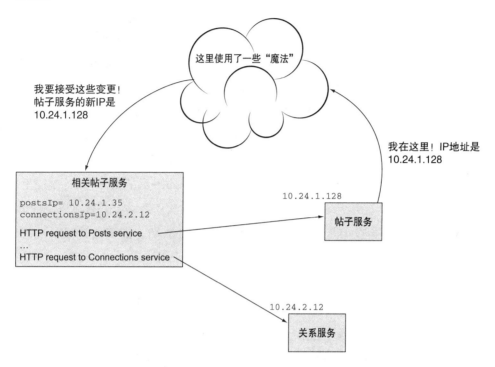

图 7.12 应用程序有责任广播生命周期事件，因为其他组件也会受到影响。其他组件也有责任去适应这些变化

关于如何处理来自帖子服务的广播事件、在何处发布事件，以及相关方如何获取相关信息的准确机制，在我们的讨论中都还没有涉及。我们在图 7.12 中用一个云状的 "魔法" 块表示，稍后再进行讨论。到目前为止，你已经实现了整个协议，可通过 minikube service list 命令查找新的 IP 地址和端口，以及编辑 YAML 文件。但是这需要自动化，而且其中的要点应该很清楚，帖子服务的应用生命周期事件会影响软件的其他部分，你必须重点考虑这一点。

当谈到关系双方的责任时，我有点含糊其词。我承认已经暗示过，开发人员需要负责传播或者消费这些事件。虽然完整的答案有点复杂，但是随着阅读本书，你会逐渐深入了解这个问题，但简短的答案是，如果你使用的是云原生应用程序平台，通常它会替你处理这些问题。目前，我只想让你对这种依赖性有一个大致的了解。

虽然你可能理解这个问题，但我希望到目前为止，你能够持有一定的怀疑态度。

在图 7.12 中,你看到的是在一个不可靠的网络上、许多高度分布的组件之间的大量协调,但是我已经指出,合理的运维依赖于将生命周期事件广播给所有的相关方。

事实是:我在这里描述的广播事件,应该被认为是一个优化手段。从优化开始的原因是它能很好地说明我们面临的挑战。你有一大堆东西需要协调一致,才能让现代化的软件工作。从某种抽象意义上说,它很简单,即应用程序的生命周期事件需要被那些会受到影响的组件接收。但是现实情况更为复杂,所有这些都需要面临大量失败的场景。应用程序的生命周期事件不一定总能够产生,当它们出现时,有时会丢失,即使没有丢失,它们有时也无法被相应的组件识别或者处理。

为了理解这一点,我在图 7.13 中画了一个比图 7.1 和 7.11 所示要小得多的应用程序生命周期。除了模拟可能的失败场景之外,图 7.13 还展示了生命周期状态之间更多可能的转换组合。当应用程序部署后,启动可能成功(启动了并且可以响应),也可能失败——应用程序可能正在运行但运行得不好(启动了但是无法响应),或者它可能完全崩溃。一个启动成功并运行了一段时间的应用程序,也可能随时会崩

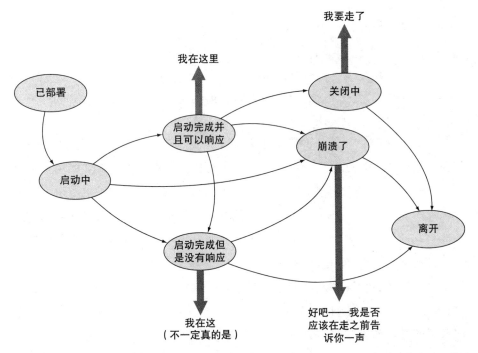

图 7.13 应用程序生命周期状态和它们之间的转换。在正常情况下,当应用程序启动和停止时,有机会可以广播应用程序生命周期的变更事件。但当出现故障时,状态变更事件的广播将是不正确的,甚至可能永远都不会产生

溃,或者更糟的是,它可能会一直运行,但无法响应。无论是否优雅地关闭了应用程序,应用程序及其环境都会在某个时候消失。

稍微扩展一下我们的场景,相关帖子服务不仅需要知道新的帖子服务何时启动,还需要知道何时被销毁。在图 7.13 中你可以同时了解到这两种情况。注意,我添加了一些带有注释的粗箭头线。它们相当于图 7.11 中的单箭头线,但是生命周期模型更为复杂。顶部的注释显示了"正常情况下"事件的广播方式,即当应用程序成功启动时,会对外宣布它的存在,当它被优雅地关闭时,可以让其他组件知道它正在消失。但是,如果如下方的箭头所示,启动过程不是很理想,或者应用程序没有任何警告就崩溃了,从而失去了让外部组件知道它正在销毁的机会,这时会发生什么呢?

不要太惊讶,这就是云原生"魔法"的一部分。云原生构建的应用程序,不仅是为了在正常情况下工作,而且是为了在出现故障时可以继续工作,或者自动纠错。为了处理这种特殊情况,需要结合使用健康端点与健康检查/响应程序,而你作为开发人员,在其中扮演着关键的角色。概念很简单:健康端点指的是代表应用程序状态的数据,而健康检查/响应程序则实现了某种控制循环,对该状态不断进行查询和操作。这就解决了前面提到的丢失生命周期事件的问题。查询状态的控制循环是连续进行的(例如,每 10 秒进行一次),因此,即使由于短暂的故障导致一次甚至几次通信失败,下一次仍会成功,系统也会继续运行。这是我提到的有关最终一致性的另一个例子。

图 7.14 给出了描述这一基础模式的两张序列图。无论何时请求,应用程序都会响应其当前的生命周期状态,并且控制循环会定期请求并适当响应。第一张序列图显示了系统正常运行时发生的情况:控制循环会检查应用程序的健康端点,在得到表示一切正常的响应后,简单地等待下一个间隔并再次进行查询。第二张序列图显示当应用程序仍然运行但是无法响应,或者健康端点返回一个错误时会发生什么。一次失败不一定会触发修复操作,但是重复的失败就会触发(稍后你会看到实际的操作)。

我已经说过,作为开发人员,你在整个工作中扮演着关键的角色,但是我想在这里澄清一下,我不认为你对协议的双方都负有责任。控制循环应该由云原生平台提供——Kubernetes、Cloud Foundry 或者类似的平台。[1] 你需要负责的是应用程序的健康端点，并且在遇到问题时，通过创建一个新的实例来修复应用程序。现在，我们会关注健康端点，而如何修复应用程序是本书的最终目的。你需要负责的是实现一个能够准确反映应用程序状态的健康端点。例如，你可能希望确保与数据库等持久化服务的连接正常。

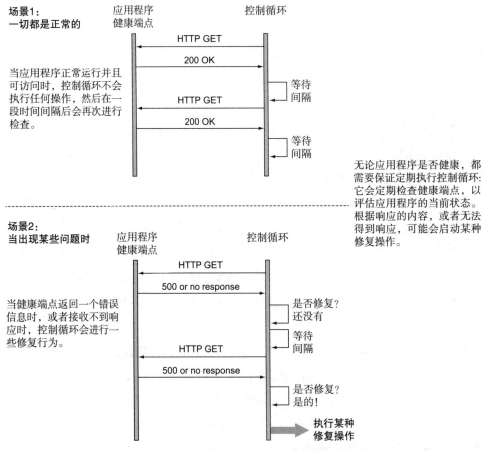

图 7.14 在云原生系统中，控制循环扮演着重要的角色，通过冗余来修复系统中的故障

作为一个整体，系统在设计时就考虑了遇到故障时（网络中断、应用程序故障等）的弹性，并且通过控制循环提供了所需要的冗余。现在你应该很清楚为什么早期基于广播的设计被认为是一种优化。因为生命周期状态更改事件会立即开始广播，

---

1 如果应用程序平台没有这些控制循环，那么它就不是云原生平台。

7.6 应用程序生命周期状态的可见性

而不是等待下一个控制循环的周期才广播状态。出于任何原因丢失了第一次的广播事件，当下一次触发控制循环时，会对事件进行另一次广播。

7.6.1 实际案例：健康端点和探测

好了，之前我们介绍的内容已经足够抽象了，下面用一个例子来举例说明。如果你已经运行过本章前面的示例，那么环境应该已经搭建好了。你运行的代码已经包含了这里要演示的内容。

要实现我前面所述的轮询方法，需要在每个服务中添加一个 `/healthz` 端点。这段代码有点大题小做，只是检查了一个布尔类的成员变量。当它被设置为 `true`（默认值）时，会返回一个成功状态代码；当它被设置为 `false` 时，应用程序会休眠一段时间，从而让它失去响应。这样，你就有了一个处于启动但无响应状态的应用程序，代码如清单 7.5 所示。

清单 7.5　PostsController.java 中的方法

```
@RequestMapping(method = RequestMethod.GET, value="/healthz")
public void healthCheck(HttpServletResponse response)
                                        throws InterruptedException {

    if (this.isHealthy) response.setStatus(200);
    else Thread.sleep(400000);
}
```

在演示的另一半内容中，控制循环会不断地轮询健康端点、查询数据并在合适的时候进行操作，这些都由 Kubernetes 来提供。在 Kubernetes 的部署清单中加入了一些新的内容，如清单 7.6 所示。

清单 7.6　摘自 cookbook-deployment-posts.yaml

```
livenessProbe:
  httpGet:
    path: /healthz
    port: 8080
  initialDelaySeconds: 60
  periodSeconds: 5
```

这些行配置了通过控制循环来进行活性探测，因此每 5 秒 Kubernetes 将发送一个 HTTP GET 请求到这个 pod 的 `/healthz` 端点（Kubernetes 也支持 TCP 活性探测）。当一个新的 pod 启动时，Kubernetes 会在控制循环启动前等待 60 秒，为服务的初始化提供时间，这样健康端点才能准确地反映应用程序的状态。如果 Kubernetes 在任何时候收到错误的状态码,或者没有响应,它都会重新启动容器。让我们看看它是如何运作的。

实际案例

如果你还没有运行软件,请先执行 7.4 节中"运行应用程序"中的步骤。请在两个并排的终端窗口中打开两个帖子服务 pod 的日志流。对于我自己的 pod 而言,我会在这两个不同的窗口中使用以下命令:

```
$ kubectl logs -f posts-439493379-0w7hx
$ kubectl logs -f posts-439493379-hfzt1
```

为了验证一切正常,可以向任何帖子服务的端点发出 curl 命令,包括 /healthz 端点。当然,你会在日志中看到如下内容:

```
$ curl $(minikube service --url posts-svc)/posts?secret=newSecret
[
  {
    "id": 7,
    "date": "2019-02-17T05:42:51.000+0000",
    "userId": 2,
    "title": "Chicken Pho",
    "body": "This is my attempt to re-create what I ate in Vietnam..."
  },
  {
    "id": 9,
    "date": "2019-02-17T05:42:51.000+0000",
    "userId": 1,
    "title": "Whole Orange Cake",
    "body": "That's right, you blend up whole oranges, rind and all..."
  },
  {
    "id": 10,
    "date": "2019-02-17T05:42:51.000+0000",
    "userId": 1,
    "title": "German Dumplings (Kloesse)",
    "body": "Russet potatoes, flour (gluten free!) and more..."
  },
  {
    "id": 11,
    "date": "2019-02-17T05:42:51.000+0000",
    "userId": 3,
    "title": "French Press Lattes",
    "body": "We've figured out how to make these dairy free, but just as
       good!..."
  }
]
```

7.6 应用程序生命周期状态的可见性

```
$ curl -i $(minikube service --url posts-svc)/healthz
HTTP/1.1 200
X-Application-Context: mycookbook
Content-Length: 0
Date: S un, 17 Feb 2019 06:13:34 GMT
```

现在,我们要将其中一个帖子服务的实例置于已启动但是无响应的状态,请使用如下 curl 命令:

```
$ curl -i -X POST $(minikube service --url posts-svc)/infect
```

请留意你的日志流。在 5 到 10 秒内,你将看到以下内容被发送到两个日志流其中之一,并且日志流会话会被终止,因为其连接的容器已经消失。在帖子服务中,infect 端点的作用只是将布尔值 isHealthy 反转过来:

```
... ConfigServletWebServerApplicationContext : Closing
 org.springframework.boot.web.servlet.context.AnnotationConfigServletWeb
 ServerApplicationContext@27c20538: startup date [Sun Feb 17 06:03:15 GMT
 2019]; parent: org.springframework.context.annotation.AnnotationConfig
 ApplicationContext@2fc14f68
... o.s.j.e.a.AnnotationMBeanExporter : Unregistering JMX-exposed beans on
 shutdown
... o.s.j.e.a.AnnotationMBeanExporter : Unregistering JMX-exposed beans
... j.LocalContainerEntityManagerFactoryBean : Closing JPA
 EntityManagerFactory for persistence unit 'default'
```

但是销毁旧容器并不是 Kubernetes 中控制循环的全部工作。循环还会在新的容器中启动一个新的实例。如果你开始从新的容器中传输日志流,可以再次发出 kubectl logs 命令(注意,因为 Kubernetes 只重启容器而不重启 pod,所以 pod 名称会保持不变),你会看到应用程序被再次启动并运行:

```
$ kubectl logs -f posts-5876ffd568-gr5bf
... s.c.a.AnnotationConfigApplicationContext : Refreshing org.
 springframework.context.annotation.AnnotationConfigApplicationContext
 @2fc14f68: startup date [Sun Feb 17 06:15:30 GMT 2019]; root of context
 hierarchy
... trationDelegate$BeanPostProcessorChecker : Bean 'configuration
 PropertiesRebinderAutoConfiguration' of type [org.springframework
 .cloud.autoconfigure.ConfigurationPropertiesRebinderAutoConfiguration
 $$EnhancerBySpringCGLIB$$3cd10333] is not eligible for getting
 processed by all BeanPostProcessors (for example: not eligible for
 auto-proxying)
```

```
  .   ____          _            __ _ _
 /\\ / ___'_ __ _ _(_)_ __  __ _ \ \ \ \
( ( )\___ | '_ | '_| | '_ \/ _` | \ \ \ \
 \\/  ___)| |_)| | | | | || (_| |  ) ) ) )
  '  |____| .__|_| |_|_| |_\__, | / / / /
 =========|_|==============|___/=/_/_/_/
 :: Spring Boot ::        (v2.0.6.RELEASE)

... o.s.b.w.embedded.tomcat.TomcatWebServer : Tomcat started on port(s):
➡ 8080 (http) with context path ''
... c.c.c.config.CloudnativeApplication : Started
➡ CloudnativeApplication in 15.74 seconds (JVM running for 16.605)
```

这个例子表明，提供应用程序的状态能够在应用程序发生不可避免的变化时，允许 Kubernetes 这样的系统做出适当的响应。作为云原生应用程序的开发人员，你的责任是编写恰当的实现代码，使其可以用在云原生应用程序的运行时。

我在本节中描述的是轮询的方法，但是我想指出，广播心跳的控制循环是实现此模式的另一种方式。在这种技术中，组件通过一个控制循环不断地广播它们的生命周期状态，对状态感兴趣的实体会侦听这些事件并做出适当的响应。我需要提醒你第 4 章的有关讨论，我在那里描述的是一个事件驱动的模式。作为架构师/开发人员，你必须从整体上理解软件的架构模式，并恰当地设计和实现它。这两种方法的关键是，针对分布式系统固有的不确定性，控制循环补充了冗余方面的能力。

7.7 无服务器架构

本书不是一本关于无服务器（Serverless）计算的书，甚至连这一章都不算。但是这里简单介绍一些相关知识，是为了让你更深入地理解云原生软件的一些特性。通常在讨论无服务器架构时，开始就会指出，这个名称有点用词不当，因为它执行的函数绝对是在服务器上运行的。只是开发人员完全不必关心这些细节，无服务器架构的系统会负责所有这些工作。

提高开发人员的生产力当然是无服务器计算的目标之一，但是运维效率和成本也是要考虑的因素，因为大多数采用无服务器架构的系统只能按函数的执行时间收费。不管具体的目标是什么，我想关注的是无服务器平台，它也是一个云原生的平台。让我们从最基础的模型开始。

在最基础的级别上，无服务器计算只有在主动处理某个事件并产生响应时，才需要运行应用程序。如果从应用程序生命周期的角度来看，它只有在某个请求到来时才会分配运行时环境、部署和启动应用程序，并完成请求处理。运行后，运行时环境会被销毁，如图7.15所示。

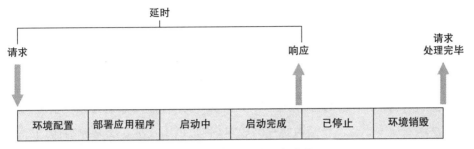

图7.15 一个单独的函数调用要经历的生命周期的所有阶段

这个应用程序生命周期并不陌生。与往常不同的是，每次调用都会经历从配置环境到销毁环境的所有阶段。我最喜欢无服务器计算的一点是，它可以放大云原生软件的模式。例如，如果每次调用都会完全重新创建一个运行时环境，那么应用程序永远无法依赖以前调用的内部状态。因此，再不会出现像黏性会话这样的做法。

但是，我希望你更多地注意到，这是针对无服务器环境中运行的云原生应用程序的。这与效率和延迟有关。在图7.15中，很明显，在请求的处理和完成过程之间需要发生很多事情。所有这些如何在满足响应性需求的前提下发生？简而言之，就是要通过不断优化，而且其中一些是由你来负责的。

图7.16再次展示了无服务器生命周期阶段，但是这一次增加了一些含义。应用程序生命周期的早期阶段完全由系统处理，实际上，无服务器平台特别关注如何快速配置环境和部署应用程序等方面。大多数无服务器应用程序都构建在容器之上，使用可部署的构件格式，从而支持快速部署。作为一名开发人员，你只需负责并控

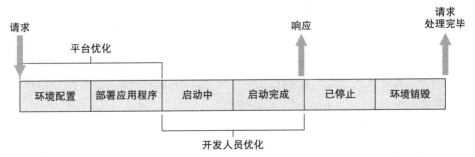

图7.16 无服务器计算需要一个平台来优化早期阶段，而开发人员负责优化应用程序的启动和执行阶段

制应用程序的启动和实际执行。你必须集中精力尽快实现它。

坦率地说，并不是所有的功能都最好在无服务器环境中完成。如果你有一个程序，运行时间很短，但是不断会被请求，尤其是如果程序启动的成本比执行功能的成本还高，那么可能更应该启动应用程序的一个或多个实例，让客户端请求那些已经运行的实例。如果程序的运行频率较低，并且运行所需的时间远远高于配置、部署和启动应用程序所需的时间，那么无服务器环境可能是理想的。

如果你正在构建一个在无服务器环境中运行的应用程序，那么必须特别注意启动的成本，并确保成本不会高于函数执行的成本。你可以用几种方法来控制它。首先，你使用的编程语言对其有直接的影响。启动一个 JVM 可能需要几十秒，如果代码只执行几毫秒，那就太浪费了。其次，即使你选择了某一种语言，也要确保加载到运行时的内容最小化。例如，不要在代码中包含那些从未使用的依赖项，否则必然要付出启动缓慢的代价。

现在，我想指出的是，目前市场上的大多数无服务器平台都进行了各种优化，以便减少对应用程序生命周期原始形态的影响。例如，对于请求较为频繁的场景，应用程序环境通常会被保留下来并重复使用，并且比起那些不支持这些特性的平台来说，效果会更加明显。同样，这也是我最喜欢无服务器环境的原因之一，它明确了对云原生模式的需求。

小结

- 在云原生环境中，必须考虑应用程序的生命周期，并将它看作单独的逻辑实体，即使每个应用程序实例都有自己独立的生命周期。
- 还必须仔细关注某个应用程序的生命周期事件，看其会如何影响软件中其他的应用程序。
- 只有当一个应用程序的多个实例可以同时支持不同的配置时，才能使用滚动升级的部署方式。否则，必须使用蓝/绿升级的部署方式。两者都可以在零停机时间内完成。
- 一个精心设计的密码轮换模式，可以通过滚动升级的方式来实现。
- 如果人为替换应用程序的实例也可以实现这种模式，那么也可以这样做。让我们放下这种偏见。

- 应用程序日志应该被发送到 stdout 和 stderr，大多数云原生平台都会在那里处理它们。
- 应用程序的状态必须是可用的，这样才能持续检查系统的健康情况，并且所依赖的应用程序才能够适应变化。
- 无服务器计算是云原生的一种极端形式，它使用了本书中介绍的大多数模式。

8 如何访问应用程序：服务、路由和服务发现

本章要点

- 单个服务代表了多个应用程序实例
- 服务端负载均衡
- 客户端负载均衡
- 服务实例的动态路由
- 服务发现

我已经介绍了如何将一个应用程序部署为多个实例，但是仍然作为一个单独的逻辑实体来运行。你应该也已经知道，必须保持应用程序无状态，这样就不会依赖前一个请求是否被同一个实例处理。你已经看到了应该如何小心地管理所有实例之间的配置，以确保无论哪个实例最终处理请求，都能得到相同的结果，甚至在应用程序生命周期事件期间也是如此。现在，我想将这个逻辑实体形式化，这样就能消除示例程序中三个微服务之间的脆弱连接。

请稍等片刻，让我先从基本的原理讲起，它们很重要。因为你知道应用程序会被部署为多个实例，所以提供了一种有效的扩展方式来满足需求，并且创建了一个

更有弹性的系统。图 8.1 展示了组成示例系统的三个应用程序的多个实例。

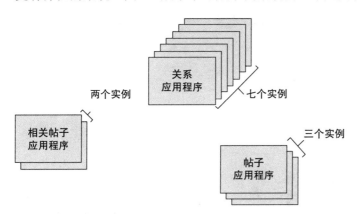

图 8.1 在云原生软件中，应用程序被部署为多个实例。为了让软件可以正常运行，你会希望每一组实例都作为一个单独的逻辑实体来运行

在前几章中，你已经将这些应用程序相互连接起来了，但是没有关注具体是如何连接的。现在，对于每个实例集合，让我们引入一个方框，表示单独的、逻辑上的应用程序抽象。如图 8.2 所示，我不仅在每一块上都进行了标记，而且用应用程序的名称标记了逻辑实体和应用程序的实例。

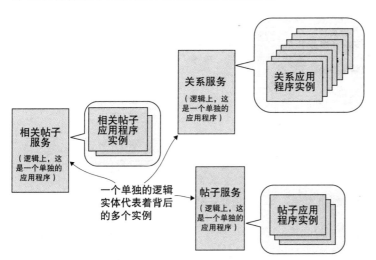

图 8.2 每一组应用程序实例都由一个定义了应用程序行为的逻辑实体来表示

然后，你可以暂时先不深入每个应用程序的实现细节，就像我在图 8.3 中所做的那样（不要担心，稍后我们会回到对细节的讨论上）。该图中所做的另一件事是将逻辑实体标记为"服务"。我已经在不同的语境中使用过这个词，我在这里与之

前的使用方式完全一致。在此之前，我将一个"服务"称为一个组件（例如，数据库或者消息总线）。但是请记住，某些应用程序通常是其他应用程序使用的软件组件，因此，实际上它们都是服务。

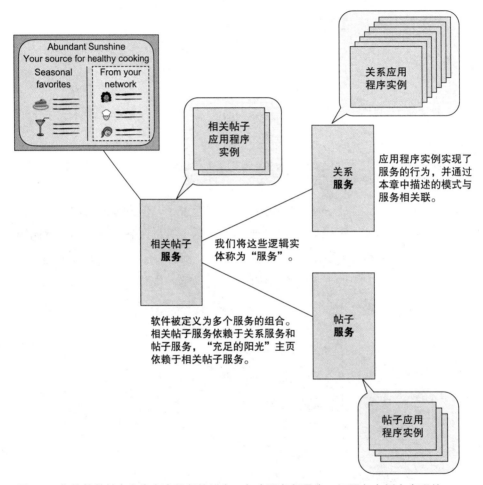

图 8.3　你的软件被定义为多个服务的组合。每个服务都是由一组服务实例来实现的

如果你现在关注于逻辑上的应用程序或者服务，可以将软件定义为一组相互连接的服务集合。如你所知，相关帖子服务同时依赖于关系服务和帖子服务，如图 8.3 所示。在这个部署中，相关帖子服务的客户端是"充足的阳光"这个网页。

本章主要讨论这些服务，尤其是其中的两个方面。首先，这些服务如何与它们所代表的应用程序实例关联（路由），其次，这些服务的客户端如何发现和找到服务（服务发现）。路由和服务发现可以通过多种方式实现，而你（作为软件架构师/

开发人员）必须理解这些技术，才能为软件做出最佳的设计。

这可能感觉有点抽象，所以我会先介绍一个熟悉的、具体的例子。然后，我将深入探讨有关路由的内容。对于云原生软件，必须是动态路由，只有通过这种方式，传入的请求才可以到达服务抽象中某个不断变化的实例集合。我会介绍传统的负载均衡和客户端负载均衡。在前者中，客户端调用会通过一个中心化的负载均衡器将请求路由到各个实例，而在后者中，负载均衡会被嵌入客户端。然后，我将介绍客户端如何找到和定位服务，于是会引入对名称服务器（name server）和 DNS 的介绍。最终你会修复示例程序中脆弱的服务配置。

8.1 服务抽象

从某个抽象层面上谈论服务是很容易的。在你已经阅读的大半本书中，我都是这么做的，但有些概念现在有点模糊，所以我想修正一下。我想先从一个简单的思维模型开始，如图 8.4 所示。

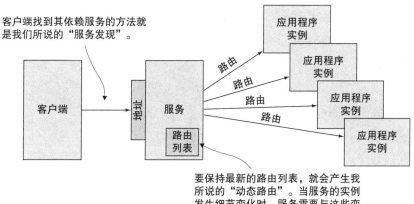

图 8.4 由一组应用程序实例所表示的单独的逻辑实体，我们称之为一个服务。让客户端可以找到和访问相关服务的方法，我们称为服务发现。在多个应用程序实例间分发请求的方法，我们称为动态路由

在这个模型里，你可以看到 4 个应用程序实例，以及表示它们所组成的单独逻辑实体的服务。服务的左侧是一个通过地址来访问服务的客户端。客户端找到服务的方法称为服务发现（service discovery）。当某个请求被服务接收时，它会被路由到其中某个实例上。正如你所知道的，服务实例会一直发生变化，有时是两个，有时

是十个。它们的 IP 地址也在不停变化。为了让实例在任何时刻都可以响应请求，服务必须与路由的实例列表保持同步。这就是我所说的动态路由。我在本章中会反复引用这张图，所以你可以将此页加入书签。

> **注意** 像服务寻址、路由和服务发现等设计决定，是在软件部署时决定的，而其他设计是在软件开发时决定的。

就像我们到目前为止所讨论的几乎所有内容一样，处理云原生的模式需要同时在软件和云平台中实现。最终，作为软件架构师或者开发人员，你需要确保你的实现能够支持不同的部署方式，或者说，如果实现本身就是一个模式，那么你需要清楚地理解为什么要做出这样的选择。本章的目的是帮助你理解技术和了解如何做到权衡，以便你在处理服务时可以做出正确的选择。

为了理解这些设计模式，让我们先来看几个例子。

8.1.1 服务示例：用 Google 进行搜索

让我们从大家熟悉的内容开始，尽管你可能还没有在服务和服务发现过程中考虑过它。让我们看看当你用 Google 搜索时会发生什么。当你在浏览器（本例中即表示服务的客户端）中输入 www.google.com 时，是通过名称来找到 Google 的搜索服务的。但是，对 Google 主页的请求会被发送到一个指定的 IP 地址，在这里会通过域名系统（DNS）将域名转换为对应的 IP 地址。

DNS 的实现细节非常复杂，它是一个高度分布式的、分层的系统，配置了很多如何传递数据的规则。为了简单起见，让我们使用 ping 命令来获取域名 www.google.com 的 IP 地址：

```
$ ping www.google.com
PING www.google.com (216.58.193.68): 56 data bytes
64 bytes from 216.58.193.68: icmp_seq=0 ttl=53 time=19.189 ms
```

实际上，这个域名可以解析为许多不同的 IP 地址，但是我们只需要一个 IP 地址就可以了。图 8.5 是比图 8.4 更详细的版本，展示了搜索服务的 IP 地址。当客户端通过域名引用服务时，服务发现流程会查询 DNS，获得域名 → IP 地址的映射，然后通过该 IP 地址定位到服务实例。

8.1 服务抽象

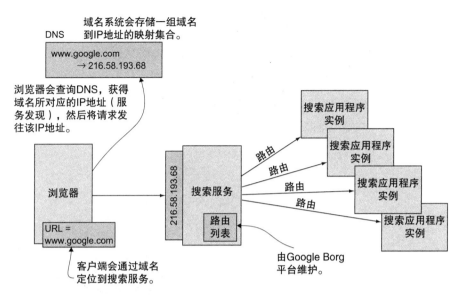

图 8.5 通过域名 www.google.com 找到 Google 搜索服务,该域名会通过 DNS 映射到一个具体的 IP 地址。Google 平台会维护一份最新的搜索服务实例的路由列表,并将请求负载均衡到这些实例上

在服务抽象的右侧是路由,用来将流量导向实际的服务实例。虽然我从来没有成为 Google 网站可靠性工程(SRE)团队的一名成员,但是可以合理地假设一下,这个 IP 地址是一个负载均衡器的地址,负责将请求分发到一组 Google 首页应用程序的实例上。这些实例是不断变化的,因此服务所包含的路由列表必须是最新的,并且这是通过 Google 平台自身来保证的。[1] 图 8.5 说明了 Borg 在动态路由过程中起到的作用。

对于你可能一天要进行多次的操作,可以采用基础的服务模式。你可以使用一个域名 www.google.com 来定位一个服务。DNS 作为服务发现过程的一部分,会将这个域名映射到一个 IP 地址,由一个负载均衡器(Google 平台负责保证最新的路由列表)将流量路由到实现服务的各个应用程序实例上。

我们来看一下第二个例子,它说明了两件事。首先,它说明了在不使用服务发现时会发生的情况;其次,它提供了如何维护动态路由表的更多内容。

---

[1] Google 在 2015 年的论文 "Large-Scale Cluster Management at Google with Borg"(文章网址参见链接36)中介绍了这个平台。

8.1.2 服务示例：我们的博客聚合器

让我们看一下博客聚合器的示例程序。你尤其需要注意帖子服务，因为运行了它的多个实例，因此需要动态路由。你还可以查看服务的客户端，特别是相关帖子应用程序。与 Google 的例子一样，你需要查看服务抽象的右侧（动态路由）和左侧（服务寻址和服务发现）内容；图 8.6 再次提供了一个比图 8.4 更详细的版本。

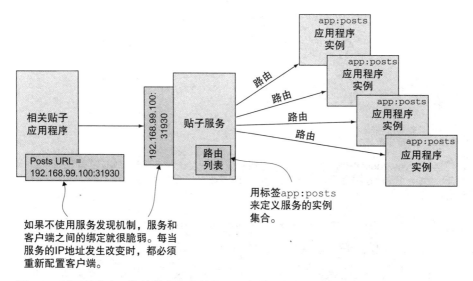

图 8.6 到目前为止，你的博客聚合软件还没有使用任何服务发现的功能，并且没有通过 IP 地址将相关帖子服务与帖子服务绑定，这会让部署变得很脆弱

相关帖子服务，即帖子服务的客户端，配置了帖子服务的 IP 地址。通过查看 cookbook-deployment-connectionposts.yaml 文件中定义的环境变量，你可以看到帖子服务的 URL 类似 http://192.168.99.100:31930/posts?userIds= 这样的形式。你可能还记得，之前每次重新创建帖子服务时，都必须重新对相关帖子应用程序进行配置，在这个 URL 中指定新的 IP 地址和端口。你不得不这样做，是因为你没有使用服务发现的功能。在本章的最后，我们将修复这个问题。在图 8.6 中，可以看到服务被分配了这个 IP 地址，并且这个值也被硬编码到了服务的客户端中。

在服务的右边是路由。Kubernetes 提供了一种简单及优雅的方法，来指定一个服务的实例，即标签（tag）和选择器（selector）。帖子服务的每个实例都使用了键/值对 app:posts 作为标签。服务是通过一个选择器来定义的，指定该服务代表了一组由 app:posts 标签所标记的实例列表。这如图 8.6 的右侧所示。

Kubernetes 本身已经实现了持续更新路由列表的功能，这样无论你何时访问服务，请求都将被路由到当前的实例之一。

虽然希望这两个例子已经帮助你解释了服务思维模型的关键部分，但我希望你还想了解更多。我还没有介绍任何具体的实现方式，也没有过多地讨论我所提到的折中方案。现在让我们从服务抽象的右侧开始来深入研究。

8.2 动态路由

我们需要讨论服务抽象右边的两个元素：如何保持应用程序实例列表的最新状态，以及如何将流量路由到这些实例。我将后者称为负载均衡，并且会介绍两种方法：服务端负载均衡和客户端负载均衡。

8.2.1 服务端负载均衡

当然，你可能已经很熟悉服务端负载均衡，因为它是最常用的实现方式。在该模式的部署实现中，有一个组件会接收传入的请求，然后将这些请求发送到一个相应的实例中。在我的客户案例中，通常会看到同时使用基于硬件和软件的负载均衡器（包括 F5、Nginx，以及来自 Cisco 和 Citrix 等老牌网络公司的产品），以及来自主要云服务厂商提供（例如，Google、Amazon 和 Microsoft）的负载均衡服务。

负载均衡通常会通过 TCP/UDP 或者 HTTP 完成。负载均衡器选择路由到某个实例的方式会有所不同，例如，轮询或者随机。这些选择算法的细节不是你应该关心的。我故意在这里省略了一些细节，因为对于你的云原生软件来说，绝对不应该在这些细节上花太多精力。如同云原生应用程序不应该让请求依赖于相同的实例一样，实例也不应该依赖于任何特定顺序的循环。由于负载均衡器通常允许打开会话关联的功能，也就是所谓的黏性会话，所以我必须再次重申你不应该这样做。依赖黏性会话的应用程序不是云原生的。

集中式的负载均衡有以下几个优点：

- 技术成熟。我在前面提到的负载均衡器已经发展了几十年，因此很稳定。
- 集中式的实现通常比高度分布式的实现更容易理解。
- 配置一个单独的、集中式的实体，通常比配置高度分布式的实体更加容易。

另一方面，一个单独的实体可能代表系统中存在的一个单点故障，但实际上，出于伸缩性和弹性的考虑，服务端负载均衡几乎总是会被部署为集群。图 8.7 展示了通过服务端负载均衡（展示为集群）分发客户端请求的过程，服务端负载均衡器会负载将请求分发到所有服务的实例上。

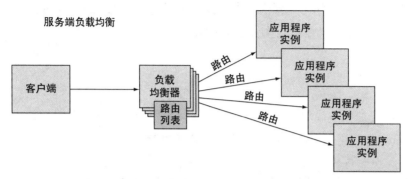

图 8.7　使用集中式或者服务端负载均衡的方法，客户端请求一般由一组负载均衡器来处理，它们拥有服务所有实例的路由列表。负载均衡器会将客户端的请求分发到不同的应用程序实例

8.2.2　客户端负载均衡

如果你将负载均衡器集群的想法发挥到极致，那么甚至可以将负载均衡组件放在客户端中，如图 8.8 所示。注意，客户端的每个实例都内置了自己的负载均衡功能。

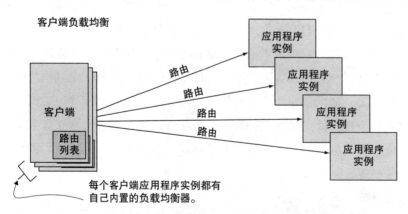

图 8.8　通过客户端的负载均衡，客户端可以直接向服务实例发送请求，并将请求分发到所有的实例上。客户端自身会维护一个实例的路由列表

客户端负载均衡越来越受欢迎，因为软件的微服务数量急剧增加，相应地，系统中的网络请求数量也随之增加。将负载均衡器放入客户端，可以有效地减少一次跨网络跳转，可以显著地提高性能。对比图 8.7 和图 8.8，你可以看到客户端可以直

接访问图 8.8 中所示的服务实例。

对于客户端负载均衡，你几乎总需要使用一个框架，要么加载相关的依赖库（与 Netflix Ribbon 一样，详情参见链接 37），要么使用其他技术，例如挎斗（sidecar）模式（与 Istio 一样，详情参见链接 38）。不管采用哪种方式，在你得出总是希望优化性能的结论、并且因此选择使用客户端负载均衡之前，请考虑以下一些可能的影响：

- 如果要将库绑定到代码中，更新客户端负载均衡框架会要求重新构建应用程序。
- 配置负载均衡功能可能会比较困难。
- 你需要了解如何使用客户端负载均衡的具体功能。通过使用一些经过良好测试并且使用广泛的库，你可能已经非常熟悉如何从客户端发起 TCP 或者 HTTP 请求。不过你现在正在学习一种新的协议。
- 最重要的是，你需要考虑应用程序的部署环境。例如，如果选择使用 Ribbon，那么会更难以使用服务端的负载均衡器，因为可能会受到公司政策的限制。

你的软件使用客户端负载均衡还是服务端负载均衡，可能会受企业标准的限制，并且肯定会受到开发团队架构理念的重大影响。无论使用的是客户端负载均衡还是服务端负载均衡，你都需要了解另一种模式，即如何保持路由列表中服务实例的最新状态，即使这一点可能是由平台来实现的。

8.2.3 路由刷新

从表面上看，保持更新路由列表似乎很简单，当创建新实例时，将其地址添加到列表中，而销毁实例时，将其地址从列表中删除。但是，在一个高度分布式的、不断变化的环境中，即便是概念上如此简单的事情也会变得十分复杂。回顾第 7 章关于应用程序生命周期的讨论，回想一下你已经考虑过的一些临界情况——例如，一个应用程序突然崩溃，于是无法对外声明自己即将销毁。如果路由表的准确性依赖于希望这种边界情况永远不会发生，那么你的系统也将永远无法正常工作。

一个正常运行的系统的核心，是一个控制循环（没错，这是另外一个控制循环！），它的工作是不断地评估部署的实际状态，并确保路由表反映了这一事实。你的云原生平台会提供所需的核心功能，而你的工作是确保应用程序提供平台所需要的信息。对于路由刷新,这意味着两件事情:(1)提供信息,使平台能够建立系统实际状态的一个准确模型,以及(2)提供一种方法,让平台可以识别哪些是服务的实例。

我们在第 7 章已经讨论了其中的第一部分。你负责实现应用程序的健康端点,供平台来检查应用程序的健康状态。回想一下你已经配置的 Kubernetes 和云原生平台,它们是如何实现对这些健康端点的检测的,这些都会被用来构建系统状态的模型。

保证更新路由信息的第二部分,是一种可以识别列表中应用程序实例集合的方法。同样,这种方法跟平台有关,在 Kubernetes 中,这是通过标签和选择器来实现的。虽然我以前没有对这方面做过详细介绍,但是在部署示例程序中一直在使用。图 8.9 显示了帖子服务的部署清单 cookbook-deployment-posts.yaml 中的一部分内容。

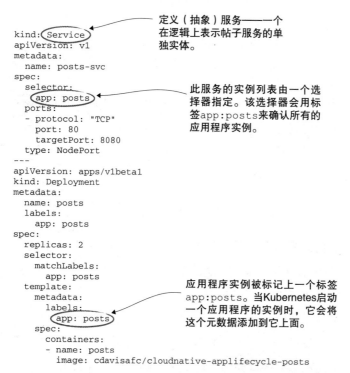

图 8.9 帖子(抽象)服务及其实例的清单。服务实例的路由列表会通过一个控制循环来保持更新,并通过选择器来找到满足某个指定条件(在本例中是标签 app:posts)的所有应用程序实例

在这里,你可以看到 Kubernetes 将整个服务抽象称为一个"服务(Service)",

8.2 动态路由

并且部分定义是一个带有标签 app:posts 的选择器。再往下，在应用程序实例的定义中，可以看到实例会被各种元数据标记，包括 app:posts 标签。保持更新路由列表的控制循环会适当查询系统实际状态的模型，并相应地更新路由表。

好了，现在你已经了解了关于动态路由和负载均衡的知识，我可以向你展示帖子服务右侧的具体实现了。我在这里会使用本书中介绍的基于 Minikube 的部署。

如果你回顾图 8.6，可能会认为这里描述的服务就是负载均衡器，但是它只是一个抽象概念。在我们基于 Minikube 的部署中，负载均衡器是通过 Kubernetes 的一个组件来实现的，我们称之为 Kube 代理（Kube Proxy）（Minikube 只能在 Kubernetes 的非生产环境中部署，此时出现单点故障是可以接受的）。正如其名，Kube 代理会接收传入的请求，并将它们路由到适当的后端实例。在 Kubernetes 中，每个应用程序实例都被分配了自己的 IP 地址，正如你刚才所看到的，一个控制循环会不断地查询带有 app:posts 标签的实例集合。此时的系统拓扑如图 8.10 所示。需要说明的是，这是服务端负载均衡的一个实现。

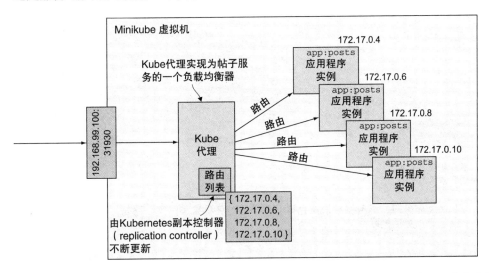

图 8.10　帖子服务在 Minikube 中的具体实现。Kube 代理是一个负载均衡器的实现，它包含帖子服务所有实例的 IP 地址列表

在介绍了图 8.4（以及之后的多张图）中服务抽象的右边实现之后，现在让我们转向左边，它展示了如何访问服务。在创建帖子服务时，Minikube 会动态地分配一个 Kube 代理正在监听的端口。Minikube 虚拟机的 IP 地址和这个端口是用来访问服务的，但这不是稳定的。当服务地址改变时，必须重新配置客户端，因为你在示

例中没有使用任何服务发现。一个客户端可以通过服务发现更好地指向某个服务，我们现在会深入介绍这一点。

8.3 服务发现

从核心角度来看，你需要的是一个简单的抽象，它能够将客户端与所依赖服务的（不断更改的）地址松散地耦合起来。这并不复杂，你需要的只是一个名称服务。图 8.11 描述了一个简单的协议，允许客户端通过名称来引用某个服务，即通过名称查询到对应的地址，并建立连接。

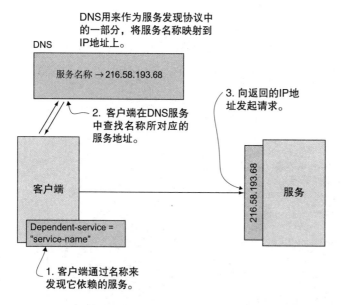

图 8.11 在访问服务时，服务发现协议允许客户端通过名称来指向某个服务，从而在两者之间建立起更加灵活的联系

要实现服务发现，需要两个部分。首先，需要有一种方法将名称和 IP 地址的映射内容加入名称服务。其次，必须有一种方法能够获取到某个指定名称对应的地址。这乍一听上去很简单，就好像一个简单的映射一样。但是，一旦放在分布式的环境中就会变得十分复杂。好消息是，你不必自己解决这个问题。名称系统有很多，你的工作就是有效地使用它们。

但是，在继续介绍如何使用它们之前，让我先谈谈在云原生应用程序中要使用的名称系统。你已经可以非常清楚地认识到，在一个高度分布式的软件拓扑结构中，

8.3 服务发现

可独立操作的副本是至关重要的。名称服务本身就是一个多副本的分布式系统。在不深入讨论 CAP 定理细节的情况下,[1] 通常会优先考虑名称服务的可用性而不是一致性,这也是为了适应特定场景所做出的选择。要了解背后的原因,让我们思考一下客户端访问服务时会发生什么。

优先考虑可用性而不是一致性,意味着当客户端向名称服务请求地址时,总会得到一个答案,但是这个答案可能已经过时了。只有当服务使用了新地址或者不再使用旧地址,但是最新信息尚未在整个系统中传播时,才会给出不正确的答案,这时回答客户端问题的名称服务节点会稍微有些过时。但是,一个设计良好的名称系统会最小化这种可能出现不一致的窗口。由于客户端在没有名称解析的情况下无法访问服务,而且在大多数情况下,名称服务给出的答案都是准确的,因此,与一致性相比,更加需要可用性。但是,由于可能会发生不一致(尽管很少见),名称解析系统的客户端必须考虑这种可能性。

作为客户端应用程序的开发人员,你负责实现必要的补偿行为。这并不表示你需要单独处理某种具体不一致的情况,而是某些基本的模式(例如重试,我们将在第 9 章中详细介绍),在许多情况下它们可以提供帮助。因此,让我们向服务发现协议中添加一些基本的重试。

假设你的服务最近经历了一些生命周期事件,销毁了一个实例并创建了一个新的实例。当客户端访问该服务时,它会查询 DNS 服务,获得可以访问的 IP 地址,但是,因为它更看重可用性而不是一致性,所以 DNS 会使用已经销毁的服务实例的 IP 地址进行响应。客户端会尝试用这个地址来访问服务,当然,它不会收到任何响应。它可能会重试一两次请求(我将在第 9 章更详细地介绍重试机制),但是最终它会失败。该行为如图 8.12 的上半部分所示。

---

[1] CAP 原理由计算机科学家 Eric Brewer 证明,其内容指出对于分布式的数据存储,一致性、可用性和分区容忍性(CAP)三者中只能同时满足两个。详情请参考链接39所指向的网址中的内容。

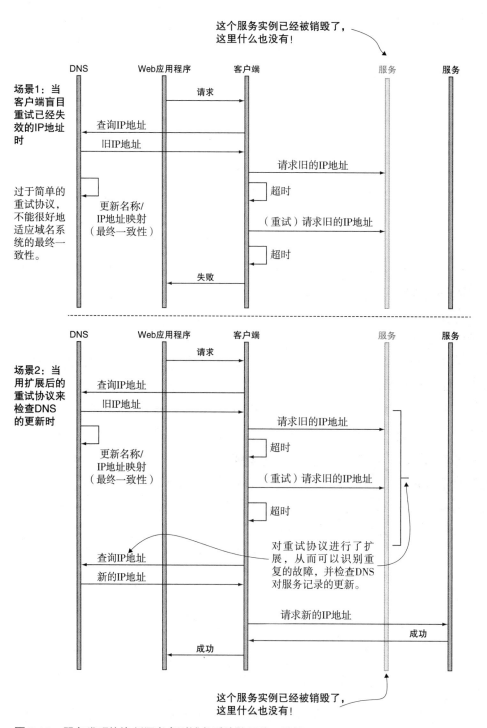

图 8.12 服务发现协议必须考虑到域名系统的最终一致性

我们知道 DNS 是最终一致性的，如果你稍微调整一下这种行为，就会得到更好的结果。经过几次失败的重试后，你可以再次请求 DNS 提供一个 IP 地址，因为在此期间 DNS 已经更新，并且现在与实际情况保持一致，所以你会获得一个新的 IP 地址。现在访问新的地址可以成功得到响应，于是客户端也可以正常工作了。图 8.12 的下半部分显示了这个协议。根据在客户端代码中使用的框架，你可能需要来负责这个实现，也可能不需要负责，因为有些框架可以透明地替你实现这个协议。当然，你必须清楚地知道自己是否要对此负责。

但是，如果碰巧的是，在旧的 IP 地址上有了另一个服务，会发生什么呢？这是一个危险得多的假设。对这个难题的简短回答是，名称服务永远不应该被作为一种安全实现。服务的实现和部署必须提供访问控制的机制，不允许未经授权的访问。这样做之后，客户端对旧 IP 地址的访问会接收到一条错误消息，表示访问被拒绝，客户端可以再适当地做出反应。如果知道访问控制的问题可能是由于旧 IP 地址导致的，这意味着，作为一名客户端开发人员，你可以通过名称服务来检查更新的 IP 地址是否可用，如果地址可用，则执行一次重试。

对服务发现的边界情况的讨论，预示着我们将在第 9 章和第 10 章对补偿机制进行更深入的讨论。让我们暂时离开这个话题，看看核心的服务发现模式是如何具体实现的。

8.3.1 Web 的服务发现

你在本章中已经见过这个场景了：当使用 Web 浏览器访问 Google 时会发生什么？浏览器实现了访问名称服务（在本例中指 DNS）的客户端协议，然后将请求发送到该地址。但是相应的地址项是如何先被保存在 DNS 中的呢？我们知道，这是通过显式指定的方式来实现的。

图 8.13 显示了 Cloud DNS 的控制台，这是 Google 在其 Google Cloud Platform（GCP）中提供的一个 DNS 界面。你可以看到许多名称与 IP 地址的映射记录。在本例中，这些都是在 GCP 上安装 Cloud Foundry 时完成的。

在这种场景下，Web 会使用 DNS 服务来提供名称服务的功能，并通过一个软件部署流程将映射记录添加到 DNS 中。当你访问 pcf.kerman.cf-app.com 这个 URL 时，浏览器会查询 DNS 获取到 IP 地址 35.184.74.187，指向你的 Cloud Foundry Operations Manager 应用程序。

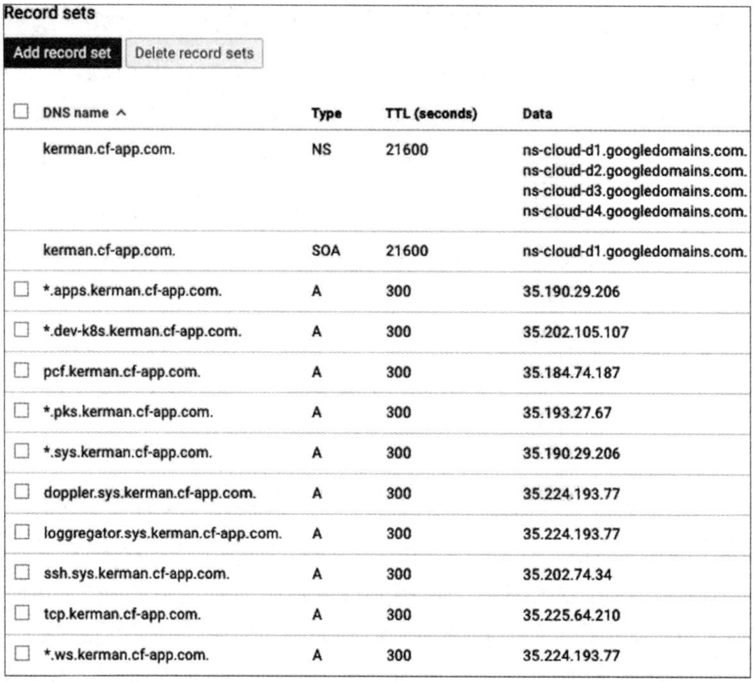
Record sets

Add record set | Delete record sets

DNS name	Type	TTL (seconds)	Data
kerman.cf-app.com.	NS	21600	ns-cloud-d1.googledomains.com. ns-cloud-d2.googledomains.com. ns-cloud-d3.googledomains.com. ns-cloud-d4.googledomains.com.
kerman.cf-app.com.	SOA	21600	ns-cloud-d1.googledomains.com.
*.apps.kerman.cf-app.com.	A	300	35.190.29.206
*.dev-k8s.kerman.cf-app.com.	A	300	35.202.105.107
pcf.kerman.cf-app.com.	A	300	35.184.74.187
*.pks.kerman.cf-app.com.	A	300	35.193.27.67
*.sys.kerman.cf-app.com.	A	300	35.190.29.206
doppler.sys.kerman.cf-app.com.	A	300	35.224.193.77
loggregator.sys.kerman.cf-app.com.	A	300	35.224.193.77
ssh.sys.kerman.cf-app.com.	A	300	35.202.74.34
tcp.kerman.cf-app.com.	A	300	35.225.64.210
*.ws.kerman.cf-app.com.	A	300	35.224.193.77

图 8.13 将域名映射到 IP 地址的 DNS 记录

8.3.2 服务发现和客户端负载均衡

正如你所看到的，服务发现就是允许在某个指定的地址找到某个服务，而不需要将地址紧耦合到客户端代码实现中。在服务端和客户端实现负载均衡时都会使用到该协议，但是它们之间有一些差异。图 8.14 清楚地说明了这一点，二者的区别在于时间差。

对于服务端负载均衡，名称解析通常会作为服务调用的一部分完成，即在查询 DNS 之后，将某个请求发送给服务。另一方面，对于客户端负载均衡，服务发现协议主要用来更新客户端中的路由列表。从某种程度上讲，我们已经混合了负载均衡和服务发现的概念，因此需要花点时间来讨论一下细节。

我已经提到了 Netflix Ribbon 和客户端负载均衡器的实现。该框架支持一种编程模型，其中客户端代码可以通过名称来引用所依赖的服务。在 Spring 框架中，这可以通过一个类注解来实现，如以下所示：

```
@RibbonClient(name = "posts-service")
```

8.3 服务发现

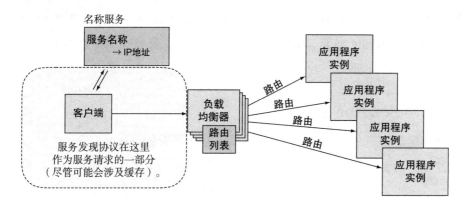

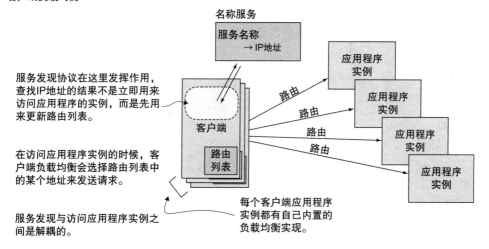

图 8.14 客户端负载均衡与服务端负载均衡之间的服务发现存在差异

稍后在代码中，你可以使用该名称，例如，通过 restTemplate 来访问服务：

```
String posts
  = restTemplate.getForObject("http://posts-service/posts", String.class);
```

地址查询和请求分发是通过 Spring 框架和 Ribbon 客户端一起实现的。但是服务发现也依赖于注册到名称服务中的名称/地址映射。当使用客户端负载均衡时，你需要借助一个特殊的服务。Netflix Ribbon 几乎总是与另一个服务发现框架——Netflix Eureka（详情参见链接 40）一起结合使用。

在这种情况下，你必须运行一个 Eureka 服务，作为从指定名称中解析出 IP 地址的名称服务。向 Eureka 中注册一个服务实例的最简单方法，也是通过 Spring 框架。任何在类路径中包含了 Eureka 的 Spring Boot 启动器，并且配置了 Eureka 服务地址的应用程序，都会被 Spring 框架自动注册到 Eureka 中。这是 Spring 框架为你管理的一部分应用程序生命周期。

8.3.3 Kubernetes 中的服务发现

我将要介绍的最后一个示例，为添加服务发现做好了准备，从而消除了之前章节中脆弱的配置。当然，这个模式与前两个示例相同，有一个名称服务、一个在名称服务中增加记录的流程，以及另一个用来根据名称获取 IP 地址的协议。

Kubernetes 提供了一个名为"CoreDNS"的 DNS 服务实现（好吧，用 Kube-DNS 可能会更加有趣一些。2018 年年底，Kube-DNS 被下一代的 CoreDNS 所取代）。尽管它是一个可选的组件，但我目前遇到的 Kubernetes 部署在默认情况下都会安装它。它可以作为一个应用程序（在一个 pod 中），被部署到正在运行的 Kubernetes 集群中。Kubernetes 平台的其他部分，以及应用程序的代码，可以同它进行交互，执行注册和查询等服务发现的操作。你可以执行以下命令来查看运行中的 CoreDNS：

```
$ kubectl get pods --namespace=kube-system
NAME                                     READY   STATUS    RESTARTS   AGE
coredns-86c58d9df4-8mfq8                 1/1     Running   0          6d19h
coredns-86c58d9df4-sfqjm                 1/1     Running   0          6d19h
etcd-minikube                            1/1     Running   0          6d19h
kube-addon-manager-minikube              1/1     Running   0          6d19h
kube-apiserver-minikube                  1/1     Running   0          6d19h
kube-controller-manager-minikube         1/1     Running   0          6d19h
kube-proxy-jwcmg                         1/1     Running   0          16h
kube-scheduler-minikube                  1/1     Running   0          6d19h
storage-provisioner                      1/1     Running   0          6d19h
```

在这个输出中，你可能会注意到，CoreDNS 是作为一个由两个 pod 组成的集群运行的。名称服务是组成软件系统的一个关键组件，因此必须以一种高弹性的方式进行部署。多个实例有助于增加这种弹性。

作为服务发现协议的第一部分，Kubernetes 在创建服务时会自动完成 DNS 注册。Kubernetes 为某个指定服务注册的名称，可以在部署清单中显式地指定，或者默认来自标准的服务字段，例如服务名称。

而对于协议的另一部分——查询，方法则很简单。CoreDNS 在这方面与其他

8.3 服务发现

DNS 一样。任何正常情况下与 DNS 服务的交互处理（例如，通过 `restTemplate` 发出的 HTTP 请求）都会对 CoreDNS 执行查询操作。Kubernetes 会确保在 pod 上配置正确的 CoreDNS 地址。

图 8.15 将这些部分组合在了一起：

1. Kubernetes 集群会提供一个名为 CoreDNS 的 DNS 服务。
2. 在启动时，Kubernetes 会将服务的名称和地址添加到 CoreDNS 服务中。
3. 在 Kubernetes 环境中运行的所有 pod（应用程序），都会配置 CoreDNS 服务的地址。
4. 任何访问 DNS 的操作，例如，对包含某个名称的 URL 发出 HTTP 请求，都需要访问 CoreDNS 服务来解析地址。

现在，我们已经准备好应用到博客聚合示例中的知识了。

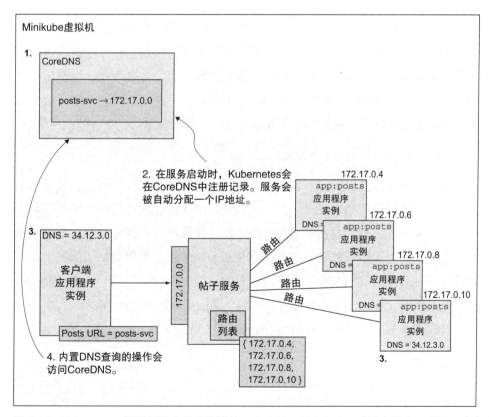

图 8.15 Kubernetes 提供了服务发现协议的一个实现，其中包含一个域名服务，以及一个自动创建并访问其中记录的流程

8.3.4 实际案例：使用服务发现

时间到了！现在你将摆脱示例中各个服务之间的脆弱配置。当你完成这些操作时，一个服务不会再通过 IP 地址来访问另一个服务地址，并且即使当服务的 IP 地址发生更改时，之前的配置也不再需要更新。你会使用 DNS 服务来实现服务发现协议。或者更好的说法是，你部署应用程序的平台（在本例中是 Kubernetes）将为你实现服务发现协议。

搭建环境

现在，我建议你参考本书前几章中运行示例的设置，对于运行示例程序，本章中没有其他新的要求。

你将要访问 cloudnative-servicediscovery 目录中的文件，因此请在终端窗口切换到该目录下。

运行应用程序

因为我已经对部署清单进行了更改，而且不再有任何脆弱的组件配置，所以我建议你删除示例应用程序的整个部署，包括数据库和配置服务器组件，以及所有的 Kubernetes 服务。这将使你清楚地看到，添加了自动的服务发现功能之后（而不是手动实现服务发现协议），你的部署将变得多么简单。你可以运行我提供的如下脚本：

```
$ ./deleteDeploymentComplete.sh all
```

请先看一下我在这里提供的内容，我首先指出这个目录比较简单。它只包含两个工具脚本和示例应用程序的部署清单。没有任何源代码，这也很能说明问题。还记得我在这一章前面提到的观点吗？我说过，设计决策同开发决策一样，都可能对部署造成影响。因为调用依赖服务（例如，从相关帖子应用程序到帖子服务）的代码已经使用了 DNS 服务，所以在应用程序部署清单中使用名称来替换脆弱的 IP 地址，不需要再更改任何代码。部署清单指向我在第 7 章中创建的 Docker 镜像。

我们首先部署两个数据库服务和 Spring Cloud Configuration Server，可以通过以下三个命令来完成：

```
kubectl apply -f mysql-deployment.yaml
kubectl apply -f redis-deployment.yaml
kubectl apply -f spring-cloud-config-server-deployment-kubernetes.yaml
```

8.3 服务发现

不要忘记重新创建 cookbook 数据库：

```
$ mysql -h $(minikube service mysql-svc --format "{{.IP}}") \
    -P $(minikube service mysql-svc --format "{{.Port}}") -u root -p
mysql> create database cookbook;
```

通过使用熟悉的命令，`kubectl get all`，你可以查看创建的部署、服务和 pod 结果。

现在让我们来看一下对关系服务部署清单做出的更改。

- 我修改了指向 MySQL 服务的 URI，改为使用名称。相关的环境变量现在如下所示：

  ```
  - name: SPRING_APPLICATION_JSON
    value: '{"spring":{"datasource":{"url":
    ➥ "jdbc:mysql://mysql-svc/cookbook"}}}'
  ```

- 你还可以看到，指向 SCCS 的地址也改为了使用名称：

  ```
  - name: SPRING_CLOUD_CONFIG_URI
    value: "http://sccs-svc:8888"
  ```

现在，你可以使用如下命令来启动关系服务：

```
kubectl apply -f cookbook-deployment-connections.yaml
```

你同样可以查看帖子服务的配置，并使用如下命令来启动帖子服务：

```
kubectl apply -f cookbook-deployment-posts.yaml
```

最后，在清单 8.1 中你可以看到，在相关帖子服务的部署清单中，现在可以用名称来引用 Redis、SCCS，以及帖子服务和关系服务。

清单 8.1　摘自 cookbook-deployment-connectionsposts.yaml

```
- name: CONNECTIONPOSTSCONTROLLER_POSTSURL
  value: "http://posts-svc/posts?userIds="
- name: CONNECTIONPOSTSCONTROLLER_CONNECTIONSURL
  value: "http://connections-svc/connections/"
- name: CONNECTIONPOSTSCONTROLLER_USERSURL
  value: "http://connections-svc/users/"
- name: REDIS_HOSTNAME
  value: "redis-svc"
- name: REDIS_PORT
  value: "6379"
- name: SPRING_APPLICATION_NAME
  value: "mycookbook"
- name: SPRING_CLOUD_CONFIG_URI
  value: "http://sccs-svc:8888"
```

可以使用如下命令来启动这个服务：

```
kubectl apply -f cookbook-deployment-connectionsposts.yaml
```

你是否注意到甚至不需要编辑任何一个部署清单？这就是服务发现所带来的松耦合的好处。

我想请你注意相关帖子服务配置中的另外两个地方。

首先，在引用帖子服务和关系服务的名称后面没有任何端口号。你可能已经注意到，前面的配置显示了两个服务监听的是同一个 IP 地址（Minikube 虚拟机的地址），但是监听的端口不同。当你将 URI（通用资源标识符）改为名称后，不仅消除了与 IP 地址的脆弱绑定，而且还改变了流量的路由方式。当使用 IP 地址时，请求会通过一个南北向的通道路由到帖子服务或者关系服务。这些请求在 Kubernetes 的环境以外传输，然后通过 Minikube VM 的 IP 地址重新进入 Kubernetes。在使用服务名称代替 IP 地址和端口后，从相关帖子服务到帖子服务的请求，会通过一个东西向的通道路由，并且都会保留在 Kubernetes 环境中。此外，当 Kubernetes 创建一个服务对象时，它会为该对象分配一个内部的 IP 地址，这个 IP 地址会与 CoreDNS 中的名称相关联。

我要提醒你注意的第二个地方与第一点有关。请注意，Redis 服务的端口号现在被设置为 6379。在以前的配置中，你通过南北向通道来访问 Redis 服务，就像访问帖子服务和关系服务一样。但是在将 Redis 的主机名更改为在 DNS 中注册的 `redis-svc` 后，就会使用东西向的路由，请求会被直接发送到 `redis-svc`。通过查看 Redis 服务的定义，你可以看到它被配置为监听端口 6379，进入该端口的请求会被转发到 `targetPort` 指定的端口，即实际运行 Redis 服务的 pod 所监听的端口。代码如清单 8.2 所示。

清单 8.2　摘自 redis-deployment.yam

```
kind: Service
apiVersion: v1
metadata:
  name: redis-svc
spec:
  selector:
    app: redis
  ports:
  - protocol: "TCP"
```

```
    port: 6379
    targetPort: 6379
type: NodePort
```

现在，示例应用程序已经具备了完整的功能，与之前的一个重要区别在于：你可以删除帖子服务或者关系服务，并重新创建它们，而这些服务的客户端，即相关帖子服务，不需要被重新配置甚至被重新部署。由于使用服务发现协议简化了对依赖服务的访问，所以你部署的云原生软件可以容忍这类变化。

如果没有一个提供了健康检查和路由更新等功能的平台的帮助，我们将很难适应云原生软件部署的不断变化。服务发现是一个同样重要的协议。你的工作是构建应用程序的代码和部署，让这些平台能够为你的软件提供这些服务。

小结

- 可以用一个简单的抽象将客户端和依赖服务之间松耦合。
- 有两种主要的负载均衡方法——集中式（或者服务端）和客户端。每种方法都有各自的优点和缺点。
- 负载均衡器的配置必须是动态且高度自动化的，因为在云原生环境中，流量被路由到的实例比过去变化的频率大得多。
- 诸如 DNS 之类的名称服务是服务发现协议的核心，该协议允许客户端在不断变化的网络拓扑中找到相关服务。
- 在使用域名服务时，作为一名开发人员，你必须考虑到名称到 IP 地址的映射表是最终一致的，你必须考虑到映射记录可能已经过期的情况。
- 使用一种服务发现协议可以让软件部署变得更有弹性。

9 交互冗余：重试和其他控制循环

本章要点

- 重试：在超时时进行访问重试
- 重试风暴
- 安全和幂等的服务
- 回退
- 控制循环

在上网冲浪时，如果访问的网页加载不了，你会怎么办？肯定会单击刷新按钮，对吗？关于冗余服务实例我已经谈了很多，现在我将讨论云原生软件中何时使用冗余，即在发出请求的时候。就像让应用程序实例始终运行是不可能的一样，让请求永远都不出问题也是不可能的。而且，软件应该会重复发起请求，就像你做的那样。好吧，也许不只是这样。让我们来探讨一下。

首先，我们讨论一下最简单的情况：加载要浏览的页面。例如，你可能正在查看 Hacker News 的主页（网址参见链接41），"Monks Who Play Punk（2007）"的标

第9章　交互冗余：重试和其他控制循环

题吸引了你的注意，然后你单击链接，打算阅读全文。这时文章无法正常加载，或者只加载了一部分，于是你单击了刷新按钮，一切都正常了。

但是，如果你在最喜爱的电子商务网站上单击了"下单（Place Your Order）"按钮后加载失败，那么不太可能能够再次单击该按钮。首先，你可以检查购物功能是否正常，可以通过检查购物车，访问订单列表，或者查看是否收到了订单确认电子邮件。如果你发现了下单的证明，那就很好了——无须重复发起失败的请求。如果你确信下单没有成功，那么应当返回并重复下单请求。

另外，有的网站可能会有这样的功能——出现"我不是机器人（I Am Not a Robot）"的复选框或者验证码。这种功能通常会针对特定的网页操作，以防止机器人创建（大量的）账户，或者防止其窃取密码。从根本上说该功能与重试有关，并且引出了请求冗余的另一个方面，即当客户端从人类用户变成机器时，你需要意识到请求的数量和频率呈数量级式的增加。

这些熟悉的场景是开始探索冗余交互很好的起点，但更重要的是要了解，云原生和人机交互的参与者和上下文环境都是不同的。在云原生软件架构中，客户端和交互服务是程序。基于软件的客户端必须做出与人类决策类似的行为。例如，在放弃请求之前应该等待多长时间。客户端还需要了解何时不应该重试，并且需要了解自身的功能。

你可能已经注意到，我使用的是"交互"一词，希望这可以让你回想到我在第1章中建立的云原生软件的思维模型。交互是我在此处介绍的主要实体之一。尽管第8章讨论了该主题，但在那里主要介绍了在建立交互之前需要做什么，例如，客户端如何找到相关服务。现在，我开始讨论真正的交互（请参见图9.1），首先，本章重点介绍交互的客户端。第10章将介绍交互的服务端。

在本章开头我们将向示例应用程序添加一个简单的重试实现，然后做一些试验来证明这种模式的价值。将这些试验发挥到极致时，可以看到大量重试对整个系统造成怎样的负面影响。然后，我们将探索预防重试风暴的技术。最后，请求重试只是重复操作的一个示例，在本章的结尾，我将讨论控制循环的一般模式，及其在云原生软件中的重要作用。

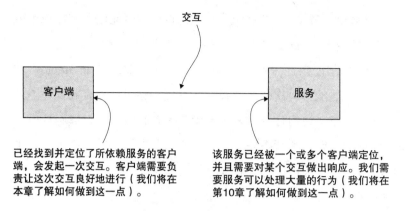

图 9.1 在交互的两端应用某些设计模式将产生更加健壮和可靠的系统。我们将在本章中介绍客户端模式，并在下一章中介绍服务端模式

9.1 请求重试

从定义上讲，云原生软件就是一个分布式的系统。在以前的代码中，调用函数只是一个方法调用，并且所有操作都在同一进程中进行。如今，这些调用都是通过在网络上发送的请求来实现的，但是网络并不总是可靠的。即使网络正常，也无法保证进程启动和运行时所调用的所有服务都是健康的。正是分布式系统的这些特点，驱动了对请求弹性的需求。

首先让我澄清一件事。我们可以通过多种方式来定义或实现请求弹性。传统的方法可能都聚焦在请求持久性上——确保请求永不丢失。但这类似升级服务器配置和存储设备的传统方法：使其变得越来越强大，这样它们就不会出现故障。另一种是更现代化的方法，即本书中的内容，接受组件终将发生故障的事实，通过适应不可避免的中断来实现弹性。这就是本章对请求的处理。通过请求冗余来实现弹性，而不是让每个请求都不可丢失。综上所述，接下来的内容将介绍存储请求的方法，但侧重点有所不同。我将在后面一一进行讨论。

9.1.1 基本的请求重试

请求重试的基本模式很简单：应用程序向远程服务发出请求，如果在合理的时间内没有接收到响应，将再次尝试。到目前为止，你已经熟悉了我们正在运行的示例（博客聚合程序），其中相关帖子服务会同时调用关系服务和帖子服务，然后返

9.1 请求重试

回聚合的结果。

稍后的演示程序会集中在相关帖子服务,其作为向帖子服务发出 HTTP 请求的客户端(它仍会向关系服务发出请求,但是出于演示目的,你只需要关注相关帖子服务和帖子服务之间的交互)。在该示例中,你已对该请求实现了重试(如图 9.2 所示),因此现在,当相关帖子服务调用帖子服务,并且没有收到响应时,它会简单地再次尝试发起一次请求。

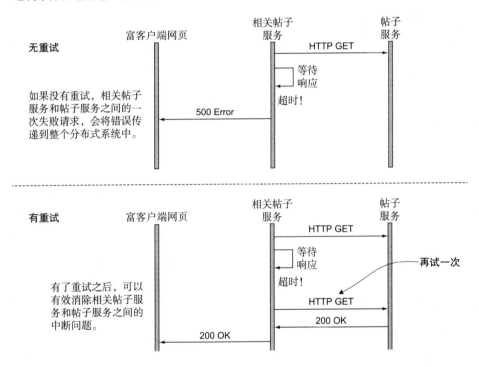

图 9.2 重试可以将分布式系统的某些部分与其他部分的错误隔离

这种简单的重试可以使整个系统对故障有更大的容忍度,避免了相关帖子服务无法产生博客聚合内容的结果。

9.1.2 实际案例:简单的重试

在本章和下一章中,我们将进行一系列的试验,探索在服务交互之间应用各种云原生模式的影响。以第一个示例作为基础,后续每个示例都基于上一个实现。你将从实现一个简单的重试开始。

第 9 章 交互冗余：重试和其他控制循环

搭建环境

请先参考前面各章中关于如何运行示例的设置说明。在本章中，运行示例方面没有新的要求。

你将访问 cloudnative-requestresilience 目录中的文件，因此在终端窗口中切换到该目录下。

如前几章所述，我已经提前构建好了 Docker 镜像，并将其上传到了 Docker Hub 中。如果要用 Java 源代码来构建 Docker 镜像，并将其推送到自己的镜像存储库中，请参考之前章节中的介绍（最详细的说明在第 5 章中）。

运行应用程序

在学习本章时，你将使用不同版本的重试模式，因此，开始时，需要在 GitHub 仓库中签出正确的标签：

```
git checkout requestretries/0.0.1
```

你需要一个 Kubernetes 集群，对于这个初始示例程序而言，可以使用 Minikube。有关如何启动和运行 Minikube 的说明，请参见 5.2.2 节。首先，删除以前工作中遗留的所有部署。我提供了一个脚本来执行此操作：`deleteDeploymentComplete.sh`。这个简单的 bash 脚本可让你保持 MySQL、Redis 和 Spring Cloud 等服务运行。不带任何参数运行该脚本，将仅删除三个微服务的部署。以 `all` 作为参数调用该脚本，会删除 MySQL、Redis 和 SCCS 服务。请使用以下命令验证你的环境是否干净：

```
$ kubectl get all
NAME                               READY   STATUS    RESTARTS   AGE
pod/mysql-6585c56bff-hfwn5         1/1     Running   0          2m
pod/redis-846b8c56fb-wr6zx         1/1     Running   0          2m
pod/sccs-84cc988f57-d2mgm          1/1     Running   0          2m

NAME                           CLUSTER-IP       EXTERNAL-IP   PORT(S)          AGE
service/connectionsposts-svc   10.101.76.173    <none>        80:31224/TCP     44s
service/connections-svc        10.105.144.139   <none>        80:32290/TCP     44s
service/kubernetes             10.96.0.1        <none>        443/TCP          4m
service/mysql-svc              10.109.9.155     <none>        3306:32260/TCP   2m
service/posts-svc              10.98.202.179    <none>        80:32746/TCP     45s
service/redis-svc              10.109.19.150    <none>        6379:30270/TCP   2m
service/sccs-svc               10.98.94.67      <none>        8888:32640/TCP   2m
```

9.1 请求重试

```
NAME                          DESIRED   CURRENT   UP-TO-DATE   AVAILABLE   AGE
deployment.apps/mysql         1         1         1            1           2m
deployment.apps/redis         1         1         1            1           2m
deployment.apps/sccs          1         1         1            1           2m

NAME                                      DESIRED   CURRENT   READY   AGE
replicaset.apps/mysql-6585c56bff          1         1         1       2m
replicaset.apps/redis-846b8c56fb          1         1         1       2m
replicaset.apps/sccs-84cc988f57           1         1         1       2m
```

请注意，mysql、redis 和 sccs 三个微服务依然保持正常运行。如果清除了 redis、mysql 和 sccs 服务，请运行 deployServices.sh bash 脚本进行部署。如果你重新创建了 MySQL 服务，不要忘记使用以下命令来创建 cookbook 数据库：

```
$ mysql -h $(minikube service mysql-svc --format "{{.IP}}") \
     -P $(minikube service mysql-svc --format "{{.Port}}") -u root -p
mysql> create database cookbook;
```

现在，你可以通过运行三个 kubectl apply 命令来部署这三个微服务，这些命令指向相关帖子服务、关系服务和帖子服务的 YAML 文件。我创建了一个脚本封装了这三个命令，你可以简单地运行以下脚本：

```
./deployApps.sh
```

完成之后，可以像之前那样，首先通过登录，然后调用相关帖子服务来获取关注的帖子列表：

```
curl -i -X POST -c cookie \
    $(minikube service --url connectionsposts-svc)/login?username=cdavisafc
curl -i -b cookie \
    $(minikube service --url connectionsposts-svc)/connectionsposts
```

此时，你应该能够重复执行最后一个命令，并获得一致的结果。

现在让我们制造一些麻烦。回想一下，在前面的章节中，你已经在帖子服务中添加了一个端点来打断它。如果对 /infect 端点发出 HTTP POST 请求，那么对服务的后续请求会延迟 400 秒返回响应。这样就模拟了服务中断的情景。注意，在部署清单中，我删除了在第 8 章末尾添加的活性探测。对于这里的试验，我想保持这些服务处于中断状态。当前，你有两个帖子服务实例正在运行，可以发出 POST 请求来中断其中一个：

```
curl -i -X POST $(minikube service --url posts-svc)/infect
```

在再次调用相关帖子服务之前,让我们在另一个终端窗口中运行以下命令,打印该服务的日志:

```
kubectl logs -f <name of your Connections' Posts pod>
```

现在,再访问几次相关帖子服务。我希望你注意两点。首先,对于每个 curl 请求,都会收到一个响应,表示聚合服务运行正常。但是其次,通过查看日志,你会看到如以下所示的内容:

```
... : [172.17.0.10:8080] getting posts for user network cdavisafc
... : [172.17.0.10:8080] connections = 2,3
... : [172.17.0.10:8080] On (0) request to unhealthy posts service I/O
  error on GET request for "http://posts-svc/posts": Read timed out;
  nested exception is java.net.SocketTimeoutException: Read timed out
... : [172.17.0.10:8080] On (1) request to unhealthy posts service I/O
  error on GET request for "http://posts-svc/posts": Read timed out;
  nested exception is java.net.SocketTimeoutException: Read timed out
... : [172.17.0.10:8080] On (2) request to unhealthy posts service I/O
  error on GET request for "http://posts-svc/posts": Read timed out;
  nested exception is java.net.SocketTimeoutException: Read timed out
... : [172.17.0.10:8080] Retrieved results from database
```

这表明对超时的帖子服务发出了请求,但客户端没有将这种错误传回给你,而是通过重试请求,自动恢复了相关帖子服务。即使进行了几次重试(在前面的示例中,进行了 3 次重试),最终请求仍然抵达了未中断的帖子服务,并返回了结果。

让我们看一下 ConnectionsPostsController.java 文件中的实现代码,如清单 9.1 所示。

清单 9.1 摘自 ConnectionsPostsController.java 中的内容

```java
int retryCount = 0;
while (implementRetries || retryCount == 0) {
  try {
    RestTemplate restTemp = restTemplateBuilder
                    .setConnectTimeout(connectTimeout)
                    .setReadTimeout(readTimeout)
                    .build();
    ResponseEntity<PostResult[]> respPosts
      = restTemp.getForEntity(postsUrl + ids + secretQueryParam,
                    PostResult[].class);
    if (respPosts.getStatusCode().is5xxServerError()) {
      response.setStatus(500);
      return null;
    } else {
      logger.info(utils.ipTag() + "Retrieved results from database");
```

```
      PostResult[] posts = respPosts.getBody();
      for (int i = 0; i < posts.length; i++)
        postSummaries.add(
          new PostSummary(getUsersname(posts[i].getUserId()),
          posts[i].getTitle(), posts[i].getDate())); 
      return postSummaries;
    }
  } catch (Exception e) {
    // 当连接超时时会进入此处代码
    // 当前为了简单起见,我们只是简单地进行重试
    logger.info(utils.ipTag() +
      "On (" + retryCount + ") request to unhealthy posts service " +
      e.getMessage());
    if (implementRetries)
      retryCount++;
    else {
      logger.info(utils.ipTag() +
        "Not implementing retries - returning with a 500");
      response.setStatus(500);
      return null;
    }
  }
}
```

如你所见,实现很简单。如果要实现重试(通过一个新的属性来控制),可以向帖子服务发送一个请求。如果请求超时,则会停留在 while 循环中,并再次重试。你可以看到在日志中会打印出很长的消息。

尽管这很简单,但在这里需要注意一个细节:在抛出超时异常之前,你的实现需要等待多长时间?(最终,这可能是应用程序运维人员需要决定的事情——而那个运维人员可能就是你。)如果时间太长,那么上游客户端(调用相关帖子服务的网页)可能会因为等待时间太长而超时。如果时间太短,相关帖子可能无法产生有效的结果(并且会对下游造成影响,我们将在下一节中介绍这部分内容)。在当前的实现中,我将连接超时设置为 1/4 秒,将读取超时设置为 1/2 秒,如下所示:

```
RestTemplate restTemplate = restTemplateBuilder
                              .setConnectTimeout(250)
                              .setReadTimeout(500)
                              .build();
```

请注意,无论是人工刷新网页还是在我们的实现中,你都不会担心自己为什么没有得到下游服务的响应。可能是由于某个网络问题,或者是应用程序的错误(可以说是我在此处演示的问题),或者其他许多问题。当问题是间歇性存在的时候,原

因通常无关紧要。只有当问题持续存在的时候,你才会关心背后的原因,即使到那时,这也不是应用程序的问题,而是一般的监控问题。我们将在第 10 章介绍如何进行故障排除。

好的,看起来不错。这很容易,而且似乎可行。我一直提到的下游影响和持续存在的问题是什么?我们继续来介绍它们。

9.1.3 重试:可能出了什么问题

在前面的示例中,软件在 curl 命令的有限负载下,运行良好。但是,如果系统针对某个特定负载进行的精心调优出现了问题,那么情况可能会有所不同。这有点像是高速交通。

假设有一条高速公路,这条高速公路上有足够的车道,可以让 14 000 辆小汽车以 60 英里 / 小时的速度行驶(根据我的估算,这应该是一条四车道的高速公路)。只要没有事故发生,一切都好。但是,当使用护栏让两条车道无法通行时,情况就会迅速改变。现在,在一半车道上行驶的同等数量的汽车,不仅必须减速以保持安全的行驶距离,而且驶入受限高速公路段的车辆数量依然不变的话,会快速地产生交通拥堵。正如我们所有人可能都经历过的那样,即使事故现场被清理了,让所有排队的车辆通畅行驶还需要一些时间,如图 9.3 所示。

这种情况与通过网络向应用实例发送请求流完全相同。即使你的 SRE(站点可靠性工程师)设计了一种部署的拓扑结构,为请求量的波动留出了余地,但是当负载很大时,影响会波及整个系统。让我们看看实际的情况。

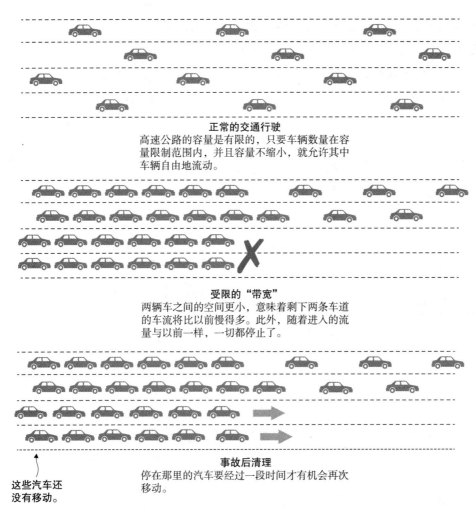

图 9.3 受限网络的行为就像受限的高速公路一样,请求的数量与以前相同。即使取消了限制,所有排队的流量也可能要花费一些时间才能再次移动

9.1.4 创建一个重试风暴

在上一节中,我介绍了一种基本的模式:相关帖子服务在第一次未收到响应的情况下,会重新发起对帖子服务的调用。从更高层面来看,这是完全有道理的,并且当前实现可以很好地处理小的故障。但是,当发生更重大的问题(例如,高速公路上的交通事故)时,重试不仅可能没有帮助,甚至可能会影响系统的整体运行。这里我会再次尝试上一节中介绍的简单实现。

提醒一下，我们会把重点放在相关帖子服务（客户端）和帖子服务之间的交互上。如你在第一个示例中所看到的，我们已经实现了该请求的重试。图 9.4 显示了不断的重试，就像你之前看到的一样，在接下来的示例中我们还会看到更多。让我们先搭建相关的环境。

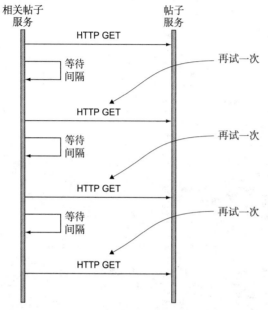

图 9.4　客户端，即相关帖子服务，在连接或读取帖子服务超时后会再次重试。它会一直重试，直到收到帖子服务返回的 HTTP 成功状态码为止

9.1.5　实际案例：创建一个重试风暴

这个试验不会更改前一个示例的代码，但是你会向系统发送大量的请求，模拟一次短暂的中断，并观察结果。

搭建环境

实例运行需要的所有环境，我已经在本章第一个示例中列出了，你只需要进行一处调整：

- 访问一个更大的 Kubernetes 集群。
- 该 Kubernetes 集群必须允许特权容器运行。

你将让软件处于高负载状态，然后将故障引入系统。我想让你探索一下，当在

9.1 请求重试

高速公路上失去所有车道时会发生什么，同理，当恢复这些车道时又会发生什么。为了能够给系统带来更大的负载，你需要部署更大规模的应用程序实例。因此，你需要一个更大的环境来运行它。

为了不过分陷于一个复杂话题的细节，我简单地说：特权容器比非特权容器允许执行更多的命令，并且你在开始限制网络流量时需要使用这些命令。好消息是，大多数云服务供应商的 Kubernetes 集群默认都启用了特权容器。

在编写本书时，我发现 Google Kubernetes Engine（GKE）在创建 Kubernetes 集群方面提供了最简单的公有云体验。你需要一个所有节点加在一起大约 25～30GB 内存的集群。GKE 还默认启用了特权容器，这是我们所需要的。

为了运行本节的示例程序，请从 Git 仓库中检出以下标签的代码：

```
git checkout requestretries/0.0.2
```

运行应用程序

执行该示例程序分为三个部分：

1. 部署应用程序
2. 对应用程序增加负载
3. 模拟各种故障场景并观察结果

除非你已经在一个更大的 Kubernetes 集群上运行了示例，或者可以调整大小来满足足够的容量，否则必须重新部署本示例的所有组件。我不会在此详细介绍安装过程，你可以参考之前章节中的介绍。总之，在创建新的 Kubernetes 集群并使用 `kubectl` 连接到它之后，需要执行以下操作：

1. 编辑 Spring Cloud Configuration Server（SCCS）的部署清单 spring-cloud-config-server-deployment-kubernetes.yaml，指向包含你的应用程序配置的 Git 仓库。当然，你也可以指向我的仓库。
2. 部署 MySQL、Redis 和 SCCS。我提供了一个脚本，你可以简单地运行 `deployServices.sh bash` 脚本。
3. 通过命令行客户端连接到 MySQL 并执行命令 `create database cookbook;`，创建 cookbook 数据库。请注意，MySQL 部署清单指定了服务类型为 `Load-Balancer`，因此会为 MySQL 数据库分配一个公共的 IP 地址。你可以用 `mysql` CLI 来连接它。

4 通过执行 deployApps.sh bash 脚本来部署这三个微服务。

部署完后的结果如下所示：

```
$ kubectl get pods
NAME                                    READY   STATUS    RESTARTS   AGE
connection-posts-685c669f7b-4qvx7       1/1     Running   0          6d
connection-posts-685c669f7b-6lgmf       1/1     Running   0          6d
connection-posts-685c669f7b-6pt9p       1/1     Running   0          6d
connection-posts-685c669f7b-d8q8h       1/1     Running   0          6d
connection-posts-685c669f7b-z7gsw       1/1     Running   0          6d
connections-7cf9b5ccf9-cjnhs            1/1     Running   0          6d
connections-7cf9b5ccf9-cw4s9            1/1     Running   0          6d
connections-7cf9b5ccf9-kskqm            1/1     Running   0          6d
connections-7cf9b5ccf9-mfj8b            1/1     Running   0          6d
connections-7cf9b5ccf9-nd4nw            1/1     Running   0          6d
connections-7cf9b5ccf9-nnl8r            1/1     Running   0          6d
connections-7cf9b5ccf9-xjq8j            1/1     Running   0          6d
mysql-64bd6d89d8-96vb6                  1/1     Running   0          27d
posts-7785bcf45-9tfj4                   1/1     Running   0          6d
posts-7785bcf45-bsn8g                   1/1     Running   0          6d
posts-7785bcf45-w5xzs                   1/1     Running   0          6d
posts-7785bcf45-wtbv8                   1/1     Running   0          6d
redis-846b8c56fb-bm5z9                  1/1     Running   0          27d
sccs-84cc988f57-hp2z2                   1/1     Running   0          27d
```

为了增加应用程序的负载，你可以使用 Apache JMeter。我已经创建了一个 JMeter 的 Kubernetes 部署，还创建了包含压力测试规范的配置文件。要运行该程序，第一步是在创建 Kubernetes ConfigMap 时上传配置文件。请执行以下命令：

```
kubectl create configmap jmeter-config \
 --from-file=jmeter_run.jmx=loadTesting/ConnectionsPostsLoad.jmx
```

当要运行压力测试时，你可以简单地创建一个 JMeter 部署。要停止压力测试，可以删除这个部署。让我们现在来试一试，执行以下命令：

```
kubectl create -f loadTesting/jmeter-deployment.yaml
```

要查看 JMeter 的输出，请使用以下命令（插入 JMeter pod 的名称）：

```
kubectl logs -f <name of your jmeter pod>
```

你将看到以下日志输出：

```
$ kubectl logs -f jmeter-deployment-7d747c985-kjxct
START Running Jmeter on Mon Feb 18 19:42:17 UTC 2019
JVM_ARGS=-Xmn506m -Xms2024m -Xmx2024m
```

9.1 请求重试

```
jmeter args=-n -t /etc/jmeter/jmeter_run.jmx
Feb 18, 2019 7:42:19 PM java.util.prefs.FileSystemPreferences$1 run
INFO: Created user preferences directory.
Creating summariser <summary>
Created the tree successfully using /etc/jmeter/jmeter_run.jmx
Starting the test @ Mon Feb 18 19:42:19 UTC 2019 (1550518939413)
Waiting for possible Shutdown/StopTestNow/Heapdump message on port 4445
summary +    530 in 00:00:30 =   17.7/s Err:    0 (0.00%) Active: 328
summary =    612 in 00:00:40 =   15.3/s Err:    0 (0.00%)
summary +   1027 in 00:00:30 =   34.3/s Err:    0 (0.00%) Active: 576
summary =   1639 in 00:01:10 =   23.4/s Err:    0 (0.00%)
summary +   1521 in 00:00:30 =   50.7/s Err:    0 (0.00%) Active: 823
summary =   3160 in 00:01:40 =   31.6/s Err:    0 (0.00%)
summary +   2014 in 00:00:30 =   66.6/s Err:    0 (0.00%) Active: 1073
summary =   5174 in 00:02:10 =   39.7/s Err:    0 (0.00%)
summary +   2512 in 00:00:30 =   84.4/s Err:    0 (0.00%) Active: 1319
summary =   7686 in 00:02:40 =   48.0/s Err:    0 (0.00%)
summary +   2939 in 00:00:30 =   98.0/s Err:    0 (0.00%) Active: 1500
summary =  10625 in 00:03:10 =   55.9/s Err:    0 (0.00%)
```

这表明在负载达到最大容量（我将测试设置为缓慢上升）后，相关帖子服务每秒要处理近 100 个请求，错误率为 0.0%（随着过程的进行，你将看到错误的出现）。要停止压力测试，请执行以下命令：

```
kubectl delete deploy jmeter-deployment
```

现在，你已经建立了部署，并验证了压力测试是否正常运行，让我们开始试验。

你将模拟帖子服务和 MySQL 服务之间的网络中断。在现实世界中，这种网络中断可能是由硬件故障（例如，物理交换机故障）或者配置错误（例如，错误修改了防火墙规则）引起的。在这里为了产生相同的效果，你需要将 MySQL 的路由规则更改为 disallow，或者在后续修复网络时，只允许来自帖子服务指定实例的请求。

图 9.5 显示了相关帖子服务的五个实例、四个帖子服务实例以及单个 MySQL 服务实例。每个实例之间的直线代表这些服务之间不同的通信方式。请注意，每个帖子服务都标注了一个 IP 地址，而 MySQL 服务标注的是一个 pod 名称。为了禁止流量在某些实例之间流动，需要在 MySQL 实例上创建一条路由规则，拒绝来自指定 IP 地址的请求。为此，你需要在 MySQL 容器中运行 route 命令，并且执行下面的 kubectl exec 命令。为了断开在 IP 地址 10.36.1.13 上运行的帖子服务，与在名为 mysql-57bdb878f5-dhlck 的 pod 中运行的帖子实例之间的网络连接，请执行以下命令：

```
kubectl exec mysql-57bdb878f5-dhlck -- route add -host 10.36.1.13 reject
```

图 9.5 中用连接线上的叉子图标表示连接断开。当 IP 地址为 10.36.1.13 的帖子服务尝试连接到 MySQL 服务时，会发生超时。这个超时会传播到相关帖子服务，导致一次重试。如果幸运的话，这次重试会访问另一个可以访问数据库的帖子服务实例，从而相关帖子的请求会成功。

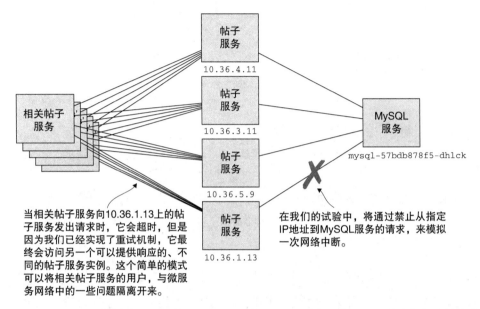

图 9.5 一个包含五个相关帖子服务实例和四个帖子服务实例的部署，两者之间的连接方式有 20 种。帖子服务实例与 MySQL 服务实例之间有四种连接方式。重试是通过微服务网络找到健康路径的一种有效方法

使用 kubectl exec 命令重新建立连接，通过该命令来删除 MySQL 服务容器中的拒绝路由规则：

```
kubectl exec mysql-57bdb878f5-dhlck -- route delete -host 10.36.1.13 reject
```

建立了这些机制之后，我们现在可以进行两个试验：

1. 通过前面的 route 命令，完全断开所有帖子实例到 MySQL 服务的请求，并启用重试逻辑。这是通过将相关帖子应用程序的部署清单中的环境变量 CONNECTIONPOSTCONTROLLER_IMPLEMENTRETRIES 设置为 true 来实现的。

2. 通过前面的 route 命令，完全断开所有帖子实例到 MySQL 服务的请求，并禁用重试逻辑。这是通过将相关帖子应用程序的部署清单中的环境变量 CONNECTIONPOSTCONTROLLER_IMPLEMENTRETRIES 设置为 false 来实现

9.1 请求重试

的。如果尝试与帖子服务的连接超时，相关帖子服务将返回一个错误状态，并且没有结果。

为了省去手动执行四次 `kubectl exec` 命令的麻烦，我为大家提供了一个脚本 `alternetwork-db.sh`。但是，你需要编辑该脚本，改为你的 MySQL pod 名称和帖子实例的 IP 地址。

可以使用 `kubectl` 命令来获取 MySQL 服务的名称：

`kubectl get pods`

可以使用以下命令来获取帖子实例的 IP 地址：

`kubectl get pods -l app=posts -o wide`

现在，可以通过运行以下命令拒绝所有帖子实例到 MySQL 实例的连接：

`./alternetwork-db.sh add`

以下是相关帖子服务中一个实例的日志输出，显示了它已经从接收请求变为只进行重试：

```
2019-02-18 04:05:55.986 ... connections = 2,3
2019-02-18 04:05:55.989 ... getting posts for user network cdavisafc
2019-02-18 04:05:55.995 ... connections = 2,3
2019-02-18 04:05:56.055 ... getting posts for user network cdavisafc
2019-02-18 04:05:56.056 ... getting posts for user network cdavisafc
2019-02-18 04:05:56.059 ... On (0) request to unhealthy posts service I/O
➥ error on GET request for "http://posts-svc/posts": Connect to posts-
➥ svc:80 [posts-svc/10.19.252.1] failed: connect timed out; nested
➥ exception is org.apache.http.conn.ConnectTimeoutException: Connect to
➥ posts-svc:80 [posts-svc/10.19.252.1] failed: connect timed out
2019-02-18 04:05:56.060 ... connections = 2,3
2019-02-18 04:05:56.060 ... connections = 2,3
2019-02-18 04:05:56.070 ... getting posts for user network cdavisafc
2019-02-18 04:05:56.074 ... connections = 2,3
2019-02-18 04:05:56.092 ... On (1) request to unhealthy posts service I/O
➥ error on GET request for "http://posts-svc/posts": Connect to posts-
➥ svc:80 [posts-svc/10.19.252.1] failed: connect timed out; nested
➥ exception is org.apache.http.conn.ConnectTimeoutException: Connect to
➥ posts-svc:80 [posts-svc/10.19.252.1] failed: connect timed out
2019-02-18 04:05:56.093 ... On (2) request to unhealthy posts service I/O
➥ error on GET request for "http://posts-svc/posts": Connect to posts-
➥ svc:80 [posts-svc/10.19.252.1] failed: connect timed out; nested
➥ exception is org.apache.http.conn.ConnectTimeoutException: Connect to
➥ posts-svc:80 [posts-svc/10.19.252.1] failed: connect timed out
2019-02-18 04:05:56.229 ... On (0) request to unhealthy posts service I/O
```

➥ error on GET request for "http://posts-svc/posts": Connect to posts-
➥ svc:80 [posts-svc/10.19.252.1] failed: connect timed out; nested
➥ exception is org.apache.http.conn.ConnectTimeoutException: Connect to
➥ posts-svc:80 [posts-svc/10.19.252.1] failed: connect timed out
2019-02-18 04:05:56.232 ... On (0) request to unhealthy posts service I/O
➥ error on GET request for "http://posts-svc/posts": Connect to posts-
➥ svc:80 [posts-svc/10.19.252.1] failed: connect timed out; nested
➥ exception is org.apache.http.conn.ConnectTimeoutException: Connect to
➥ posts-svc:80 [posts-svc/10.19.252.1] failed: connect timed out
2019-02-18 04:05:56.310 ... On (0) request to unhealthy posts service I/O
➥ error on GET request for "http://posts-svc/posts": Connect to posts-
➥ svc:80 [posts-svc/10.19.252.1] failed: connect timed out; nested
➥ exception is org.apache.http.conn.ConnectTimeoutException: Connect to
➥ posts-svc:80 [posts-svc/10.19.252.1] failed: connect timed out
2019-02-18 04:05:56.343 ... On (6) request to unhealthy posts service I/O
➥ error on GET request for "http://posts-svc/posts": Connect to posts-
➥ svc:80 [posts-svc/10.19.252.1] failed: connect timed out; nested
➥ exception is org.apache.http.conn.ConnectTimeoutException: Connect to
➥ posts-svc:80 [posts-svc/10.19.252.1] failed: connect timed out

下面显示了这次试验的 JMeter 输出，包含三个时间点。试验开始时，相关帖子应用程序返回的结果为 0.0% 错误。然后在时间标记 1 处，当你运行 ./alternet-work-db.sh add 命令时，可以很快看到错误率达到 100%。并且相关帖子服务不返回任何结果，JMeter 发起的请求超时（并将重试计算为一次错误），相关帖子应用程序会无限期地重试访问帖子服务。

```
START Running Jmeter on Mon Feb 18 20:08:18 UTC 2019
JVM_ARGS=-Xmn402m -Xms1608m -Xmx1608m
jmeter args=-n -t /etc/jmeter/jmeter_run.jmx
Feb 18, 2019 8:08:20 PM java.util.prefs.FileSystemPreferences$1 run
INFO: Created user preferences directory.
Creating summariser <summary>
Created the tree successfully using /etc/jmeter/jmeter_run.jmx
Starting the test @ Mon Feb 18 20:08:21 UTC 2019 (1550520501121)
Waiting for possible Shutdown/StopTestNow/Heapdump message on port 4445
summary +     67 in 00:00:08 =    8.2/s Err:     0 (0.00%) Active: 67
summary +    501 in 00:00:30 =   16.7/s Err:     0 (0.00%) Active: 314
summary =    568 in 00:00:38 =   14.9/s Err:     0 (0.00%)
summary +    999 in 00:00:30 =   33.3/s Err:     0 (0.00%) Active: 562
summary =   1567 in 00:01:08 =   23.0/s Err:     0 (0.00%)
summary +   1493 in 00:00:30 =   49.8/s Err:     0 (0.00%) Active: 810
summary =   3060 in 00:01:38 =   31.2/s Err:     0 (0.00%)
summary +   1992 in 00:00:30 =   66.4/s Err:     0 (0.00%) Active: 1059
summary =   5052 in 00:02:08 =   39.4/s Err:     0 (0.00%)
summary +   2488 in 00:00:30 =   82.9/s Err:     0 (0.00%) Active: 1307
summary =   7540 in 00:02:38 =   47.7/s Err:     0 (0.00%)
summary +   2929 in 00:00:30 =   97.7/s Err:     0 (0.00%) Active: 1500
summary =  10469 in 00:03:08 =   55.7/s Err:     0 (0.00%)
```

9.1 请求重试

```
summary +  2997 in 00:00:30 =  99.9/s Err:     0 (0.00%) Active: 1500
summary = 13466 in 00:03:38 =  61.7/s Err:     0 (0.00%)

<time marker 1 - I have broken the network between Posts and MySQL>

summary +  2515 in 00:00:30 =  83.8/s Err:  2239 (89.03%) Active: 1500
summary = 15981 in 00:04:08 =  64.4/s Err:  2239 (14.01%)
summary +  3000 in 00:00:30 = 100.0/s Err:  3000 (100.00%) Active: 1500
summary = 18981 in 00:04:38 =  68.2/s Err:  5239 (27.60%)
summary +  2961 in 00:00:30 =  98.7/s Err:  2961 (100.00%) Active: 1500
summary = 21942 in 00:05:08 =  71.2/s Err:  8200 (37.37%)
summary +  2970 in 00:00:30 =  99.0/s Err:  2970 (100.00%) Active: 1500
summary = 24912 in 00:05:38 =  73.7/s Err: 11170 (44.84%)
summary +  3007 in 00:00:30 = 100.1/s Err:  3007 (100.00%) Active: 1500
summary = 27919 in 00:06:08 =  75.8/s Err: 14177 (50.78%)
summary +  2968 in 00:00:30 =  99.0/s Err:  2968 (100.00%) Active: 1500
summary = 30887 in 00:06:38 =  77.6/s Err: 17145 (55.51%)

<time marker 2 - I have repaired the network between Posts and MySQL>

summary +  3007 in 00:00:30 = 100.2/s Err:  3007 (100.00%) Active: 1500
summary = 33894 in 00:07:08 =  79.2/s Err: 20152 (59.46%)
summary +  2995 in 00:00:30 =  99.8/s Err:  2995 (100.00%) Active: 1500
summary = 36889 in 00:07:38 =  80.5/s Err: 23147 (62.75%)
summary +  2997 in 00:00:30 =  99.9/s Err:  2997 (100.00%) Active: 1500
summary = 39886 in 00:08:08 =  81.7/s Err: 26144 (65.55%)
summary +  3000 in 00:00:30 =  99.9/s Err:  3000 (100.00%) Active: 1500
summary = 42886 in 00:08:38 =  82.8/s Err: 29144 (67.96%)

<another 6 minutes of 100% error!!>

summary +  3011 in 00:00:30 = 100.4/s Err:  3011 (100.00%) Active: 1500
summary = 78913 in 00:14:38 =  89.9/s Err: 65171 (82.59%)
summary +  2982 in 00:00:30 =  99.4/s Err:  2982 (100.00%) Active: 1500
summary = 81895 in 00:15:08 =  90.2/s Err: 68153 (83.22%)
summary +  3057 in 00:00:30 = 101.9/s Err:  2999 (98.10%) Active: 1500
summary = 84952 in 00:15:38 =  90.6/s Err: 71152 (83.76%)
summary +  3054 in 00:00:30 = 101.8/s Err:  2390 (78.26%) Active: 1500
summary = 88006 in 00:16:08 =  90.9/s Err: 73542 (83.56%)
summary +  2982 in 00:00:30 =  99.3/s Err:  2442 (81.89%) Active: 1500
summary = 90988 in 00:16:38 =  91.2/s Err: 75984 (83.51%)
summary +  3025 in 00:00:30 = 101.0/s Err:  2418 (79.93%) Active: 1500
summary = 94013 in 00:17:08 =  91.4/s Err: 78402 (83.39%)
summary +  2991 in 00:00:30 =  99.7/s Err:  2374 (79.37%) Active: 1500
summary = 97004 in 00:17:38 =  91.7/s Err: 80776 (83.27%)
summary +  3106 in 00:00:30 = 103.5/s Err:  2253 (72.54%) Active: 1500
summary = 100110 in 00:18:08 =  92.0/s Err: 83029 (82.94%)
summary +  3017 in 00:00:30 = 100.6/s Err:  1825 (60.49%) Active: 1500
summary = 103127 in 00:18:38 =  92.2/s Err: 84854 (82.28%)
summary +  2997 in 00:00:30 =  99.9/s Err:  1839 (61.36%) Active: 1500
summary = 106124 in 00:19:08 =  92.4/s Err: 86693 (81.69%)
```

```
summary +   2987 in 00:00:30 =  99.5/s Err:   1787 (59.83%) Active: 1500
summary = 109111 in 00:19:38 =  92.6/s Err:  88480 (81.09%)
summary +   3036 in 00:00:30 = 101.3/s Err:   1793 (59.06%) Active: 1500
summary = 112147 in 00:20:08 =  92.8/s Err:  90273 (80.50%)
summary +   2985 in 00:00:30 =  99.5/s Err:   1795 (60.13%) Active: 1500
summary = 115132 in 00:20:38 =  93.0/s Err:  92068 (79.97%)
summary +   2988 in 00:00:30 =  99.6/s Err:   1786 (59.77%) Active: 1500
summary = 118120 in 00:21:08 =  93.1/s Err:  93854 (79.46%)
summary +   3009 in 00:00:30 = 100.1/s Err:   1859 (61.78%) Active: 1500
summary = 121129 in 00:21:38 =  93.3/s Err:  95713 (79.02%)
summary +   3021 in 00:00:30 = 100.9/s Err:   1829 (60.54%) Active: 1500
summary = 124150 in 00:22:08 =  93.5/s Err:  97542 (78.57%)
summary +   3001 in 00:00:30 = 100.1/s Err:   1802 (60.05%) Active: 1500
summary = 127151 in 00:22:38 =  93.6/s Err:  99344 (78.13%)
summary +   3121 in 00:00:30 = 104.0/s Err:   1308 (41.91%) Active: 1500
summary = 130272 in 00:23:08 =  93.8/s Err: 100652 (77.26%)
summary +   3096 in 00:00:30 = 103.1/s Err:   1036 (33.46%) Active: 1500
summary = 133368 in 00:23:38 =  94.0/s Err: 101688 (76.25%)
summary +   2976 in 00:00:30 =  99.3/s Err:    596 (20.03%) Active: 1500
summary = 136344 in 00:24:08 =  94.2/s Err: 102284 (75.02%)
summary +   3005 in 00:00:30 = 100.1/s Err:    583 (19.40%) Active: 1500
summary = 139349 in 00:24:38 =  94.3/s Err: 102867 (73.82%)
summary +   3002 in 00:00:30 = 100.1/s Err:    634 (21.12%) Active: 1500
summary = 142351 in 00:25:08 =  94.4/s Err: 103501 (72.71%)
summary +   2999 in 00:00:30 = 100.0/s Err:    596 (19.87%) Active: 1500
summary = 145350 in 00:25:38 =  94.5/s Err: 104097 (71.62%)
summary +   3013 in 00:00:30 = 100.4/s Err:    580 (19.25%) Active: 1500
summary = 148363 in 00:26:08 =  94.6/s Err: 104677 (70.55%)
summary +   3016 in 00:00:30 = 100.5/s Err:    579 (19.20%) Active: 1500
summary = 151379 in 00:26:38 =  94.7/s Err: 105256 (69.53%)
summary +   2999 in 00:00:30 = 100.0/s Err:    600 (20.01%) Active: 1500
summary = 154378 in 00:27:08 =  94.8/s Err: 105856 (68.57%)
summary +   2999 in 00:00:30 = 100.0/s Err:    571 (19.04%) Active: 1500
summary = 157377 in 00:27:38 =  94.9/s Err: 106427 (67.63%)
summary +   2988 in 00:00:30 =  99.6/s Err:    600 (20.08%) Active: 1500
summary = 160365 in 00:28:08 =  95.0/s Err: 107027 (66.74%)
summary +   3107 in 00:00:30 = 103.6/s Err:     58 (1.87%) Active: 1500
summary = 163472 in 00:28:38 =  95.1/s Err: 107085 (65.51%)
summary +   2995 in 00:00:30 =  99.8/s Err:      0 (0.00%) Active: 1500
summary = 166467 in 00:29:08 =  95.2/s Err: 107085 (64.33%)
summary +   3007 in 00:00:30 = 100.2/s Err:      0 (0.00%) Active: 1500
summary = 169474 in 00:29:38 =  95.3/s Err: 107085 (63.19%)
```

在前面输出中的时间标记 2 处，在断开 MySQL 服务 3 分钟后，你可以运行以下命令来修复网络：

```
./alternetwork-db.sh delete
```

现在你应该关注系统返回到稳定状态需要多长时间，稳定状态即相关帖子服务错误率是 0.0% 的时间。

9.1 请求重试

如你所见,输出相当长。网络还原后大约 9 分钟,你会看到恢复的最初迹象。然后需要另外 12 ～ 13 分钟系统才能完全恢复。这就是重试风暴。大量排队的重试使系统不知所措,以至于花费将近 25 分钟才完全恢复。想象一下,如果亚马逊遇到这种问题,在这段时间内无法完成销售交易,那将是一个多么昂贵的中断啊!

虽然看起来似乎很糟糕,但是我在这里展示的仍然只是一个很小的例子。在数百个服务实例互相连接的系统中,短暂的网络故障可能导致长达数小时的中断,甚至可能会导致应用程序实例崩溃。还记得本书一开始讲的事件吗?亚马逊的故障最终是由于短时间网络中断后产生的重试风暴所引起的。

警告 重试风暴可能会对复杂的分布式系统造成灾难性的影响。

在继续介绍缓解重试风暴的方法之前,我希望你在关闭重试的情况下运行一次相同的测试。这次,当尝试访问帖子服务的请求超时时,相关帖子服务会返回一个没有结果的错误信息,但是它毕竟返回了信息。要关闭重试机制,请将 cookbook-deployment-kubernetes-connectionposts.yaml 文件中的环境变量 CONNECTIONPOST-CONTROLLER_IMPLEMENTRETRIES 的值更改为 `false`,并使用以下命令更新部署:

```
kubectl apply -f cookbook-deployment-kubernetes-connectionposts.yaml
```

然后,你可以像之前一样,使用 `kubectl create` 命令来创建 JMeter pod(如果没有删除之前的部署,请先使用 `kubectl delete deploy` 命令删除)。以下是 JMeter 的输出,其中插入了两个时间标记:

```
START Running Jmeter on Mon Feb 18 20:58:54 UTC 2019
JVM_ARGS=-Xmn528m -Xms2112m -Xmx2112m
jmeter args=-n -t /etc/jmeter/jmeter_run.jmx
Feb 18, 2019 8:58:56 PM java.util.prefs.FileSystemPreferences$1 run
INFO: Created user preferences directory.
Creating summariser <summary>
Created the tree successfully using /etc/jmeter/jmeter_run.jmx
Starting the test @ Mon Feb 18 20:58:56 UTC 2019 (1550523536966)
Waiting for possible Shutdown/StopTestNow/Heapdump message on port 4445
summary +     18 in 00:00:02 =    7.9/s Err:    0 (0.00%) Active: 18
summary +    401 in 00:00:30 =   13.4/s Err:    0 (0.00%) Active: 263
summary =    419 in 00:00:32 =   13.0/s Err:    0 (0.00%)
summary +    890 in 00:00:30 =   29.7/s Err:    0 (0.00%) Active: 506
summary =   1309 in 00:01:02 =   21.0/s Err:    0 (0.00%)
summary +   1378 in 00:00:30 =   46.0/s Err:    0 (0.00%) Active: 752
summary =   2687 in 00:01:32 =   29.1/s Err:    0 (0.00%)
summary +   1877 in 00:00:30 =   62.6/s Err:    0 (0.00%) Active: 1000
```

第 9 章 交互冗余：重试和其他控制循环

```
summary =   4564 in 00:02:02 =  37.3/s Err:     0 (0.00%)
summary +   2369 in 00:00:30 =  79.0/s Err:     0 (0.00%) Active: 1249
summary =   6933 in 00:02:32 =  45.5/s Err:     0 (0.00%)
summary +   2869 in 00:00:30 =  95.6/s Err:     0 (0.00%) Active: 1498
summary =   9802 in 00:03:02 =  53.8/s Err:     0 (0.00%)
summary +   3004 in 00:00:30 = 100.2/s Err:     0 (0.00%) Active: 1500
summary =  12806 in 00:03:32 =  60.3/s Err:     0 (0.00%)
summary +   2998 in 00:00:30 =  99.9/s Err:     0 (0.00%) Active: 1500
summary =  15804 in 00:04:02 =  65.2/s Err:     0 (0.00%)
summary +   3001 in 00:00:30 = 100.0/s Err:     0 (0.00%) Active: 1500
summary =  18805 in 00:04:32 =  69.1/s Err:     0 (0.00%)

<time marker 1 - I have broken the network between Posts and MySQL>

summary +   2951 in 00:00:30 =  98.4/s Err:  2662 (90.21%) Active: 1500
summary =  21756 in 00:05:02 =  72.0/s Err:  2662 (12.24%)
summary +   2999 in 00:00:30 = 100.0/s Err:  2999 (100.00%) Active: 1500
summary =  24755 in 00:05:32 =  74.5/s Err:  5661 (22.87%)
summary +   3001 in 00:00:30 = 100.0/s Err:  3001 (100.00%) Active: 1500
summary =  27756 in 00:06:02 =  76.6/s Err:  8662 (31.21%)
summary +   3000 in 00:00:30 = 100.0/s Err:  3000 (100.00%) Active: 1500
summary =  30756 in 00:06:32 =  78.4/s Err: 11662 (37.92%)
summary +   3001 in 00:00:30 = 100.0/s Err:  3001 (100.00%) Active: 1500
summary =  33757 in 00:07:02 =  80.0/s Err: 14663 (43.44%)
summary +   3000 in 00:00:30 = 100.0/s Err:  3000 (100.00%) Active: 1500
summary =  36757 in 00:07:32 =  81.3/s Err: 17663 (48.05%)
summary +   2999 in 00:00:30 = 100.0/s Err:  2999 (100.00%) Active: 1500
summary =  39756 in 00:08:02 =  82.4/s Err: 20662 (51.97%)

<time marker 2 - I have repaired the network between Posts and MySQL>

summary +   3051 in 00:00:30 = 101.7/s Err:  1473 (48.28%) Active: 1500
summary =  42807 in 00:08:32 =  83.6/s Err: 22135 (51.71%)
summary +   2999 in 00:00:30 = 100.0/s Err:     0 (0.00%) Active: 1500
summary =  45806 in 00:09:02 =  84.5/s Err: 22135 (48.32%)
```

如你所见，当网络中断时，相关帖子服务报告的错误率为 100%。但是最重要的是，一旦网络重新建立，即在时间标记 2 处，系统立即返回到错误率为 0.00% 的稳定状态。这种情况下没有排队的重试请求，不会使系统变得不堪重负。

注意 使用重试时，系统需要 15 分钟才能从 3 分钟的网络中断中恢复。如果不使用重试，则可以立即从 3 分钟的网络中断中恢复。

因此，你面临着一个悖论。重试既会造成灾难性的影响，但是又有巨大的好处，尤其是在调用只是间歇性失败的情况下。有没有一种方法既可以利用重试的好处，又不会造成重试风暴从而破坏系统呢？确实有几种。在本章中，我将讨论一种更聪明的重试方式——如何成为一个更友好的客户端。第 10 章将介绍如何在服务前设置保护措施，以防止不太友好的客户端引起系统问题。

9.1.6 避免重试风暴：友好的客户端

尽管在 9.1.5 节中我们看到重试会带来极大的负面影响，但其价值仍然显而易见。特别是对于间歇性的连接问题，重试通常可以解决问题，否则一个错误可能会在云原生的分布式系统中广泛传播。这里的诀窍是要平衡潜在的负面影响与正面影响。

我们的第一个观察结果是，对于仅是偶尔出现且持续时间有限的故障，成功通信很少需要重复两次以上的重试。因此，你放置在重试循环中的第一个控制，应该是限制此类重试的总数。例如，你可以实现一个计数器并在达到阈值时停止重试，而不是使用一个无限运行的 while 循环。

但是，当连接虽然只是暂时不可用，但是在重新建立连接之前已用尽所有重试次数的时候，会发生什么？你恰好失去了重试的好处，因为你对重复请求过于着急。在重试之间引入一些延迟，可以起到一些平衡作用。

9.1.7 实际案例：成为一个更友好的客户端

让我们实现两个控制条件，限制重试的次数和降低重试的速度，并了解其如何改变软件的行为，尤其是在有负载压力的情况下。

我不会重复所有的环境搭建和构建指南。这里的程序只是针对上一节示例程序的扩展。要查看新的实现代码，请从 Git 仓库中检出以下标签的代码：

```
git checkout requestretries/0.0.3
```

在清单 9.2 中，你将看到之前简单实现重试的代码，现在变成了如下所示的内容。

清单 9.2　摘自 ConnectionsPostsController.java 的内容

```
try {
    postSummaries = postsServiceClient.getPosts(ids, restTemplate);
    response.setStatus(200);
    return postSummaries;
} catch (HttpServerErrorException e) {
    logger.info(utils.ipTag() + "Call to Posts service returned 500");
    response.setStatus(500);
    return null;
} catch (ResourceAccessException e) {
    logger.info(utils.ipTag() + "Call to Posts service timed out");
```

```
        response.setStatus(500);
        return null;
    } catch (Exception e) {
        logger.info(utils.ipTag() + "Unexpected Exception: Exception Class "
            + e.getClass() + e.getMessage());
        response.setStatus(500);
        return null;
    }
```

请注意，不同 catch 块中的唯一区别就是所记录的消息，因此从逻辑上讲，现在的实现就如同：

```
try {
    postSummaries = postsServiceClient.getPosts(ids, restTemplate);
    response.setStatus(200);
    return postSummaries;
} catch (Exception e) {
    logger.info(utils.ipTag() + e.getMessage());
    response.setStatus(500);
    return null;
}
```

你还将注意到，调用帖子服务的代码现在改为了一个新类 PostsServiceClient，它是帖子服务的一个客户端。创建这个类是为了可以使用 Spring 的 Retry 注解。

通过前面的代码，如果调用帖子服务成功，会返回通过 postsServiceClient.getPosts 方法获得的一组帖子内容。否则，我们会将 HTTP 状态设置为 500（表示一个错误），并且不返回任何内容。让我们看一下这个帖子服务客户端的实现代码，如清单 9.3 所示。

清单 9.3 PostsServiceClient.java 中的方法

```
@Retryable( value = ResourceAccessException.class, maxAttempts = 3,
            backoff = @Backoff(delay = 500))
public ArrayList<PostSummary> getPosts(String ids,
    RestTemplate restTemplate) throws Exception {

    ArrayList<PostSummary> postSummaries = new ArrayList<PostSummary>();
    String secretQueryParam = "&secret=" + utils.getPostsSecret();
    logger.info("Trying getPosts: " + postsUrl + ids + secretQueryParam);

    ResponseEntity<ConnectionsPostsController.PostResult[]> respPosts
        = restTemplate.getForEntity(postsUrl + ids + secretQueryParam,
                        ConnectionsPostsController.PostResult[].class);
    if (respPosts.getStatusCode().is5xxServerError()) {
        throw new HttpServerErrorException(respPosts.getStatusCode(),
                            "Exception thrown in obtaining Posts");
```

```
    } else {
        ConnectionsPostsController.PostResult[] posts
            = respPosts.getBody();
        for (int i = 0; i < posts.length; i++)
            postSummaries.add(
                new PostSummary(
                    getUsersname(posts[i].getUserId(),restTemplate),
                            posts[i].getTitle(), posts[i].getDate()));
        return postSummaries;
    }
}
```

这段代码使用了 Spring 框架中的 Spring Retries（详情参见链接 42）功能。有趣的是，该项目中的重试功能最初是在 Spring Batch 项目中提供的。在单独成为一个项目后，该框架可以在许多场景下使用。例如，Spring Retry 项目的 README 的第一行写道："它可以用在 Spring Batch、Spring Integration、Spring for Apache Hadoop（以及其他）框架中。"重试在云原生软件中无处不在，因此应该有一个库，让你可以更轻松地使用。

我想请你注意这段代码中的两个部分。首先，请注意 @Retryable 注解包含的属性，它们完全反映了我之前提到的控制点，即限制重试次数，以及在两次重试之间留出一些时间（在两次尝试之间将等待半秒钟）。还要注意的是，你可以指定仅对某些异常进行重试，例如访问连接或者读取超时异常。

在学习代码的过程中，你会注意到的另外一件事是，你不再需要对循环逻辑负责。这里的代码只实现了对正常情况的处理。它向帖子服务发送 HTTP 请求，如果返回了错误的 HTTP 状态代码，它会向上传递该错误。否则，它将处理响应内容并返回这些值。代码里没有 try/catch，也没有循环。但是，如果代码中出现了一个由 `RestTemplate` 抛出的 `ResourceAccessException`，那么 Spring Retry 实现会捕获它，并根据注解的值，再次执行该方法。另外说明一下，Spring Retry 通过切面实现了这一点。因此，Spring Retry 也包含了 AOP（面向切面编程）依赖，代码参见清单 9.4。

清单 9.4　摘自相关帖子服务的 pom.xml 中的内容

```
<dependency>
    <groupId>org.springframework.boot</groupId>
    <artifactId>spring-boot-starter-aop</artifactId>
</dependency>
<dependency>
```

```
            <groupId>org.springframework.retry</groupId>
            <artifactId>spring-retry</artifactId>
            <version>1.2.2.RELEASE</version>
</dependency>
```

让我们看一下上一节负载场景中的实现代码。如果要继续进行试验，必须重新部署该软件。如果你想运行上一节中的示例，可以运行 deployApps.sh 这个 bash 脚本。然后，你需要对该部署施加与上次完全相同的负载压力。以下是压力测试的输出（可以在 JMeter 的 pod 日志中查看），再次插入了两个时间标记：

```
START Running Jmeter on Mon Feb 18 21:58:55 UTC 2019
JVM_ARGS=-Xmn502m -Xms2008m -Xmx2008m
jmeter args=-n -t /etc/jmeter/jmeter_run.jmx -l resultsconnectionsposts
Feb 18, 2019 9:58:57 PM java.util.prefs.FileSystemPreferences$1 run
INFO: Created user preferences directory.
Creating summariser <summary>
Created the tree successfully using /etc/jmeter/jmeter_run.jmx
Starting the test @ Mon Feb 18 21:58:57 UTC 2019 (1550527137576)
Waiting for possible Shutdown/StopTestNow/Heapdump message on port 4445
summary +     14 in 00:00:02 =    8.1/s Err:     0 (0.00%) Active: 14
summary +    394 in 00:00:30 =   13.2/s Err:     0 (0.00%) Active: 259
summary =    408 in 00:00:32 =   12.9/s Err:     0 (0.00%)
summary +    887 in 00:00:30 =   29.6/s Err:     0 (0.00%) Active: 508
summary =   1295 in 00:01:02 =   21.0/s Err:     0 (0.00%)
summary +   1388 in 00:00:30 =   46.3/s Err:     0 (0.00%) Active: 756
summary =   2683 in 00:01:32 =   29.3/s Err:     0 (0.00%)
summary +   1887 in 00:00:30 =   62.9/s Err:     0 (0.00%) Active: 1005
summary =   4570 in 00:02:02 =   37.6/s Err:     0 (0.00%)
summary +   2377 in 00:00:30 =   79.3/s Err:     0 (0.00%) Active: 1253
summary =   6947 in 00:02:32 =   45.8/s Err:     0 (0.00%)
summary +   2878 in 00:00:30 =   95.9/s Err:     0 (0.00%) Active: 1500
summary =   9825 in 00:03:02 =   54.1/s Err:     0 (0.00%)
summary +   2993 in 00:00:30 =   99.7/s Err:     0 (0.00%) Active: 1500
summary =  12818 in 00:03:32 =   60.6/s Err:     0 (0.00%)
summary +   3006 in 00:00:30 =  100.2/s Err:     0 (0.00%) Active: 1500
summary =  15824 in 00:04:02 =   65.5/s Err:     0 (0.00%)

<time marker 1 - I have broken the network between Posts and MySQL>

summary +   2645 in 00:00:30 =   88.2/s Err:  2354 (89.00%) Active: 1500
summary =  18469 in 00:04:32 =   68.0/s Err:  2354 (12.75%)
summary +   3002 in 00:00:30 =  100.0/s Err:  3002 (100.00%) Active: 1500
summary =  21471 in 00:05:02 =   71.2/s Err:  5356 (24.95%)
summary +   3000 in 00:00:30 =  100.0/s Err:  3000 (100.00%) Active: 1500
summary =  24471 in 00:05:32 =   73.8/s Err:  8356 (34.15%)
summary +   3006 in 00:00:30 =  100.2/s Err:  3006 (100.00%) Active: 1500
summary =  27477 in 00:06:02 =   76.0/s Err: 11362 (41.35%)
summary +   3015 in 00:00:30 =  100.5/s Err:  3015 (100.00%) Active: 1500
summary =  30492 in 00:06:32 =   77.9/s Err: 14377 (47.15%)
```

9.1 请求重试

```
summary +   3051 in 00:00:30 = 101.7/s Err:  3051 (100.00%) Active: 1500
summary = 33543 in 00:07:02 =  79.6/s Err: 17428 (51.96%)

<time marker 2 - I have repaired the network between Posts and MySQL>

summary +   3002 in 00:00:30 = 100.0/s Err:  3002 (100.00%) Active: 1500
summary = 36545 in 00:07:32 =  80.9/s Err: 20430 (55.90%)
summary +   2942 in 00:00:30 =  98.1/s Err:  2942 (100.00%) Active: 1500
summary = 39487 in 00:08:02 =  82.0/s Err: 23372 (59.19%)
summary +   3323 in 00:00:30 = 110.8/s Err:   378 (11.38%) Active: 1500
summary = 42810 in 00:08:32 =  83.7/s Err: 23750 (55.48%)
summary +   3021 in 00:00:30 = 100.6/s Err:     2 (0.07%) Active: 1500
summary = 45831 in 00:09:02 =  84.6/s Err: 23752 (51.83%)
summary +   2998 in 00:00:30 = 100.0/s Err:     0 (0.00%) Active: 1500
summary = 48829 in 00:09:32 =  85.4/s Err: 23752 (48.64%)
summary +   3001 in 00:00:30 = 100.0/s Err:     0 (0.00%) Active: 1500
summary = 51830 in 00:10:02 =  86.1/s Err: 23752 (45.83%)
```

在开始测试时，你会看到来自相关帖子服务的错误率是 0.0%。对帖子服务的调用以及所有其他处理都成功完成了。在时间标记 1 处，可以通过以下命令，在 MySQL 容器中使用相同的路由命令断开帖子服务和 MySQL 服务的连接：

./alternetwork-db.sh add

如你所见，错误信息会迅速达到 100%，因为即使在已经实现了重试机制的情况下，如果相关帖子服务没有收到帖子服务的结果，那么它将返回一个服务器错误。再看一下时间标记 2 之后的情况，当你运行以下命令重新恢复网络时：

./alternetwork-db.sh delete

仅在 1 分钟之内就可看到初步恢复的迹象，并且不到 3 分钟服务就完全恢复了。这样，即使在网络中断几分钟的极端情况下，我们也避免了重试风暴。

你可能会怀疑这个实现在间歇性错误场景下的价值。让我们通过仅从网络中断开一个帖子服务来模拟这种情况。你只需执行 alternetwork-db.sh 脚本中的一个 kubectl 命令，如下所示：

kubectl exec mysql-57bdb878f5-dhlck -- route $1 -host 10.36.4.11 reject

该操作仅断开了一个帖子服务实例到 MySQL 服务的连接，如图 9.5 所示。

通过查看 JMeter 的日志输出，你可以看到，尽管帖子服务由于无法连接 MySQL 而出现问题（从时间标记 1 开始），但是相关帖子服务尝试的许多失败请求都已经被重试机制完全抵消了。MySQL 仅断开了与一个帖子服务实例的连接。平均下来，从相关帖子服务到帖子服务的请求中有 25% 的失败率。但是，正如你在如下输出中看到的那样，总失败率要小得多，不到 1%。当在时间标记 2 处恢复连接时，错误率立即恢复到 0.0%：

```
START Running Jmeter on Mon Feb 18 22:16:50 UTC 2019
JVM_ARGS=-Xmn524m -Xms2096m -Xmx2096m
jmeter args=-n -t /etc/jmeter/jmeter_run.jmx -l resultsconnectionsposts
Feb 18, 2019 10:16:52 PM java.util.prefs.FileSystemPreferences$1 run
INFO: Created user preferences directory.
Creating summariser <summary>
Created the tree successfully using /etc/jmeter/jmeter_run.jmx
Starting the test @ Mon Feb 18 22:16:52 UTC 2019 (1550528212234)
Waiting for possible Shutdown/StopTestNow/Heapdump message on port 4445
summary +     58 in 00:00:07 =    8.2/s Err:     0 (0.00%) Active: 58
summary +    483 in 00:00:30 =   16.1/s Err:     0 (0.00%) Active: 304
summary =    541 in 00:00:37 =   14.6/s Err:     0 (0.00%)
summary +    982 in 00:00:30 =   32.7/s Err:     0 (0.00%) Active: 553
summary =   1523 in 00:01:07 =   22.7/s Err:     0 (0.00%)
summary +   1477 in 00:00:30 =   49.3/s Err:     0 (0.00%) Active: 802
summary =   3000 in 00:01:37 =   30.9/s Err:     0 (0.00%)
summary +   1974 in 00:00:30 =   65.8/s Err:     0 (0.00%) Active: 1049
summary =   4974 in 00:02:07 =   39.2/s Err:     0 (0.00%)
summary +   2473 in 00:00:30 =   82.4/s Err:     0 (0.00%) Active: 1298
summary =   7447 in 00:02:37 =   47.4/s Err:     0 (0.00%)
summary +   2920 in 00:00:30 =   97.4/s Err:     0 (0.00%) Active: 1500
summary =  10367 in 00:03:07 =   55.4/s Err:     0 (0.00%)

<time marker 1 - I have broken a single connection between Posts and MySQL>

summary +   2998 in 00:00:30 =   99.9/s Err:     3 (0.10%) Active: 1500
summary =  13365 in 00:03:37 =   61.6/s Err:     3 (0.02%)
summary +   2999 in 00:00:30 =  100.0/s Err:     0 (0.00%) Active: 1500
summary =  16364 in 00:04:07 =   66.3/s Err:     3 (0.02%)
summary +   2993 in 00:00:30 =   99.8/s Err:     1 (0.03%) Active: 1500
summary =  19357 in 00:04:37 =   69.9/s Err:     4 (0.02%)
summary +   3001 in 00:00:30 =  100.1/s Err:     1 (0.03%) Active: 1500
summary =  22358 in 00:05:07 =   72.8/s Err:     5 (0.02%)
summary +   2994 in 00:00:30 =   99.8/s Err:     1 (0.03%) Active: 1500
summary =  25352 in 00:05:37 =   75.2/s Err:     6 (0.02%)
summary +   3005 in 00:00:30 =  100.1/s Err:     2 (0.07%) Active: 1500
summary =  28357 in 00:06:07 =   77.3/s Err:     8 (0.03%)
summary +   3001 in 00:00:30 =  100.1/s Err:     1 (0.03%) Active: 1500
summary =  31358 in 00:06:37 =   79.0/s Err:     9 (0.03%)

<time marker 2 - I have repaired the connection between Posts and MySQL>

summary +   2999 in 00:00:30 =  100.0/s Err:     1 (0.03%) Active: 1500
summary =  34357 in 00:07:07 =   80.5/s Err:    10 (0.03%)
```

```
summary +   3000 in 00:00:30 = 100.0/s Err:     1 (0.03%) Active: 1500
summary = 37357 in 00:07:37 =  81.7/s Err:    11 (0.03%)
summary +   3009 in 00:00:30 = 100.3/s Err:     0 (0.00%) Active: 1500
summary = 40366 in 00:08:07 =  82.9/s Err:    11 (0.03%)
```

如你所见，我们只需几个简单的控制条件，限制重试的次数，并在重试之间设置一些时间间隔，就既可以利用重试带来的好处，又可以避免让已经出现故障的系统继续发生恶化。

9.1.8 什么时候不需要重试

你刚刚清楚地看到了重试的好处，因此应该在软件设计中广泛地使用这个技巧。但是有时候你不能这样做。在一些特殊情况下应该避免重试（例如，使用缓存来代替可能会提高性能），我在此不过多介绍。但是我想花点时间回到本章开始时的主题上：有些时候重试是不安全的（例如，当你单击"购买"按钮但是没有收到响应的情况下）。

我在这里特意使用了"安全"一词，因为 HTTP 中有一个关于安全性的正式定义，恰恰是我要讨论的重点。以下是 HTTP 规范（详情参见链接 43）中的定义：

- 一个安全的方法是指可以被调用零次或者多次，而且效果相同。该方法不应该有其他任何副作用。
- 一个幂等的方法是指可以被调用一次或者多次，而且效果相同。它可以有副作用，但是所有重复调用的副作用必须与第一次相同。

重试是为了解决这些定义中"或者多次"的部分。但是，我们的模式适用于上面哪种描述？答案很简单，是前者，即仅应该重试安全的方法。当你通过网络发出请求时，无法保证预期的所有接收者都会接收到请求，于是可能会遇到成功率为零的情况。因此，作为一个通用的规则，我们应该仅重试安全的方法。如果要对任何非安全的方法进行故障处理，那么必须实现某种补偿行为，例如，Sagas。

这一点很重要：开发人员有责任确定正在调用的接口是否安全。回到 HTTP 规范中，你会看到安全的 HTTP 请求包括 GET、HEAD、OPTIONS 和 TRACE。但是 Spring Retry 无法看到 @Retryable 注解所标注方法中发出的任何 HTTP 请求，因此你只能将该注解添加到安全的方法上。如果你有一个封装了 POST 请求的方法，用来从银行账户中扣除 100 美元，那么重试会让你失望。记住，仅在安全的情况下进行重试。

9.2 回退逻辑

面向失败设计。这是云原生软件的口头禅，我希望你在阅读本书的过程中能够时刻谨记。例如，当请求第一次失败时，重试请求是一个很好的设计。但是，如果重试也没有成功怎么办？当你重试几次之后依然没有响应怎么办？在本章前面的示例中，我们所做的只是返回一个错误，但是你可以做得更好。

面向失败设计最基本的模式之一，是实现回退的方法，即当主逻辑失败时执行的代码。当然，当软件无法正常工作的时候，正确的做法是返回一个错误信息。但是，在这个高度分布式、软件部署不断变化和存在大量失败场景的世界中，你需要新的力量。你需要养成用思考来代替结果的习惯，即使这并不是理想的结果。

本章中所有的示例程序都是动手练习的绝佳机会，尤其是重试逻辑的扩展。在设计回退行为（以及本书中描述的其他弹性模式）时，你需要考虑软件所面临的现实环境。在扩展的实现代码中，你需要尝试获取一组用户的博客帖子列表。尽管其中一些用户可能非常多产，每周发布几次，甚至一天发布一次，但是新建博客帖子的情况仍然很少发生。如果一个用户在访问聚合帖子的时候，存储帖子的 MySQL 数据库恰好不可用，那么最好返回一组可能缺少最新帖子的记录，而不是什么都不返回。我可以私下里告诉你，当我想获得一组食谱来决定今晚做什么晚餐时，即使我没有 Food52 用户发布的最新食谱，我仍然可以做出非常美味的东西。

9.2.1 实际案例：实现回退逻辑

让我们实际来练习一下。请先从 Git 仓库中检出以下标签的代码：

```
git checkout requestretries/0.0.4
```

我不会在这里重复可选的构建说明。如果你想更改代码并自己进行部署，请参见本章（和本书）中的前期示例。与往常一样，我已经预先构建好了所有的内容，并在 Docker Hub 中提供了 Docker 镜像。

在测试之前，让我们看一下实现的效果。在帖子服务未提供有效结果的情况下，如果要回退，相关帖子服务将只返回以前看到的最新帖子。为了实现这一点，你已经添加了简单的缓存功能。回想一下，我们的相关帖子实现已经绑定到一个 Redis 键/值存储上，它是一个非常适合用作缓存的数据库。因此，当返回帖子服务的调用结果时，相关帖子服务中的代码逻辑，会先将结果存储在 Redis 中，然后再返回。

9.2 回退逻辑

当帖子服务出现问题时，Redis 存储中的数据让你能够进行回退。图 9.6 的上半部分显示了帖子服务可正常访问时，缓存以及交付结果的流程。图 9.6 的下半部分显示了帖子出现问题时，从缓存中读取结果的流程。

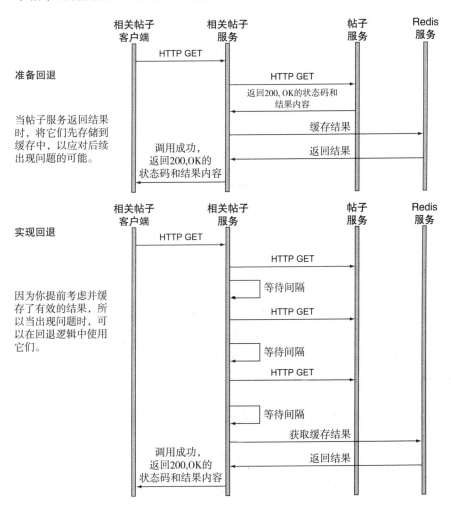

图 9.6 提前考虑，在结果可用时将结果缓存起来，以便以后出现问题时，可以将这些缓存结果作为回退逻辑的一部分

随后，添加回退实现就变得很简单了。通过使用 Spring Retry，可以将 @Recover 注解添加到方法上，并且在所有重试都尝试完后，Spring 会调用该方法。这个方法签名必须与实现主逻辑的方法签名相匹配，并且添加一个异常类型作为第一个参数。只有在某些情况下，被 @Recover 注解标注的方法才会按照定义的错误类型被调用。

代码参见清单 9.5。

清单 9.5　PostsServiceClient.java 中的方法

```java
@Recover
public ArrayList<PostSummary> returnCached(
                            ResourceAccessException e,
                            String ids, RestTemplate restTemplate)
                                                throws Exception {
    logger.info("Failed ... Posts service - returning cached results");

    PostResults postResults = postResultsRepository.findOne(ids);
    ObjectMapper objectMapper = new ObjectMapper();
    ArrayList<PostSummary> postSummaries;
    try {
      postSummaries = objectMapper.readValue(
                            postResults.getSummariesJson(),
                            new TypeReference<ArrayList<PostSummary>>() {});
    } catch (Exception ec) {
      logger.info("Exception on deserialization " + ec.getClass()
              + " message = " + ec.getMessage());
      return null;
    }
    return postSummaries;
}
```

尽管在这个简单的示例中看起来很明显，但我确实希望引起你的注意，即在大多数情况下，你需要对回退行为进行一些设置。在该示例中，前面的代码不是回退所需要的全部。为此，你需要指定成功获取结果时将其缓存的逻辑。用 `@Retryable` 注解标记的方法正是你需要未雨绸缪的地方，代码参见清单 9.6。

清单 9.6　PostsServiceClient.java 中的方法

```java
@Retryable( value = ResourceAccessException.class,
          maxAttempts = 3, backoff = @Backoff(delay = 500))
public ArrayList<PostSummary> getPosts(String ids,
                                      RestTemplate restTemplate)
                                              throws Exception {

  ArrayList<PostSummary> postSummaries = new ArrayList<PostSummary>();

  String secretQueryParam = "&secret=" + utils.getPostsSecret();

  logger.info("Trying getPosts: " + postsUrl + ids + secretQueryParam);
  ResponseEntity<ConnectionsPostsController.PostResult[]> respPosts
    = restTemplate.getForEntity(
        postsUrl + ids + secretQueryParam,
        ConnectionsPostsController.PostResult[].class);
```

9.2 回退逻辑

```
  if (respPosts.getStatusCode().is5xxServerError()) {
    throw new HttpServerErrorException(respPosts.getStatusCode(),
            "Exception thrown in obtaining Posts");
  } else {
    ConnectionsPostsController.PostResult[] posts = respPosts.getBody();
    for (int i = 0; i < posts.length; i++)
      postSummaries.add(
        new PostSummary(getUsersname(posts[i].getUserId(), restTemplate),
          posts[i].getTitle(), posts[i].getDate()));
    // 未雨绸缪，把结果缓存起来
    ObjectMapper objectMapper = new ObjectMapper();
    String postSummariesJson =
            objectMapper.writeValueAsString(postSummaries);
    PostResults postResults = new PostResults(ids, postSummariesJson);
    postResultsRepository.save(postResults);
    return postSummaries;
  }
}
```

现在让我们看一下添加回退行为对稳定性的影响。你将运行与之前相同的负载测试。如果你希望成功运行，请重新运行应用程序的部署脚本来更新部署环境：

```
./deployApps.sh
```

现在，可以使用常用命令来运行负载测试：

```
kubectl create -f loadTesting/jmeter-deployment.yaml
```

与以往一样，在负载测试达到最大峰值后，你将断开帖子服务所有实例和 MySQL 服务之间的网络 3 分钟（时间标记 1），然后恢复网络（时间标记 2）。在查看测试结果之前，让我们先看一下相关帖子服务中一个实例的日志输出：

（当前网络中断……）

```
... : [10.36.4.11:8080] getting posts for user network cdavisafc
... : Trying getPosts: http://posts-svc/posts?userIds=2,3&secret=newSecret
... : Failed to connect to or obtain results from Posts service - returning
cached results
... : Failed to connect to or obtain results from Posts service - returning
cached results
... : [10.36.4.11:8080] connections = 2,3
... : Trying getPosts: http://posts-svc/posts?userIds=2,3&secret=newSecret
... : Failed to connect to or obtain results from Posts service - returning
cached results
```

（网络恢复之后）

```
... : Trying getPosts: http://posts-svc/posts?userIds=2,3&secret=newSecret
... : [10.36.4.11:8080] getting posts for user network cdavisafc
... : Trying getPosts: http://posts-svc/posts?userIds=2,3&secret=newSecret
... : [10.36.4.11:8080] connections = 2,3
... : Trying getPosts: http://posts-svc/posts?userIds=2,3&secret=newSecret
... : [10.36.4.11:8080] getting posts for user network cdavisafc
... : [10.36.4.11:8080] connections = 2,3
... : Trying getPosts: http://posts-svc/posts?userIds=2,3&secret=newSecret
... : [10.36.4.11:8080] getting posts for user network cdavisafc
... : [10.36.4.11:8080] connections = 2,3
... : Trying getPosts: http://posts-svc/posts?userIds=2,3&secret=newSecret
... : Trying getPosts: http://posts-svc/posts?userIds=2,3&secret=newSecret
```

当网络中断时,Spring Retry 框架首先会重试三次,然后调用 `@Recover` 方法,返回缓存的结果。在网络恢复之后,会再次返回实时的结果。

现在让我们来看一下它在负载测试下的运行情况。以下是 JMeter 测试的日志输出:

```
START Running Jmeter on Mon Feb 18 23:10:22 UTC 2019
JVM_ARGS=-Xmn506m -Xms2024m -Xmx2024m
jmeter args=-n -t /etc/jmeter/jmeter_run.jmx -l resultsconnectionsposts Feb
18, 2019 11:10:24 PM java.util.prefs.FileSystemPreferences$1 run
INFO: Created user preferences directory.
Creating summariser <summary>
Created the tree successfully using /etc/jmeter/jmeter_run.jmx
Starting the test @ Mon Feb 18 23:10:24 UTC 2019 (1550531424214)
Waiting for possible Shutdown/StopTestNow/Heapdump message on port 4445
summary +    194 in 00:00:19 =   10.0/s Err:      0 (0.00%) Active: 159
summary +    687 in 00:00:30 =   22.9/s Err:      0 (0.00%) Active: 406
summary =    881 in 00:00:49 =   17.8/s Err:      0 (0.00%)
summary +   1184 in 00:00:30 =   39.5/s Err:      0 (0.00%) Active: 655
summary =   2065 in 00:01:19 =   26.0/s Err:      0 (0.00%)
summary +   1682 in 00:00:30 =   56.1/s Err:      0 (0.00%) Active: 904
summary =   3747 in 00:01:49 =   34.2/s Err:      0 (0.00%)
summary +   2176 in 00:00:30 =   72.6/s Err:      0 (0.00%) Active: 1151
summary =   5923 in 00:02:19 =   42.5/s Err:      0 (0.00%)
summary +   2676 in 00:00:30 =   89.2/s Err:      0 (0.00%) Active: 1400
summary =   8599 in 00:02:49 =   50.8/s Err:      0 (0.00%)
summary +   3000 in 00:00:30 =  100.0/s Err:      0 (0.00%) Active: 1500
summary =  11599 in 00:03:19 =   58.2/s Err:      0 (0.00%)

<time marker 1 - I have broken the network between Posts and MySQL>

summary +   2752 in 00:00:30 =   91.7/s Err:      0 (0.00%) Active: 1500
summary =  14351 in 00:03:49 =   62.6/s Err:      0 (0.00%)
summary +   3000 in 00:00:30 =   99.9/s Err:      0 (0.00%) Active: 1500
summary =  17351 in 00:04:19 =   66.9/s Err:      0 (0.00%)
summary +   3001 in 00:00:30 =  100.1/s Err:      0 (0.00%) Active: 1500
```

9.2　回退逻辑

```
summary =  20352 in 00:04:49 =  70.3/s Err:     0 (0.00%)
summary +   2998 in 00:00:30 =  99.9/s Err:     0 (0.00%) Active: 1500
summary =  23350 in 00:05:19 =  73.1/s Err:     0 (0.00%)
summary +   3038 in 00:00:30 = 101.3/s Err:     0 (0.00%) Active: 1500
summary =  26388 in 00:05:49 =  75.5/s Err:     0 (0.00%)
summary +   3039 in 00:00:30 = 101.3/s Err:     0 (0.00%) Active: 1500
summary =  29427 in 00:06:19 =  77.6/s Err:     0 (0.00%)
summary +   3000 in 00:00:30 = 100.0/s Err:     0 (0.00%) Active: 1500
summary =  32427 in 00:06:49 =  79.2/s Err:     0 (0.00%)

<time marker 2 - I have repaired the network between Posts and MySQL>

summary +   3089 in 00:00:30 = 102.9/s Err:     0 (0.00%) Active: 1500
summary =  35516 in 00:07:19 =  80.8/s Err:     0 (0.00%)
summary +   3080 in 00:00:30 = 102.7/s Err:     0 (0.00%) Active: 1500
summary =  38596 in 00:07:49 =  82.2/s Err:     0 (0.00%)
```

这正是你所期望的。当下游依赖的帖子服务无法产生结果时，因为相关帖子服务会返回缓存的结果，所以相关帖子服务的客户端（JMeter）在网络中断期间永远不会看到错误。但是，正如你在前面相关帖子服务的日志中所看到的，一旦网络恢复，它就会返回实时的结果。

注意　这是一种非常可靠的方式。即使系统的某些部分出现问题，你的软件用户也看不到任何错误。软件一部分发生故障并不会影响整个分布式系统。

回顾一下你刚刚进行的一系列测试，表 9.1 总结了测试的结果。

表 9.1　引入另一种简单的重试机制，可以消除或者减少负面影响

相关帖子服务的版本	在网络故障期间	初次恢复服务的时间	完全恢复服务的时间
简单的重试	100% 错误	9 分钟	12~13 分钟
使用 Spring Retry 但是没有回退机制的重试	100% 错误	1 分钟	3 分钟
使用 Spring Retry 并具有回退机制的重试	0.0% 错误	N/A：在网络故障期间没有任何失败	N/A

从该表中可以清楚地看到，以过于简单的方式使用云原生模式会产生一些额外的问题。但是，通过将简单的重试与其他模式结合使用，可以显著减少甚至完全消除负面的影响。

如你所见，你选择的补偿行为会对系统的稳定性和用户体验产生巨大的积极影响。面向故障的设计是其中的关键！

现在，你已经在交互的客户端实现了几种模式，让我们回顾一下本章开头的图片，并加入一些细节内容。在图 9.7 中，你可以看到客户端已经实现了重试和回退行为。在第 10 章中，我们会将注意力转到交互的另一端。

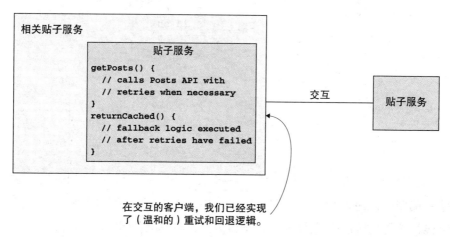

图 9.7 客户端模式的实现（例如，重试和回退）可以产生一个更加健壮的系统（在第 10 章中，我们会将注意力转到交互的服务端）

9.3 控制循环

尽管重试机制看起来很简单，但是出于两个原因，我花了很多篇幅来介绍它。首先，它是构建弹性分布式系统的必要工具，并且如你所见，要正确使用它可能会比较麻烦。但更重要的是，我希望用它来介绍另一种更通用的模式：控制循环。

9.3.1 了解控制循环的类型

你已经了解的重试并不是冗余操作的第一个示例，尽管到目前为止，我只是简要地提到了它们。例如，在将应用程序部署到 Kubernetes 环境中时，你至少利用了该平台中内置的一个控制循环：副本控制器（Replication Controller）。Kubernetes 副本控制器实现了一个控制循环，允许你以声明的方式来指定应用程序的部署，并且 Kubernetes 会创建并维护这个应用程序拓扑。控制循环永远不会期望达到完成的状态。它的目的就是不断地寻找不可避免的变化，并做出适当的响应。

这不是一本关于 Kubernetes 的书，所以我不会详细介绍它们，但是控制器会不断地（在控制循环中）比较 Kubernetes 集群中运行实例的实际状态与期望状态。它会从 Kubernetes API Server（在控制循环）中获得所需集群状态的期望状态。以下是该平台实现的一些控制循环示例。

- 副本控制器（Replication controller）：该控制器用来管理部署（请参阅 YAML 文件了解我们的应用程序的部署），以便在发生故障和升级时确保运行所需的副本数量。
- 守护程序集控制器（Daemonset controller）：一个 Kubernetes 守护程序集定义了多个 pod；每个 Kubernetes 集群的工作节点（物理机或虚拟机）上都将运行一个。守护程序集控制器会确保所有节点都部署了所有需要的守护程序。
- 端点控制器（Endpoints controller）：在部署工作负载并动态分配了 IP 地址之后，端点控制器会更新 Kubernetes DNS 服务，以及完成其他一些工作。
- 命名空间控制器（Namespaces controller）：命名空间可以作为 Kubernetes 集群中的租户，并且可以在创建命名空间时应用某些策略。例如，你可以创建并分配一个网段，并隔离在该命名空间中部署的应用程序的网络流量。命名空间控制器会监控 Kubernetes 命名空间列表中的更改，并执行任何必要的操作。

让我再举最后一个例子。我一直在讨论控制循环，为什么需要循环？例如，当有人发出 `kubectl create namespace` 命令时，你的系统不能只执行必要的操作吗？从理论上讲，是可以的。但是，正如你在本章第 1 部分的示例中看到的那样，执行命令时很可能还无法访问该代码。如果发生这种情况，你是选择无法创建命名空间，还是会自动重试一到两次？控制器模式正是为了处理这类问题而设计的，并且它做得很好，因此大量在现代的分布式系统中被使用（例如，Kubernetes）。你也应该在云原生软件中适当地应用它。

9.3.2 如何控制控制循环

在本章前几节中，我们讨论了如何控制重试循环。你使用的控制手段包括限制循环的执行次数，控制它的间隔时间，以及控制行为的条件（异常类型）等。同样，正如重试循环属于一种基本的控制循环一样，还可以为它添加一些参数。

例如，@Retryable 注解指定的异常类型相当于一种数据类型。请注意，我之前列举的 Kubernetes 控制器，每个都适用于不同类型的 Kubernetes 对象。尽管从一

第 9 章 交互冗余：重试和其他控制循环

般意义上讲，一个控制器会无限期地循环，但是你也可以更改该原则，就像限制指定请求的重试总数一样。最后，让我们看看控制循环的节奏会带来的影响。

当谈论请求重试时，我向你展示了一个示例；你降低了重试的频率（至少半秒），但是保持间隔不变。你可能已经注意到 @Retryable 声明中的 @Backoff 注解。该注解暗示了自定义回退算法的能力。你可以实现任何线性或者非线性的回退策略，不过 Spring Retry 框架已经内置了一些常用的策略。在重试之间等待半秒的时候，你已经看到了一个线性的示例。现在让我向你展示一个非线性的例子。首先，请从 Git 仓库中检出以下标签的代码：

```
git checkout requestretries/0.0.5
```

应用程序部署清单描述了我们软件的一个较小规模的部署，适合于部署到你的 Minikube 集群中。你可以通过执行 deployApps.sh bash 脚本来部署适当版本的示例程序。尽管你现在可以对相关帖子服务发送 curl 命令，但我想在这里重点介绍 Kubernetes 副本控制器的行为——该控制循环会监视并维护应用程序部署的状态。

请看一下 kubectl get pods 命令的输出。我希望你持续观察它，因此请输入命令 watch kubectl get pods。你会看到如下内容：

```
$ kubectl get pods
NAME                                READY   STATUS    RESTARTS   AGE
connection-posts-67d8db4c7b-tscf8   1/1     Running   0          10h
connections-748dc47cc6-7bzzr        1/1     Running   0          10h
mysql-64bd6d89d8-ggwss              1/1     Running   0          1d
posts-649d88dff-kmmx8               1/1     Running   0          9h
redis-846b8c56fb-8k8f7              1/1     Running   0          1d
sccs-84cc988f57-fjhzx               1/1     Running   0          1d
```

这是一个全新的安装，其中每个微服务都有一个实例。现在，我希望你让帖子服务变得不健康。可以执行如下命令：

```
curl -i -X POST $(minikube service --url posts-svc)/infect
```

现在，只需观察 get pods 命令的输出。大约 15～30 秒后，你会看到帖子服务被重新启动了。如果速度很快，你可能只会注意到 RESTARTS 列中的计数器增加了：

```
$ kubectl get pods
NAME                                    READY   STATUS     RESTARTS   AGE
connection-posts-67d8db4c7b-tscf8       1/1     Running    0          10h
connections-748dc47cc6-7bzzr            1/1     Running    0          10h
mysql-64bd6d89d8-ggwss                  1/1     Running    0          1d
posts-649d88dff-kmmx8                   1/1     Running    1          9h
redis-846b8c56fb-8k8f7                  1/1     Running    0          1d
sccs-84cc988f57-fjhzx                   1/1     Running    0          1d
```

现在，通过发出相同的 `curl` 命令再次让该实例变得不健康。大约 15 ～ 30 秒后，你会看到应用程序被再次重新启动。每次恢复后，你都要重新让实例变得不健康。完成四五次操作后，应用程序状态将显示为 `CrashLoopBackOff`，而不是被重新启动。副本控制器已经注意到该应用程序反复变得不正常，会等待更长的时间尝试再次启动它。它已经实现了一次非线性的回退策略。

```
$ kubectl get pods
NAME                                    READY   STATUS             RESTARTS   AGE
connection-posts-67d8db4c7b-tscf8       1/1     Running            0          10h
connections-748dc47cc6-7bzzr            1/1     Running            0          10h
mysql-64bd6d89d8-ggwss                  1/1     Running            0          1d
posts-649d88dff-kmmx8                   1/1     CrashLoopBackOff   5          9h
redis-846b8c56fb-8k8f7                  1/1     Running            0          1d
sccs-84cc988f57-fjhzx                   1/1     Running            0          1d
```

我希望你从该示例还有本章中领悟到，你需要在开始设计云原生软件时考虑加入控制循环。尽管对我们许多人来说，感觉命令式的编程风格更自然，但是要在分布式系统中应用的话问题仍然很多。这些问题可能一开始不会暴露出来，但是在看似合理的实现方案之下潜伏着众多的边界情况，当发生一些意外的变化时，预定方案就会失败。一个最终一致的、由控制循环驱动的软件设计，在云原生的分布式系统中将表现得更好。

小结

- 重试一个超时请求可以降低本来会通过系统传播的错误。
- 如果处理不当，即使修复了连接性的问题，排队中的重试请求也会使系统过载。
- 正确配置的重试既可以显著降低重试风暴的风险，又可以在不太严重的停机事故中提供巨大的好处。
- 只有在安全的情况下才使用重试，是一名开发人员应该承担的责任。
- 你不仅应该养成实现服务的核心逻辑的习惯，还应该养成在意外情况下实现回退逻辑的习惯。
- 重试只是一种控制循环模式的例子。
- 对于组成云原生软件的分布式系统，控制循环是一项必不可少的技术。

10 前沿服务：断路器和 API 网关

本章要点

- 两个微服务之间交互的服务端
- 断路器
- API 网关
- 挎斗（Sidecar）和服务网格（Service Mesh）

从第 8 章开始，我们就开始讨论服务间的交互，重点是动态路由和服务发现。我们已经讨论过客户端如何找到和访问依赖的服务。当客户端找到和确定所需的服务后，会开始进行交互。第 9 章和本章介绍交互的两个方面，如图 10.1 所示。在第 9 章中，我们学习了交互的弹性，主要讨论的是请求冗余，包括客户端所负责的内容以及如何进行控制。现在，我想介绍一下交互时的服务端以及服务端的基本设计模式。

第 10 章 前沿服务：断路器和API网关

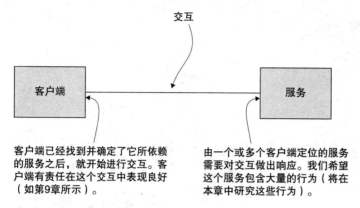

图 10.1 就像客户端可以并且应该应用某些模式，以便在交互中充当良好的参与者一样，服务端也应当如此。这些就是本章要介绍的模式

作为服务的开发人员，必须解决许多与交互相关的问题：

- 在第 9 章中，我介绍了一个在交互的客户端上解决重试风暴的方案（我称之为"温和的重试"）。但是服务的开发人员不能一直依赖客户端的这种方式，因此必须能够防范重试风暴。从服务的角度来看，重试风暴只是传入请求超出其处理能力的其中一种情况。服务应该最终来负责保护自己免受故意或者无意的拒绝服务攻击。
- 我在前面讨论过用于部署服务新版本（特别是蓝/绿升级和滚动升级）的技术。你可能还记得，我还谈到了并行部署，即同时运行服务的多个版本，由服务的一个版本来处理一部分请求，另一部分请求则由服务的另一个版本处理。在大多数情况下，确定由哪个版本的服务响应指定请求，是在客户端/服务端交互中的服务端来决定的。
- 该服务应该仅响应授权方的请求。
- 服务还负责提供可用的监控和日志记录信息（提前预告下一章的内容）。

本章涵盖了解决这些问题的两种模式：断路器和 API 网关。断路器明确针对第一个问题，用于防止服务被过多的流量冲垮。API 网关用于解决所有这些问题，以及一些其他问题。尽管业界使用 API 网关已经很长时间了，但我会专门讨论它在云原生架构中的用途。

在本章的最后，我将介绍一种最新流行的模式，可以同时用于交互的服务端和客户端，即挎斗（Sidecar）模式。是的，我会谈论 Istio 和它的"伙伴们"。

10.1 断路器

软件中断路器的概念与家庭电器中"断路器"的概念完全相同。你家中一定有许多潜在的耗电源——灯、插座、电子设备等。电线上同时消耗的功率越多,电线会变得越热,如果负载足够大,电线可能会变得过热而引发火灾。为了防止这种情况发生,我们会让电线穿过一个断路器,断路器会检测电流是否容易引发危险,从而决定是否断开电路并切断所有电源。没有电总比让房子着火好。

10.1.1 软件中的断路器

在软件中,断路器的运行方式基本相同。当负载过高时,断路器会打开并阻止流量通过。但是它有两个不同之处。首先,用来检测何时应打开断路器的机制是基于实际的故障,而不是对可能的故障的预测(你肯定不希望电路在检测到小火苗后才会跳闸)。其次,软件中的断路器通常具有内置的自我修复机制(这与让人类在黑暗的房屋中找到配电板,并手动翻转断路器的方式不同)。

断路器的基本思想是:如果服务开始出现故障但是次数不多,先停止该服务的所有流量一段时间,希望给它一段时间,让它能够从故障中恢复。过一段时间后,让单个请求通过,查看其运行情况。如果请求失败,则继续维持保护措施,不允许后续的流量通过。如果请求成功,则视为服务恢复正常,并允许流量通过。

可以通过定义断路器的三种状态(闭合/Closed、打开/Open 或者半开/Half-Open)来理解这种行为,如图 10.2 所示。然后,我们可以描述驱动状态变化的各个事件,如下所示。

- 断路器的理想状态是"闭合":流量正在通过断路器流向断路器所保护的服务。
- 断路器位于流量途中,并寻找出现的故障。少量故障不是问题;实际上,对此类"漏洞"的抵御能力是云原生良好设计的一部分。当故障率变得过高时,断路器的状态将变为"打开"。
- 当断路器处于"打开"状态时,不允许流量通过该断路器所保护的服务。如果服务因为请求负载过多、不堪重负而开始出现故障,或者间歇性的网络中断引起故障,那么停止处理请求可能会使服务恢复到正常状态。
- 经过一段时间后,如想再次尝试请求该服务,以查看其是否已经恢复,可以通过将断路器置于"半开"状态。

- 在半开状态下，断路器将允许单个请求或者少量请求通过该服务，从而对服务进行测试。
- 如果测试请求成功，则断路器将切换回闭合状态。如果测试失败，则断路器将切换回打开状态，并等待更长的时间。

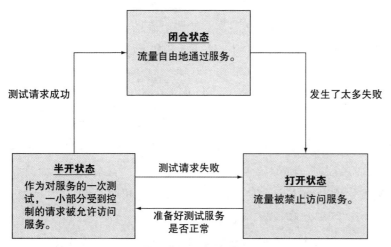

图 10.2　通过三个状态对断路器的操作进行建模，并定义它们之间相互转换的条件或者事件。当断路器闭合时，流量可以自由通过。当断路器断开时，请求将无法到达服务。半开状态是一种瞬时状态，表示断路器可以被重置为闭合状态

　　我已经直观地描述了什么是断路器，但是实现断路器需要定义状态变更的具体细节。例如，是什么导致了"发生了太多失败"？稍后，你会看到一个具体的实现并了解其中的细节。首先，我想请你注意图 10.2 中一个未介绍的概念：断路器的使用会对客户端和服务之间交互造成什么影响，这对于本章和上一章的内容至关重要。

　　图 10.3 所示的序列图展示了当某个服务遇到问题时，客户端与服务之间某一次交互的三种情况。在第一种情况下，不使用断路器。在第二种情况下，有一个断路器，并且状态为"闭合"。在第三种情况下，有一个处于打开状态的断路器。

　　在前两种情况下，你可以看到交互行为实际上是相同的：客户端发出请求，由于服务遇到故障，等待响应会超时。但是在第三种情况下，由于断路器已经检测到因为故障而导致回路断开，客户端将迅速接收到响应。这里的关键是，在复杂的分布式系统中，延迟是灾难性的，而断路器可以显著减少延迟的时长并降低延迟的频率。我喜欢将断路器视为一种可以在服务端实现的"友好"模式。

10.1 断路器

没有断路器

如果帖子服务遇到了问题,一个结果可能是客户端会浪费时间来等待不会出现的响应。如果这种情况经常发生,那么整个系统将处于一种低效状态,许多组件只是在等待某些事情的发生。

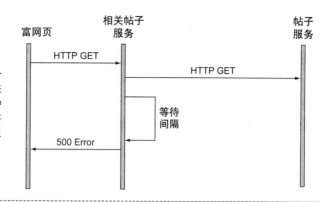

存在一个关闭状态的断路器

如果帖子服务遇到了问题,但是因为问题还没有被检测到,断路器仍然处于关闭状态,所以客户端可能需要等待一段时间才能得到响应。如果这种情况只是偶尔发生,对整个系统的影响将是很小的。但是如果这种情况经常发生,系统作为一个整体将处于一种低效状态,许多组件只是简单地在等待某些事情发生。

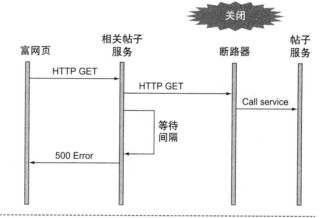

存在一个处于打开状态的断路器

如果帖子服务遇到问题,但有一个打开的断路器位于前端,那么客户端会立刻知道不会返回任何响应。最小化在等待响应上所浪费的时间,可以提高整个软件系统的健康状况和可靠性。

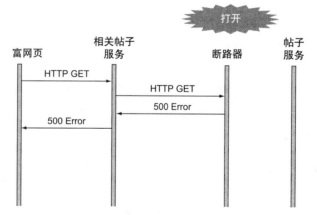

图 10.3 当服务不可用时(由于网络中断、服务本身出现问题或者其他问题),断路器的主要优点之一是可以大大减少等待响应所浪费的时间

现在让我们来演示一个断路器实现的示例,包括断路器的基本用法和配置,并且让你可以更加深入地思考如何去实现一个服务。

10.1.2 实现一个断路器

跟之前一样，你可以检出 Git 仓库中该示例的两个特定标签，并将它们部署到 Kubernetes 集群来运行代码示例。同样，我已经构建了代码示例并将其打包成了 Docker 镜像，上传到了 Docker Hub 中，因此你不必再从源代码重新构建。如果你确实想从源代码开始构建，为了方便起见，我已经包含了 Maven 和 Docker 要使用的构建文件。在运行示例之前，我们先看一下代码。

假设你已经克隆了仓库，请使用以下命令检出第 10 章的标签：

```
git checkout circuitbreaker/0.0.1
```

代码全部位于 cloudnative-circuitbreaker 目录中，因此我们现在切换到该目录下。你会注意到，这里仅存在帖子服务和关系服务的实现，因为相关帖子服务是交互的客户端，这一点与上一章相同。

你将使用断路器来保护帖子服务，因此我们先查看一下该服务在源目录中的代码。你首先会注意到的是一个新的 Java 类：PostsService。一般来说，断路器应该位于一个实际服务的前面，但是这里实现的方式是，让断路器与主服务在相同的进程中运行；断路器会紧挨着实际服务（提醒，在本章末尾讨论 Istio 的时候，我将会做进一步的解释）。

你最初在 Posts 控制器中包含了很多逻辑。但是，现在需要将服务的核心实现逻辑放入新的 PostsService 类中，并且让控制器仅处理服务交互的前端部分。控制器仍需要处理诸如请求解析和生成响应之类的工作，以及一些基本的身份验证和授权逻辑。新的 PostsService 不会处理 HTTP，而只关注服务的核心逻辑，以这个简单示例来说，该逻辑仅为对数据库进行查询和生成响应对象。

与我们的讨论最相关的，是在 PostsService 的 get 方法周围添加一个注解，如清单 10.1 所示。

清单 10.1 PostsService.java 中的方法

```
@HystrixCommand()
public Iterable<Post> getPostsByUserId(String userIds,
                                String secret) throws Exception {

    logger.info(utils.ipTag() + "Attempting getPostsByUserId");
    Iterable<Post> posts;

    if (userIds == null) {
```

10.1 断路器

```
            logger.info(utils.ipTag() + "getting all posts");
            posts = postRepository.findAll();
            return posts;
        } else {
            ArrayList<Post> postsForUsers = new ArrayList<Post>();
            String userId[] = userIds.split(",");
            for (int i = 0; i < userId.length; i++) {
                logger.info(utils.ipTag() +
                            "getting posts for userId " + userId[i]);
                posts = postRepository.findByUserId(Long.parseLong(userId[i]));
                posts.forEach(post -> postsForUsers.add(post));
            }
            return postsForUsers;
        }
    }
```

@HystrixCommand() 表示该方法的前面会放置一个断路器,并且 Spring 框架会将它插入实现代码。这样做的目的是拦截所有传入的请求并实现我之前介绍的协议。

让我们看一下实际的情况,特别是通过第 9 章中提到的重试风暴的场景。我想对相关帖子进行直接的重试实现,让系统在网络重建后较长时间内保持异常运行,并将它与保护帖子服务的断路器耦合在一起。如图 10.4 所示,你需要像以前一样运行相同的负载测试。

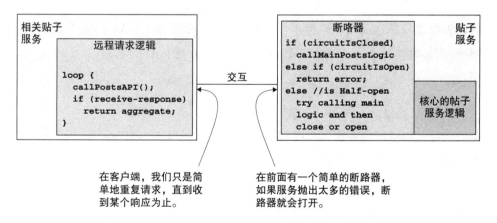

图 10.4 在你的第一次测试中,你需要在交互的客户端直接进行重试,并且在服务的前端使用一个简单的断路器

搭建环境

再次,请你参考本书前面各章中用来运行示例的环境搭建说明。在本章中,运

行示例没有其他新的要求。

你需要访问 cloudnative-circuitbreaker 目录中的文件，因此请在终端窗口中切换到该目录下。

如前几章所述，我已经预先构建了 Docker 镜像并上传到了 Docker Hub 中。如果你要构建 Java 源代码和 Docker 镜像，并将其推送到自己的镜像仓库中，操作步骤请参考之前的章节（最详细的说明在第 5 章）。

运行应用程序

在学习本章时，你会拥有不同版本的断路器，因此，在开始时，你需要从 GitHub 仓库上检出正确的标签：

```
git checkout circuitbreaker/0.0.1
```

如第 9 章所述，你将需要一个具有足够容量的 Kubernetes 集群。如果已经有了第 10 章的示例，那么无须清理并重新启动；此处运行的命令会更新所有微服务的版本。如果你确实想从头开始，那么可以使用我之前介绍的 `deleteDeployment-Complete.sh` 脚本。这个简单的 bash 脚本可以让你保持 MySQL、Redis 和 SCCS 的运行。如果不带任何参数调用该脚本，仅会删除三个微服务的部署。如果以 `all` 作为参数调用该脚本，会同时删除 MySQL、Redis 和 SCCS 服务。

假设你已经按照之前所述，检出了 Git 标签，那么可以运行以下脚本（或者执行其中的 `kubectl apply` 命令）来部署或者更新正在运行的服务：

```
./deployApps.sh
```

如果你在执行过程中,在另一个窗口中运行了 `watch kubectl get all` 命令，那么会看到帖子服务已经升级了——相对于第一个示例只有该服务发生了改变，或者会看到所有三个微服务都已经部署了。此时的应用程序拓扑结构如图 10.5 所示，部署了以下版本的应用程序。

- 相关帖子服务：这是来自请求弹性项目（第 9 章）的版本，该版本实现了简单的重试机制，直接重试超时的请求。
- 关系服务：这是来自请求弹性项目的版本，是标准的关系服务实现。
- 帖子服务：这是应用程序的最新版本，已经经过重构，将控制器与服务的主要逻辑分开。后者的主要方法现已包装在一个 Hystrix 的断路器中。

10.1 断路器

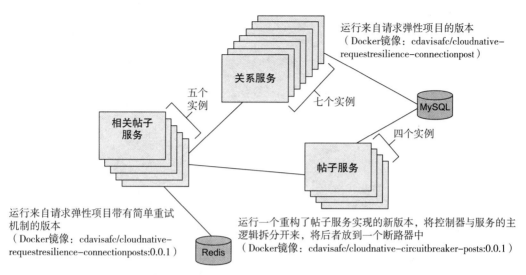

图10.5 部署拓扑既有上一章中相关帖子服务和关系服务的版本，又提供了一个帖子服务的新版本。该实现将帖子服务的主要逻辑包装在一个断路器中

现在让我们对该实现进行一些压力测试。可以使用以下两个命令：

```
kubectl create configmap jmeter-config \
  --from-file=jmeter_run.jmx=loadTesting/ConnectionsPostsLoad.jmx
kubectl create -f loadTesting/jmeter-deployment.yaml
```

如果你在第9章的试验期间运行了第一个命令，那么在此处无须再次运行，因为Apache JMeter的配置映射已经存在。现在让我们来看一下压力测试的输出结果：

```
$ kubectl logs -f <name of your jmeter pod>
START Running Jmeter on Sun Feb 24 05:21:46 UTC 2019
JVM_ARGS=-Xmn442m -Xms1768m -Xmx1768m
jmeter args=-n -t /etc/jmeter/jmeter_run.jmx -l resultsconnectionsposts Feb
24, 2019 5:21:48 AM java.util.prefs.FileSystemPreferences$1 run
INFO: Created user preferences directory.
Creating summariser <summary>
Created the tree successfully using /etc/jmeter/jmeter_run.jmx
Starting the test @ Sun Feb 24 05:21:48 UTC 2019 (1550985708891)
Waiting for possible Shutdown/StopTestNow/Heapdump message on port 4445

summary +      85 in 00:00:10 =     8.1/s Err:  0 (0.00%) Active: 85
summary +     538 in 00:00:30 =    18.0/s Err:  0 (0.00%) Active: 332
summary =     623 in 00:00:40 =    15.4/s Err:  0 (0.00%)
summary +    1033 in 00:00:30 =    34.5/s Err:  0 (0.00%) Active: 579
summary =    1656 in 00:01:10 =    23.5/s Err:  0 (0.00%)
summary +    1529 in 00:00:30 =    51.0/s Err:  0 (0.00%) Active: 829
summary =    3185 in 00:01:40 =    31.7/s Err:  0 (0.00%)
summary +    2029 in 00:00:30 =    67.6/s Err:  0 (0.00%) Active: 1077
```

```
summary  =      5214 in 00:02:10 =    40.0/s Err:     0 (0.00%)
summary  +      2520 in 00:00:30 =    84.1/s Err:     0 (0.00%) Active: 1325
summary  =      7734 in 00:02:40 =    48.2/s Err:     0 (0.00%)
summary  +      2893 in 00:00:30 =    96.4/s Err:     0 (0.00%) Active: 1500
summary  =     10627 in 00:03:10 =    55.8/s Err:     0 (0.00%)
summary  +      3055 in 00:00:30 =   101.8/s Err:     0 (0.00%) Active: 1500
summary  =     13682 in 00:03:40 =    62.1/s Err:     0 (0.00%)
summary  +      3007 in 00:00:30 =   100.2/s Err:     0 (0.00%) Active: 1500
summary  =     16689 in 00:04:10 =    66.7/s Err:     0 (0.00%)

<time marker 1 - I have broken the network between Posts and MySQL>

summary  +      2510 in 00:00:30 =    83.6/s Err:  2084 (83.03%) Active: 1500
summary  =     19199 in 00:04:40 =    68.5/s Err:  2084 (10.85%)
summary  +      3000 in 00:00:30 =   100.0/s Err:  3000 (100.00%) Active: 1500
summary  =     22199 in 00:05:10 =    71.5/s Err:  5084 (22.90%)
summary  +      3000 in 00:00:30 =   100.0/s Err:  3000 (100.00%) Active: 1500
summary  =     25199 in 00:05:40 =    74.0/s Err:  8084 (32.08%)
summary  +      2953 in 00:00:30 =    98.4/s Err:  2953 (100.00%) Active: 1500
summary  =     28152 in 00:06:10 =    76.0/s Err: 11037 (39.21%)
summary  +      2916 in 00:00:30 =    96.9/s Err:  2916 (100.00%) Active: 1500
summary  =     31068 in 00:06:40 =    77.6/s Err: 13953 (44.91%)
summary  +      3046 in 00:00:30 =   101.7/s Err:  3046 (100.00%) Active: 1500
summary  =     34114 in 00:07:10 =    79.3/s Err: 16999 (49.83%)
summary  +      3019 in 00:00:30 =   100.7/s Err:  3019 (100.00%) Active: 1500
summary  =     37133 in 00:07:40 =    80.7/s Err: 20018 (53.91%)

<time marker 2 - I have repaired the network between Posts and MySQL>

summary  +      2980 in 00:00:30 =    99.3/s Err:  2980 (100.00%) Active: 1500
summary  =     40113 in 00:08:10 =    81.8/s Err: 22998 (57.33%)
summary  +      3015 in 00:00:30 =   100.5/s Err:  3015 (100.00%) Active: 1500
summary  =     43128 in 00:08:40 =    82.9/s Err: 26013 (60.32%)
summary  +      3020 in 00:00:30 =   100.7/s Err:  3020 (100.00%) Active: 1500
summary  =     46148 in 00:09:10 =    83.8/s Err: 29033 (62.91%)
summary  +      3075 in 00:00:30 =   102.5/s Err:  3072 (99.90%) Active: 1500
summary  =     49223 in 00:09:40 =    84.8/s Err: 32105 (65.22%)
summary  +      3049 in 00:00:30 =   101.6/s Err:  2395 (78.55%) Active: 1500
summary  =     52272 in 00:10:10 =    85.6/s Err: 34500 (66.00%)
summary  +      3191 in 00:00:30 =   106.4/s Err:  2263 (70.92%) Active: 1500
summary  =     55463 in 00:10:40 =    86.6/s Err: 36763 (66.28%)
summary  +      2995 in 00:00:30 =    99.7/s Err:  1203 (40.17%) Active: 1500
summary  =     58458 in 00:11:10 =    87.2/s Err: 37966 (64.95%)
summary  +      3031 in 00:00:30 =   101.1/s Err:  1193 (39.36%) Active: 1500
summary  =     61489 in 00:11:40 =    87.8/s Err: 39159 (63.68%)
summary  +      3009 in 00:00:30 =   100.3/s Err:  1182 (39.28%) Active: 1500
summary  =     64498 in 00:12:10 =    88.3/s Err: 40341 (62.55%)
summary  +      3083 in 00:00:30 =   102.8/s Err:   859 (27.86%) Active: 1500
summary  =     67581 in 00:12:40 =    88.9/s Err: 41200 (60.96%)
summary  +      3110 in 00:00:30 =   103.7/s Err:   597 (19.20%) Active: 1500
summary  =     70691 in 00:13:10 =    89.4/s Err: 41797 (59.13%)
```

10.1 断路器

```
summary +   2999 in 00:00:30 =   99.9/s Err:      0 (0.00%) Active: 1500
summary =  73690 in 00:13:40 =   89.8/s Err:  41797 (56.72%)
summary +   3001 in 00:00:30 =  100.1/s Err:      0 (0.00%) Active: 1500
summary =  76691 in 00:14:10 =   90.2/s Err:  41797 (54.50%)
```

就像第 9 章中的测试一样，在所有负载都建立好之后（在上一个日志中的时间标记 1 处），你将断开帖子服务的所有实例与 MySQL 数据库之间的网络。如你所见，这会导致所有对相关帖子服务发送的请求都会失败（这些请求来自 JMeter 的测试）。在大约 3 分钟的中断之后，在时间标记 2 处重新恢复了网络。通过研究日志输出，可以看到，最初的恢复仅花费了大约 1 分钟，而完全恢复则花费了 3.5～4 分钟。表 10.1 展示了在服务周围没有任何保护的情况下，简单的重试机制（实际上这不是一个友好的客户端）所带来的结果。

表 10.1 断路器为重试风暴提供了重要保护

相关帖子服务的版本	帖子服务的版本	初次恢复的时间	完全恢复需要花费的额外时间
简单重试	没有断路器	9 分钟	12～13 分钟
简单重试	通过断路器来保护服务	1～2 分钟	4～5 分钟

这已经是完全不同了！我要指出的是，断路器不但能够提供保护，使服务免受重试风暴的侵害，而且还提供了过载保护和避免受到其他错误的影响。但是在这种情况下，断路器是如何改变相关帖子服务和帖子服务之间的交互，使系统恢复得更快的呢？让我们回到图 10.3 中。你已经实现了第三种情况，因此，在断路器打开时，对相关帖子服务的重试不会每次都超时等待，而是会迅速接收到来自帖子服务的响应，该响应清楚地表明了问题（带有一个 500 的状态代码），因此重试的积压会小得多。

让我们来探索第一个实现。可以想象，@HistrixCommand() 注解提供了许多配置选项来控制其行为。在第一个示例中，你只是选择使用了默认值。通过图 10.6 所示的状态图，我已经对默认值进行了注释。当服务的请求失败达到 50% 的时候，断路器会发生跳闸，保持打开状态 5 秒钟之后进入半开状态。

Hystrix 断路器有许多其他的配置选项。[1] 例如，可以设置跳闸之前的最小故障数量。但我想在这里重点介绍的是另一种设置方法。还记得在第 9 章中我们使用 Spring Retry 实现了更友好的请求冗余时，如何添加回退方法来缓存以前的结果，并在帖子服务没有响应时使用这些结果吗？这里采用的办法是相同的：当回路断开时，你可以返回一些内容来代表实际结果，而不是像当前这样返回一个错误信息。

---

[1] 你可以在 GitHub 上找到这些配置项（网址参见链接44）。

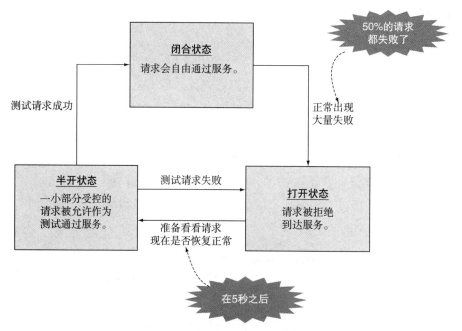

图 10.6 默认的 Hystrix 实现会在请求失败达到 50% 时发生跳闸,并在进入打开状态几秒后变为半开状态。在半开状态下的成功或者失败的请求,会分别将断路器切换为闭合或者打开状态

注意 本书的副标题是"设计拥抱变化的软件"。在设计软件时必须要做的一件最重要的事情就是:"如果调用不成功,软件该如何响应?"

可以说,框架不仅可以帮助实现弹性模式,而且在交互的两端都内置了用于回退的原语。图 10.7 可以清楚地显示这一点。

其中每一个回退方法中的上下文都不相同。在图 10.7 的左侧,相关帖子服务是通过交互发现信息的消费者的,并且可以在实时信息不可用时决定应该采取的措施。过时的内容总比没有内容更好吧?在第 9 章的最终实现中,你调用并返回了缓存的内容。在图 10.7 的右侧,帖子服务是通过交互获取信息的提供者的,必须清楚任何类型的"成功"响应都要比完全失败的信息更好。不管返回的成功信息是什么,都必须进行清晰的说明,避免让客户端以为它们接收的是一组正常数据,而其实是一组代替的数据。

10.1 断路器

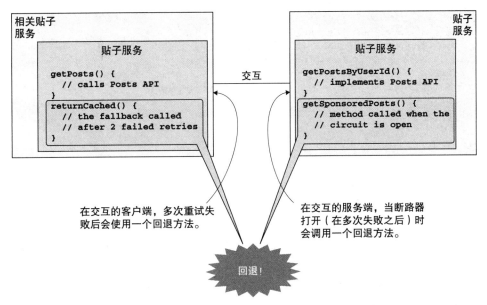

图 10.7 交互的任何一方都可能发生故障，而回退机制为此提供了保障

让我们来看一个实现示例。你只需对之前的示例进行很小的改动。请使用以下命令检出以下 Git 标签：

```
git checkout circuitbreaker/0.0.2
```

通过查看 Posts API 的代码，特别是 `PostsService` 类，会看到现在提供了一个回退方法，并且 `@HystrixCommand` 注解指向了该方法。在清单 10.2 中，你可以看到回退方法会返回预定义的结果，如果实时的数据不可用，那么会返回预先准备好的内容。

清单 10.2 PostsService.java 中的方法

```java
@HystrixCommand(fallbackMethod = "getSponsoredPosts")
public Iterable<Post> getPostsByUserId(String userIds,
                                String secret) throws Exception {
    logger.info(utils.ipTag() + "Attempting getPostsByUserId");

    Iterable<Post> posts;

    if (userIds == null) {
        logger.info(utils.ipTag() + "getting all posts");
        posts = postRepository.findAll();
        return posts;
    } else {
        ArrayList<Post> postsForUsers = new ArrayList<Post>();
```

```
            String userId[] = userIds.split(",");
            for (int i = 0; i < userId.length; i++) {
                logger.info(utils.ipTag() +
                            "getting posts for userId " + userId[i]);
                posts = postRepository.findByUserId(Long.parseLong(userId[i]));
                posts.forEach(post -> postsForUsers.add(post));
            }
    return postsForUsers;
    }
}

public Iterable<Post> getSponsoredPosts(String userIds,
                                        String secret) {
    logger.info(utils.ipTag() +
                "Accessing Hystrix fallback getSponsoredPosts");
    ArrayList<Post> posts = new ArrayList<Post>();
    posts.add(new Post(999L, "Some catchy title",
                       "Some great sponsored content"));
    posts.add(new Post(999L, "Another catchy title",
                       "Some more great sponsored content"));
    return posts;
}
```

我想在此提醒你注意以下两点：

- 每当从受 Hystrix 保护的命令返回某个错误（当前为 `getPostsByUserId` 方法）时，即使在断路器闭合时，也会调用回退方法。Hystrix 库支持在所有失败情况下尝试回退，即使绝大多数不是重大的故障。

- Hystrix 的回退方法可以被链接在一起；如果主要方法失败，那么可以调用 `fallbackMethod1` 方法。例如，你可能会通过使用缓存数据，或者从其他渠道加载数据来计算结果。如果 `fallbackMethod1` 方法调用失败，那么控制权会传递给 `fallbackMethod2` 方法，依此类推。这是一个强大、灵活的功能。

你会注意到，我们的回退实现其实非常简单。它甚至将返回的内容硬编码在代码中，而不是从某个数据存储中提取内容。这纯粹是为了保证实现代码简单。请不要将任何内容硬编码到你的源代码中！

运行应用程序

我假设你已经运行了本节之前的示例，并且已经按照我之前的介绍检出了 Git 分支。如果你先前的压力测试仍然在运行，请使用以下命令将其停止：

```
kubectl delete deploy jmeter-deployment
```

10.1　断路器

你可以运行以下 bash 脚本，或者执行其中包含的命令，将部署的应用程序升级为实现了回退行为的版本：

./deployApps.sh

同样，如果你正在监控某个 `kubectl get all` 命令，会同时看到关系服务和帖子服务正在升级。帖子服务升级是因为需要加载预置的用户 ID。相关帖子服务不会升级，你仍将运行第 9 章中的简单重试的版本。最后，让我们给它们增加一些压力：

kubectl create -f loadTesting/jmeter-deployment.yaml

现在，请查看这些服务的日志：

```
START Running Jmeter on Sun Feb 24 04:39:23 UTC 2019
JVM_ARGS=-Xmn542m -Xms2168m -Xmx2168m
jmeter args=-n -t /etc/jmeter/jmeter_run.jmx -l resultsconnectionsposts
Feb 24, 2019 4:39:25 AM java.util.prefs.FileSystemPreferences$1 run
INFO: Created user preferences directory.
Creating summariser <summary>
Created the tree successfully using /etc/jmeter/jmeter_run.jmx
Starting the test @ Sun Feb 24 04:39:25 UTC 2019 (1550983165958)
Waiting for possible Shutdown/StopTestNow/Heapdump message on port 4445
summary +     217 in 00:00:21 =   10.4/s Err: 0 (0.00%) Active: 171
summary +     712 in 00:00:30 =   23.7/s Err: 0 (0.00%) Active: 419
summary =     929 in 00:00:51 =   18.3/s Err: 0 (0.00%)
summary +    1209 in 00:00:30 =   40.3/s Err: 0 (0.00%) Active: 667
summary =    2138 in 00:01:21 =   26.4/s Err: 0 (0.00%)
summary +    1706 in 00:00:30 =   57.0/s Err: 0 (0.00%) Active: 916
summary =    3844 in 00:01:51 =   34.7/s Err: 0 (0.00%)
summary +    2205 in 00:00:30 =   73.5/s Err: 0 (0.00%) Active: 1166
summary =    6049 in 00:02:21 =   43.0/s Err: 0 (0.00%)
summary +    2705 in 00:00:30 =   90.2/s Err: 0 (0.00%) Active: 1415
summary =    8754 in 00:02:51 =   51.2/s Err: 0 (0.00%)
summary +    2998 in 00:00:30 =   99.9/s Err: 0 (0.00%) Active: 1500
summary =   11752 in 00:03:21 =   58.5/s Err: 0 (0.00%)
<time marker 1 - I have broken the network between Posts and MySQL>
summary +    3004 in 00:00:30 =  100.0/s Err: 0 (0.00%) Active: 1500
summary =   14756 in 00:03:51 =   63.9/s Err: 0 (0.00%)
summary +    2997 in 00:00:30 =   99.9/s Err: 0 (0.00%) Active: 1500
summary =   17753 in 00:04:21 =   68.1/s Err: 0 (0.00%)
```

第 10 章 前沿服务：断路器和API网关

```
summary +      3001 in 00:00:30 =    100.1/s Err: 0 (0.00%) Active: 1500
summary =     20754 in 00:04:51 =     71.4/s Err: 0 (0.00%)
summary +      3000 in 00:00:30 =    100.0/s Err: 0 (0.00%) Active: 1500
summary =     23754 in 00:05:21 =     74.0/s Err: 0 (0.00%)
summary +      3000 in 00:00:30 =    100.0/s Err: 0 (0.00%) Active: 1500
summary =     26754 in 00:05:51 =     76.3/s Err: 0 (0.00%)
summary +      3000 in 00:00:30 =    100.0/s Err: 0 (0.00%) Active: 1500
summary =     29754 in 00:06:21 =     78.1/s Err: 0 (0.00%)
summary +      2995 in 00:00:30 =     99.9/s Err: 0 (0.00%) Active: 1500
summary =     32749 in 00:06:51 =     79.7/s Err: 0 (0.00%)
<time marker 2 - I have repaired the network between Posts and MySQL>
summary +      3005 in 00:00:30 =    100.2/s Err: 0 (0.00%) Active: 1500
summary =     35754 in 00:07:21 =     81.1/s Err: 0 (0.00%)
summary +      2997 in 00:00:30 =     99.9/s Err: 0 (0.00%) Active: 1500
summary =     38751 in 00:07:51 =     82.3/s Err: 0 (0.00%)
```

与往常一样，时间标记 1 表示断开帖子服务和 MySQL 数据库之间网络连接的时间，而时间标记 2 表示重新建立连接的时间。如你所见，即使在网络中断期间，对相关帖子的调用也从未失败。断路器的回退方法会在帖子服务发生任何故障时返回预置的内容，这正是我们所期望的结果。

一个更有趣的度量标准可能是，重建网络后返回实时内容的速度。你猜猜会怎么样？没错，你猜对了：不到 5 秒。回想一下，sleepWindowMilliseconds 的默认值被设置为 5000，这意味着断路器会在"打开"状态 5 秒之后，被设置为"半开"状态。一旦发生这种情况，如果直接发向帖子服务的请求成功，那么断路器会关闭，从而使应用程序恢复到稳定的状态。你可以在任何一个帖子服务实例的日志输出中看到这种变化：

```
2019-02-23 02:59:03.084  getting posts for userId 2
2019-02-23 02:59:03.148  Attempting getPostsByUserId
2019-02-23 02:59:03.148  getting posts for userId 2
2019-02-23 02:59:03.167  Attempting getPostsByUserId
2019-02-23 02:59:03.167  getting posts for userId 2

<time marker 1 - I have broken the network between Posts and MySQL>

2019-02-23 02:59:03.213  Accessing Hystrix fallback getSponsoredPosts
2019-02-23 02:59:03.237  Accessing Hystrix fallback getSponsoredPosts
2019-02-23 02:59:03.243  Accessing Hystrix fallback getSponsoredPosts
```

10.1 断路器

```
2019-02-23 02:59:03.313    Accessing Hystrix fallback getSponsoredPosts
2019-02-23 02:59:03.351    Accessing Hystrix fallback getSponsoredPosts
2019-02-23 02:59:03.357    Accessing Hystrix fallback getSponsoredPosts
2019-02-23 02:59:03.394    Accessing Hystrix fallback getSponsoredPosts
... (there are many more of these log lines)

<time marker 2 - I have repaired the network between Posts and MySQL>

... (another 5 seconds or so of Hystrix mentioning messages)
(then, ...)

2019-02-23 03:02:33.705    Accessing Hystrix fallback getSponsoredPosts
2019-02-23 03:02:33.717    Accessing Hystrix fallback getSponsoredPosts
2019-02-23 03:02:33.717    Accessing Hystrix fallback getSponsoredPosts
2019-02-23 03:02:33.898    getting posts for userId 3
2019-02-23 03:02:33.898    getting posts for userId 3
2019-02-23 03:02:33.899    getting posts for userId 3
2019-02-23 03:02:33.899    getting posts for userId 3
2019-02-23 03:02:33.900    getting posts for userId 3
2019-02-23 03:02:33.905    Accessing Hystrix fallback getSponsoredPosts
2019-02-23 03:02:33.911    Accessing Hystrix fallback getSponsoredPosts
2019-02-23 03:02:33.943    Accessing Hystrix fallback getSponsoredPosts
2019-02-23 03:02:34.080    Accessing Hystrix fallback getSponsoredPosts
2019-02-23 03:02:34.100    Accessing Hystrix fallback getSponsoredPosts
2019-02-23 03:02:34.113    Accessing Hystrix fallback getSponsoredPosts
2019-02-23 03:02:34.216    Accessing Hystrix fallback getSponsoredPosts
2019-02-23 03:02:34.225    Accessing Hystrix fallback getSponsoredPosts
2019-02-23 03:02:34.300    Accessing Hystrix fallback getSponsoredPosts
2019-02-23 03:02:34.368    Accessing Hystrix fallback getSponsoredPosts
2019-02-23 03:02:34.398    Attempting getPostsByUserId
2019-02-23 03:02:34.398    getting posts for userId 2
2019-02-23 03:02:34.400    getting posts for userId 3
2019-02-23 03:02:34.433    Attempting getPostsByUserId
2019-02-23 03:02:34.433    getting posts for userId 2
2019-02-23 03:02:34.434    Attempting getPostsByUserId
2019-02-23 03:02:34.434    getting posts for userId 2
2019-02-23 03:02:34.435    getting posts for userId 3
2019-02-23 03:02:34.437    getting posts for userId 3
2019-02-23 03:02:34.472    Attempting getPostsByUserId
2019-02-23 03:02:34.472    getting posts for userId 2
2019-02-23 03:02:34.475    getting posts for userId 3
2019-02-23 03:02:34.556    Attempting getPostsByUserId
2019-02-23 03:02:34.556    getting posts for userId 2
2019-02-23 03:02:34.559    getting posts for userId 3
2019-02-23 03:02:34.622    Attempting getPostsByUserId
(and operation has returned to normal)
```

表 10.2 显示了第 9 章和本章进行的每个测试的结果。每个案例都模拟了相关帖子服务和帖子服务之间同样的 3 分钟网络中断，但是在交互的客户端（第 9 章）或者服务端（第 10 章）使用了不同的模式。

表 10.2 网络中断的模拟结果显示了云原生模式应用于服务交互的好处

相关帖子服务的版本	帖子服务的版本	在网络中断期间	初次恢复的时间	完全恢复的时间	运行测试的章节
简单重试	没有断路器	100% 错误	9 分钟	12～13 分钟	9
通过 Spring Retry 框架实现友好的重试，没有提供回退方法	没有断路器	100% 错误	1 分钟	3 分钟	9
通过 Spring Retry 框架实现友好的重试，并且提供了回退方法	没有断路器	0% 错误	N/A：在网络故障期间没有失败	N/A	9
简单重试	断路器保护了服务——没有回退方法	100% 错误	1～2 分钟	4～5 分钟	10
简单重试	断路器保护了服务——有回退方法	0% 错误	N/A：在网络故障期间没有失败	<5 秒 考虑返回实际结果，而非预置结果的"完全恢复"时间	10

这个总结确实很有趣。实现交互弹性的模式对软件的整体运行状况有很大的影响。这些模式适用于交互的客户端和服务端，尽管很明显，但是你通常不会负责双方的实现。因此，特别是如果你正在实现一个消费者，那么至关重要的是，你必须充分了解 API 的协议——当你消费的服务不正常时，是否会更改返回的结果。而当你提供服务时，请确保完全符合该协议的规范。

回顾断路器的功能，尤其是考虑到 Hystrix 各个方面的使用，你可以看到断路器本质上是充当帖子服务的一个网关。但是断路器只是前置功能的一个示例。现在，让我们将 API 网关作为一种更通用的模式来进行研究。

10.2　API 网关

开源和商业 API 网关比微服务和基于云的架构兴起得还要早。例如，Apigee（自被 Google 收购）和 Mashery（被 Intel 收购，然后出售给 TIBCO）都是在 20 世纪

00年代初期成立的公司，都专注于开发API网关。

API网关在软件架构中扮演的角色始终如本章标题所述，始终位于实现的最前面，并且提供了大量的服务。这些服务可能包括以下内容。

- **身份验证和授权**：控制对API网关后面服务的访问。这种访问控制的机制各不相同，可以是基于密码的方式（例如，使用密码或者令牌），也可以是基于网络、集成或者实现防火墙类型的服务。
- **传输中的数据加密**：API网关可以处理解密，因此也必须负责管理证书。
- **保护服务免受负载高峰的影响**：正确配置后，API网关会成为客户端访问服务的唯一方式。因此，网关实现的限流机制可以提供重要的保护。你可能会以为这和我们刚才讨论的断路器很像，没错，就是这样。
- **访问日志**：由于进入服务的所有流量都通过API网关，因此你可以记录所有的访问日志。这些日志可以用在许多场景，包括审核和运维的可观察性。

所有这些问题都可以在服务本身中解决，但是很明显，这些都是相关领域的问题，不需要一遍又一遍地实现。API网关可以减轻开发人员的负担，将这些功能视为管道，使开发人员能够专注于实现业务需求。但是也许更重要的是，它提供了可以统一进行企业级控制的地方。当然，对于IT运维而言，一件最具挑战性的事情就是要满足所有方面的安全性和合规性要求，因此集中控制是关键。

API网关可以通过与许多其他服务交互来提供能力。例如，网关本身并不存储需要认证和授权的用户，它依赖于那些身份和访问管理的解决方案以及身份信息存储（例如LDAP）。网关只是执行其中指定的策略。

图10.8描述了一个简单的场景：API网关提供了一些服务，对这些服务的所有访问都要通过网关，并且它可以与其他组件对接来提供一些功能。使用API网关接口的IT系统管理员，需要配置所需的策略。该图还描绘了审查员查看每个服务的访问日志。

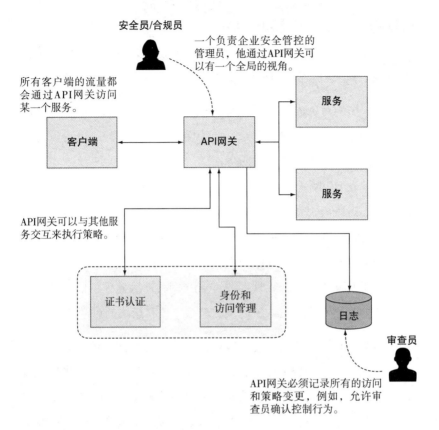

图 10.8　API 网关位于所有服务的前面，是配置和执行策略的地方

10.2.1　云原生软件中的 API 网关

　　API 网关已经存在 15 年以上了，为什么本书还要介绍它呢？可以想象，就像到目前为止我们讨论过的许多其他主题一样，在向云原生软件架构演进的过程中，对 API 网关也提出了新的要求。

- 很明显，产生更多独立（微）服务的软件组件化，使得要控制的服务数量增加了几个数量级。尽管不是很理想，但是从理论上来讲，IT 人员无须集中式的控制平面也可以来管理服务。但是当你有成千上万个服务实例时，这就变得不太现实了。
- 对于意外和计划中的升级，就算是每年或者每半年更改一次部署（例如，防火墙规则），由于重新创建服务实例而导致的持续变更，也可能意味着以前的手动配置现在没有相应的软件来解决。
- 高度分布式的系统导致了新的弹性模式，例如我们刚刚介绍的重试，并且会对服务带来不同的负载配置文件。与以前相比，服务上的负载更加难以预测。你需要保护服务免受意外和极端流量的影响。本章前半部分研究的断路器是其中一种保护手段，而现在介绍的 API 网关也是。
- 云原生架构带来了新的业务模型，允许服务按需付费。API 网关可以提供必要的计量，并且进行可能的限流。
- 在前面的章节中，我们讨论过并行部署。API 网关是实现路由逻辑的绝佳场所，而路由逻辑对于安全升级过程等至关重要。

尽管我们在十年前就强烈建议使用 API 网关，但这并不是强制性的，不过云原生软件的特性使得它们现在变得至关重要。

10.2.2　API 网关拓扑

我希望此时你正在思考类似的问题，"好吧，我知道为什么需要它们，但我不喜欢图 10.8 所描绘的事情。集中式网关看起来像是云原生的反模式"。你需要在所有服务上应用一致的策略，这是 API 网关模式的价值支柱之一。但这并不意味着实现也必须是集中式的。没错，15 年前，API 网关通常被部署为集中式（虽然是集群）组件，但是在云原生架构中这已经发生了变化。

正如我多次提到的那样，你在本章学习和实现的断路器是其中一种网关模式，并且实现肯定是分布式的。实际上，它已经被编译到服务本身的二进制文件（还记得 @HystrixCommand 注解吗）中。为了正确使用，你需要的是一个分布式的 API 网关实现。如图 10.9 所示，你可以看到每个服务的前端都有一个网关，并且该网关与图 10.8 所示的一样，会与一系列支持的组件进行交互。

你还将注意到，与图 10.8 相比，我使用了更多的服务实例。你可以想象，如果有这么多带有集中式 API 网关的服务，并且所有交互都通过该网关进行，那么就必须确保网关的吞吐能力，以便能够处理到异构应用实例（数量难以预测）的流量。通过分布式处理，每个网关实例仅需处理其服务的负载，并且更容易确定网关的吞吐能力。

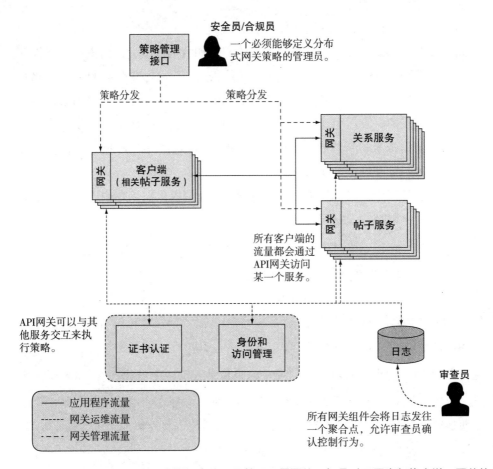

图 10.9 可以将网关视为一个逻辑实体，是管理所需要的。但是对云原生架构来说，网关的实现最好是分布式的

我想花一点时间来介绍过去几年中流行的开源 API 网关。它来自我们的"微服务英雄"——Netflix。Zuul（以电影 *Ghostbusters* 中的守门人名字命名）被描述为"一种提供动态路由、监控、弹性、安全和更多功能的边缘服务。"这些都是我认为应由 API 网关模式提供的能力。Zuul 可以使用或者嵌入 Netflix 微服务框架中的其他几个组件，包括 Hystrix（断路器）、Ribbon（负载均衡）、Turbine（指标度量）等。

Zuul 是用 Java 编写的，因此可以在 JVM 中运行，通过一个 URL 配置到服务的前端。例如，要将其配置为帖子服务的网关，只需提供如下配置数据：

```
zuul.routes.connectionPosts.url=http://localhost:8090/connectionPosts
server.port=8080
```

接下来的问题是如何在软件拓扑中引入 Zuul。我们当然可以创建一个类似图 10.8 所示的部署，但是在高度分布式的软件架构中，建议采用更加接近图 10.9 所示的部署。实际上，Spring Cloud 提供了一种将 Zuul 嵌入服务的方式，这与在先前示例中嵌入断路器的方式大致相同。[1] 为此，你需要实现图 10.9 所示的部署拓扑。

将网关嵌入服务有一些明显的优势：网关与服务本身之间没有网络跳转，不再需要配置主机名，仅需要配置路径，且不存在跨域资源共享（CORS）问题。但是这样也有一些缺点。

首先，回想一下之前对应用程序生命周期的讨论，在生命周期的后期绑定配置可以提供更大的灵活性。如果你在 application.properties 文件中包含了前面的配置，那么更改配置后需要重新编译。虽然如我们所讨论过的，可以稍后通过环境变量来注入属性值，但是仍然需要重新启动 JVM（或者至少刷新一下应用程序上下文环境）。

其次，如果要嵌入某个 Java 组件，那就意味着你的服务也必须使用 Java 实现或至少在 JVM 中运行。尽管我们所有的代码示例都是用 Java 编写的，但是我希望模式可以适用于任何场景，可以以最适合的语言来实现。我不是一个纯 Java 的忠实拥护者。

最后，API 网关模式的目标之一是将服务开发人员的关注问题与运维的关注问题分开。希望让后者能够统一控制正在运行的服务，并且为他们提供一个易于管理的控制平面。

如何以与编程语言无关、更松耦合且易于管理的方式来实现此类网关模式的功能？答案是服务网格（Service Mesh）。

10.3 服务网格

我们不必一步就实现服务网格（Service Mesh），所以让我一点一点地来介绍，从一个在服务网格中起核心作用的原语开始。然后，我将继续介绍服务网格及其在云原生软件架构中扮演的日益重要的角色。

10.3.1 挎斗

回到我刚才提出的问题——如何避免嵌入 Java 组件的弊端来提供一个分布式的

---

[1] 同使用 Spring Boot 一样，你只需在 Maven 或者 Gradle 依赖中引入 spring-cloud-starternetflix-zuul 包，就可以引入 Zuul 组件（详情参见链接 45 指向的网页）。

API 网关——答案就是挎斗（Sidecar）。简单来看，挎斗是一个与主服务一起运行的进程。如果回顾一下图 10.9，可以想象网关服务可以与服务一起运行，而不必是嵌入式的。为了满足不将其编译到服务二进制文件中的要求，这意味着网关挎斗需要作为一个单独的进程，与主服务进程一起运行。

Kubernetes 提供了实现该功能的完美抽象：Kubernetes pod。pod 是 Kubernetes 中部署的最小单元，其包含一个或多个容器。你可以将主要服务托管在一个容器中，而将网关服务托管在另一个容器中，两者都运行在同一个 pod 中。现在，我们可以重新绘制一下以前的图，如图 10.10 所示。

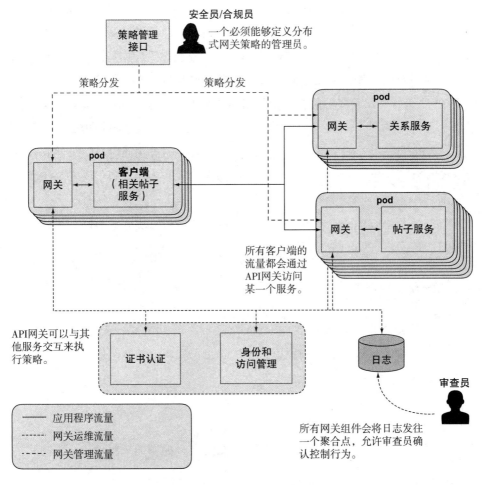

图 10.10　分布式网关作为每个服务的挎斗运行。在 Kubernetes 中，这是通过在单个 pod 中运行两个容器来实现的，一个是主服务，另一个是网关挎斗

10.3 服务网格

每个容器都有自己的运行时环境，因此主服务可以在 JVM 中运行，而网关挎斗可以是用 C++ 实现的。但是这样会带来一个缺点。现在，网关和主服务之间的通信是进程间的，甚至是容器间的，这意味着在网络上多了一跳。Kubernetes 架构再一次为我们提供了帮助。Kubernetes pod 中运行的所有服务都可以托管在相同的 IP 地址上，这意味着它们可以通过 `localhost` 互相寻址，因此网络开销将变得很小。

Envoy 是当今最受欢迎的挎斗实现之一。Envoy 最初由 Lyft 公司开发，因为是用 C++ 编写的分布式代理，所以其效率极高。它可以用在各种部署拓扑中，尽管最常见的用法是将其作为一个实例部署到服务的单个实例前面（在如图 10.10 所示的拓扑中）。

但是这个描述有点不准确。注意，我将 Envoy 描述为代理，而不是网关。Envoy 不仅充当网关，它也负责代理客户端。我想请你注意图 10.7，该图描绘了参与交互的客户端和服务端。这张图专门显示了在客户端的出站交互中添加了重试行为，并在服务端代码的入站前面添加了一个断路器。后者实现了一个网关模式，而前者是一个代理。是不是很奇妙？Envoy 在交互的客户端上作为代理，而在服务端上作为反向代理/网关。

这真的很酷。

图 10.7 和图 10.10 经过重绘后得到图 10.11 和图 10.12。现在你可以看到，云原生架构中的关键元素——交互，是通过挎斗进行编程的。Envoy 在这些交互的边缘实现了许多模式，包括重试、断路器、限速、负载均衡、服务发现、可观察性等。正如我之前多次说过的，尽管你作为应用程序的开发人员或架构师，必须了解本书所涵盖的模式，但是你并不一定负责实现这些模式。我再说一遍：这很酷。

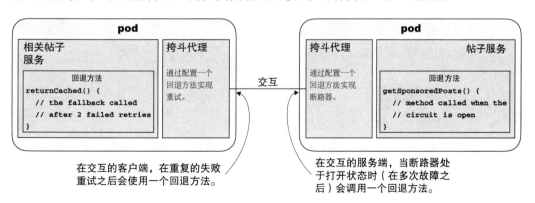

图 10.11　重新绘制图 10.7，在挎斗中实现了交互客户端的重试行为，并且在挎斗中还实现了服务端的断路器

注意，现在的交互是在代理之间，在图 10.12 中也是如此。

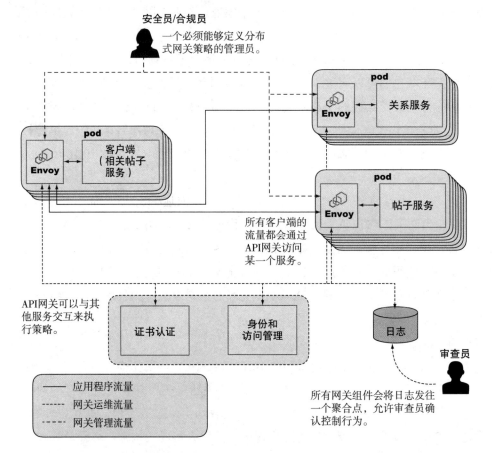

图 10.12 使用 Envoy 挎斗将图 10.10 的抽象"网关"具体化，这是挎斗的几种实现之一

我还没有解决嵌入式网关的另外两个缺点，这两个缺点都可以归结为代理和网关的可管理性。这就是需要服务网格的原因。

10.3.2 控制平面

通过图 10.12，你会看到一大堆通过通道进行交互的 Envoy 代理。它看起来像一个网格，也由此得名。服务网格包含一组互相连接的挎斗，并且添加了管理这些代理的控制平面。

当今使用最广泛的服务网格之一来自 Istio，这是一个开源项目，由 Google、IBM 和 Lyft 共同发起。它使用 pod 原语作为 Envoy 挎斗的部署机制扩展了

10.3 服务网格

Kubernetes。Istio 的口号是"连接、安全、控制和观测服务",支持自动注入挎斗并提供 Envoy 代理配置、证书处理和策略执行的组件。控制平面 API 提供了与此管理控制平面相关的接口。

图 10.13 展示了本章的所有内容。

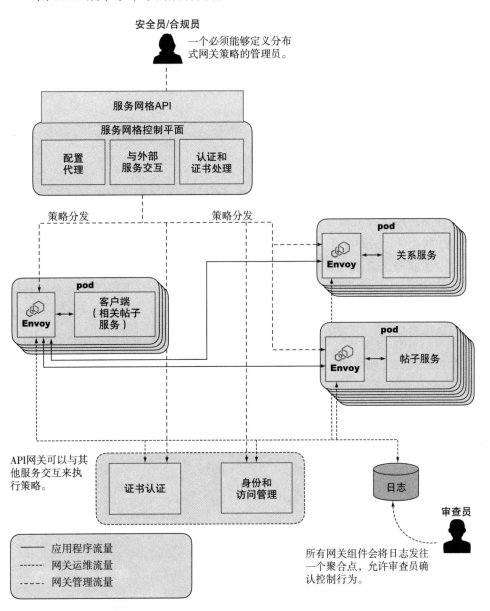

图 10.13　服务网格将挎斗和控制平面汇集在一起进行管理

第 10 章 前沿服务：断路器和API网关

本章和第 9 章重点介绍了服务之间交互的两个方面。由于交互是跨进程，有时甚至跨网段的，因此需要多种模式来提供可靠的软件实现，以面对分布式云环境中不可避免的变化。我已经介绍了两个关键的方面，分别是客户端重试和服务端断路器，后者则泛化为网关模式。最值得注意的是，服务网格已经成为运行云原生应用程序平台的重要组成部分。我强烈建议你使用这项技术。

我想介绍一个以交互为中心的最终话题：故障排除。不管主要流程是请求 / 响应还是事件驱动，用户对软件的体验都会反映到数十个甚至数百个服务的操作，它们彼此交互。当某些事情进展不顺利时，到底如何找到问题的根源？下一章我们将对此进行介绍。

小结

- 在服务的前端设计了许多模式，用来控制与该服务的交互方式。
- 断路器是用来防止服务过载（包括重试风暴所产生的流量）的基本模式。
- API 网关早于云原生架构出现，如今已经发展得可以很好地适应高度分布式化、不断变化的软件部署环境。
- 应用于交互的客户端和服务端的模式，都可以封装并作为一个挎斗代理被部署。
- 服务网格为挎斗代理添加了一个管理平面，该管理平面允许运维人员控制安全性，提供可观察性，并允许配置组成云原生软件的服务 / 应用程序的集合。

故障排除：如同大海捞针

本章要点

- 临时环境中的服务的应用程序日志记录
- 临时环境中的服务的应用程序监控
- 分布式跟踪

早在 2013 年，我就与 Cloud Foundry 开源平台的首批企业客户进行合作。我每两周拜访一位客户，了解他们的进展，给他们解释行业最新的技术。但是，无论我描述的功能多么酷，该组织的一位工程师总是这样回应我"Cornelia，你给了我一台没有仪表盘的法拉利"。当时，我们还没有做好可观察性方面的工作，在无法充分监控系统的健康，以及系统上运行的应用程序状态的情况下，客户是无法将系统投入生产环境的。那个客户工程师的想法是完全正确的。

系统和应用程序的可观察性的解决方案由来已久。软件运行手册中的大部分操作实践，基本都集中在如何评估软件是否运行良好，以及如何尽早识别出软件在什么地方出了问题。在过去的几十年中,人们已经建立了一系列工具并形成最佳实践,这些工具将可观察性任务转变为一种可靠的实践。但是,和软件工程中许多其他已经完善的方面一样,云原生架构给它们带来了新的挑战,我们必须建立一套新的工具和实践。高度分布式、不断变化的软件带来了哪些新的问题呢?

正如你已经多次看到的,我所说的不断变化本身表现为正在运行的应用程序及其所处环境的短暂性。运行服务的容器在不断变化——在容器生命周期运维(例如,升级)或恢复期间删除并替换为新的实例,或者恢复某些发生了灾难性事件(例如,内存不足)的实例。过去许多常见的故障排除手段将无法直接使用,它们通常只是在运行时环境中寻找线索。既然你不能指望长期保存运行时环境,那么如何获得访问诊断问题所需的信息呢?

云原生软件的高度分布式也带来了新的挑战。当一个用户的请求被分布到数十个或者数百个下游请求中时,如何在复杂的层级结构中查明故障原因?过去多个组件是在单个进程中运行的,因此可以相对轻松地在调用堆栈中进行导航,现在你的调用跨越了许多分布式服务,但是你还希望了解这种情况下的"调用堆栈"是什么样子。

本章会重点介绍这两个元素。你将看到如何以一种适合短暂运行时环境的方式,来生成和处理日志及度量指标数据。你将学习什么是分布式跟踪——一组模仿过去在进程内跟踪的技术和工具,使运维人员可以在微服务的整个分布式网络中跟踪相关请求的流转。

11.1 应用程序日志

我不会浪费时间来说服你写日志,那是最基本的要求。但是有的人可能需要在应用程序中管理日志,例如,你可能需要打开文件并写入日志。我想说的是,日志管理应该完全与应用程序代码无关。

说实话,这不是专门针对云原生应用程序的观点。对所有软件来说,这都是一个好主意。应用程序代码应该负责记录内容,而日志出现的位置应该完全由应用程序序部署来控制,而不是由应用程序本身来决定。许多框架都支持这种方法,例如,Apache Log4j 及其后续版本 Logback 就是这样做的,本书的代码示例中一直在使用后者。这允许在应用程序代码中仅包含如下语句:

```
logger.info(utils.ipTag() + "New post with title " + newPost.getTitle());
```

11.1 应用程序日志

然后，该日志消息是出现在指定文件中还是出现在控制台中，或者出现在其他地方，都应该在部署时确定。

对云原生应用程序来说，该部署配置应该将日志行发送到 stdout 和 stderr。我知道这是一个很主观的说法，所以让我解释一下：

- 禁止将日志直接写入文件。本地文件系统与容器的生命周期是一致的。即使在某个应用程序实例及其容器消失之后，你仍然需要访问日志。虽然有些容器编排系统确实支持将容器连接到与生命周期无关的外部存储卷，但这样做不仅很复杂，而且存在与其他应用程序实例之间的竞争风险。
- 在很大程度上，开源的普及抵制了私有化的解决方案，我们力求在任何可能的地方都达到一定程度的标准化，而不是在 JBoss 上部署的时候用一种方式记录日志，而在 WebSphere 上部署又用另一种方式来记录。stdout 和 stderr 无处不在，不存在绑定供应商的问题。
- stdout 和 stderr 不仅与供应商无关，而且与操作系统无关。无论是在 Linux、Windows 还是其他操作系统上，概念都是相同的，也都提供了相同的功能。
- stdout 和 stderr 是流式 API，日志本身也是流。日志没有起点或者终点，日志只是一直在流动。当这些日志出现在流中时，流处理系统可以适当地处理它们。

虽然应用程序开发人员只需关心如何调用日志记录器（logger）对象的方法，但我们还是有必要讨论一下如何处理日志。与我们已经讨论过的许多主题一样，平台是我们最好的朋友。例如，你已经熟悉了 Kubernetes 的日志处理功能。我们的应用程序实例使用 SLF4J（用于日志记录框架，例如，Logback）的对象来创建发送到 stdout 和 stderr 流的日志条目。当执行诸如 `kubectl logs -f pod/posts-fc74d-75bc-92txh` 之类的命令时，Kubernetes CLI 会连接到日志流，并将其呈现给终端。

我还没有谈及当你有多个服务实例时，日志如何工作。在大多数情况下，我会让你流式传输单个应用程序实例的日志。但是在某些情况下，应用程序会运行多个实例，你可能希望查看应用程序所有实例的日志。例如，你可能想检查某个应用程序实例是否处理了特定请求，而不必单独检查每个实例的日志。Kubernetes 允许使用以下命令来执行此操作：

```
$ kubectl logs -l app=posts
2018-12-02 22:41:42.644   ... s.c.a.AnnotationConfigApplicationContext ...
2018-12-02 22:41:43.582   ... trationDelegate$BeanPostProcessorChecker ...

  .   ____          _            __ _ _
 /\\ / ___'_ __ _ _(_)_ __  __ _ \ \ \ \
( ( )\___ | '_ | '_| | '_ \/ _` | \ \ \ \
 \\/  ___)| |_)| | | | | || (_| |  ) ) ) )
  '  |____| .__|_| |_|_| |_\__, | / / / /
 =========|_|==============|___/=/_/_/_/
 :: Spring Boot ::        (v1.5.6.RELEASE)

2018-12-02 22:41:44.309   ... c.c.c.ConfigServicePropertySourceLocator ...

...

2018-12-02 22:42:38.098 : [10.44.4.61:8080] Accessing posts using secret
2018-12-02 22:42:38.102 : [10.44.4.61:8080] getting posts for userId 2
2018-12-02 22:42:38.119 : [10.44.4.61:8080] getting posts for userId 3
2018-12-02 22:42:40.806 : [10.44.4.61:8080] Accessing posts using secret
2018-12-02 22:42:40.809 : [10.44.4.61:8080] getting posts for userId 2
2018-12-02 22:42:40.819 : [10.44.4.61:8080] getting posts for userId 3
2018-12-02 22:42:43.399 : [10.44.4.61:8080] Accessing posts using secret
2018-12-02 22:42:43.399 : [10.44.4.61:8080] getting posts for userId 2
2018-12-02 22:42:43.408 : [10.44.4.61:8080] getting posts for userId 3
2018-12-02 22:53:27.039 : [10.44.4.61:8080] Accessing posts using secret
2018-12-02 22:53:27.039 : [10.44.4.61:8080] getting posts for userId 2
2018-12-02 22:53:27.047 : [10.44.4.61:8080] getting posts for userId 3
2018-12-02 22:41:21.155   ... s.c.a.AnnotationConfigApplicationContext ...
2018-12-02 22:41:22.130   ... trationDelegate$BeanPostProcessorChecker ...

  .   ____          _            __ _ _
 /\\ / ___'_ __ _ _(_)_ __  __ _ \ \ \ \
( ( )\___ | '_ | '_| | '_ \/ _` | \ \ \ \
 \\/  ___)| |_)| | | | | || (_| |  ) ) ) )
  '  |____| .__|_| |_|_| |_\__, | / / / /
 =========|_|==============|___/=/_/_/_/
 :: Spring Boot ::        (v1.5.6.RELEASE)

2018-12-02 22:41:23.085   ... c.c.c.ConfigServicePropertySourceLocator ...

...

2018-12-02 22:42:46.297 : [10.44.2.57:8080] Accessing posts using secret
2018-12-02 22:42:46.298 : [10.44.2.57:8080] getting posts for userId 2
2018-12-02 22:42:46.305 : [10.44.2.57:8080] getting posts for userId 3
2018-12-02 22:53:30.260 : [10.44.2.57:8080] Accessing posts using secret
2018-12-02 22:53:30.260 : [10.44.2.57:8080] getting posts for userId 2
2018-12-02 22:53:30.266 : [10.44.2.57:8080] getting posts for userId 3
```

仔细观察该输出，你会注意到第一部分显示了一个 pod 实例的日志，随后显示了第二个实例的日志。来自多个实例的日志不会交错。在许多情况下，按时间顺序

11.1 应用程序日志

查看消息可能会有所帮助。例如，这是之前日志的顺序：

```
2018-12-02 22:41:21.155  ... s.c.a.AnnotationConfigApplicationContext ...
2018-12-02 22:41:22.130  ... trationDelegate$BeanPostProcessorChecker ...

  .   ____          _            __ _ _
 /\\ / ___'_ __ _ _(_)_ __  __ _ \ \ \ \
( ( )\___ | '_ | '_| | '_ \/ _` | \ \ \ \
 \\/  ___)| |_)| | | | | || (_| |  ) ) ) )
  '  |____| .__|_| |_|_| |_\__, | / / / /
 =========|_|==============|___/=/_/_/_/
 :: Spring Boot ::        (v1.5.6.RELEASE)

2018-12-02 22:41:23.085  ... c.c.c.ConfigServicePropertySourceLocator ...
2018-12-02 22:41:42.644  ... s.c.a.AnnotationConfigApplicationContext ...
2018-12-02 22:41:43.582  ... trationDelegate$BeanPostProcessorChecker ...

  .   ____          _            __ _ _
 /\\ / ___'_ __ _ _(_)_ __  __ _ \ \ \ \
( ( )\___ | '_ | '_| | '_ \/ _` | \ \ \ \
 \\/  ___)| |_)| | | | | || (_| |  ) ) ) )
  '  |____| .__|_| |_|_| |_\__, | / / / /
 =========|_|==============|___/=/_/_/_/
 :: Spring Boot ::        (v1.5.6.RELEASE)

2018-12-02 22:41:44.309  ... c.c.c.ConfigServicePropertySourceLocator ...
...
2018-12-02 22:42:38.098  : [10.44.4.61:8080] Accessing posts using secret
2018-12-02 22:42:38.102  : [10.44.4.61:8080] getting posts for userId 2
2018-12-02 22:42:38.119  : [10.44.4.61:8080] getting posts for userId 3
2018-12-02 22:42:40.806  : [10.44.4.61:8080] Accessing posts using secret
2018-12-02 22:42:40.809  : [10.44.4.61:8080] getting posts for userId 2
2018-12-02 22:42:40.819  : [10.44.4.61:8080] getting posts for userId 3
2018-12-02 22:42:43.399  : [10.44.4.61:8080] Accessing posts using secret
2018-12-02 22:42:43.399  : [10.44.4.61:8080] getting posts for userId 2
2018-12-02 22:42:43.408  : [10.44.4.61:8080] getting posts for userId 3
2018-12-02 22:42:46.297  : [10.44.2.57:8080] Accessing posts using secret
2018-12-02 22:42:46.298  : [10.44.2.57:8080] getting posts for userId 2
2018-12-02 22:42:46.305  : [10.44.2.57:8080] getting posts for userId 3
2018-12-02 22:53:27.039  : [10.44.4.61:8080] Accessing posts using secret
2018-12-02 22:53:27.039  : [10.44.4.61:8080] getting posts for userId 2
2018-12-02 22:53:27.047  : [10.44.4.61:8080] getting posts for userId 3
2018-12-02 22:53:30.260  : [10.44.2.57:8080] Accessing posts using secret
2018-12-02 22:53:30.260  : [10.44.2.57:8080] getting posts for userId 2
2018-12-02 22:53:30.266  : [10.44.2.57:8080] getting posts for userId 3
```

我们可以看到日志内容按时间顺序交错排列，尽管查看以这种方式聚合的日志可能会有用，但是知道日志属于应用程序的哪个实例更重要。在这些日志内容中，你可以通过 IP 地址查看：一个实例的 IP 地址为 10.44.4.61，另一个实例的 IP 地址为 10.44.2.57。在理想情况下，实例名称应该由框架或平台来添加，这可使应用程序代码与运行时环境无关。

　　Kubernetes 不会这样做。你在此处看到的 IP 地址和端口是通过 Utils 包添加的。我使用了第 6 章中的应用程序的配置，小心地抽象出了平台的细节，通过环境变量注入 IP 地址，但是我宁愿由平台来指定而不需要开发者费心。结论是，作为应用程序的开发人员，你可能需要注意日志在输出中标识某一行内容归属于哪个应用程序实例的信息。

　　对一个处理日志的平台来说，聚合只是必要的元素之一。日志需要进行大规模提取和存储，并且接口必须支持对这些海量数据的搜索和分析。ELK 技术栈（详情参见链接 46）汇集了三个开源项目——Elasticsearch、Logstash 和 Kibana——来满足这些要求。Splunk 等商业产品提供了类似的功能。当将日志发送到 stdout 和 stderr，并且可以确保某条内容属于指定的应用程序实例时，你已经做好为系统提供强大可观察性的准备。即使应用程序容器消失了，你也可以将这些日志保留下来。

11.2　应用程序度量指标

　　除了日志数据之外，你还需要通过应用程序度量指标（metric）来监控整体的应用程序。与日志文件相比，度量指标通常可以为运行中的应用程序提供更细致的洞察力。指标是结构化的，而日志文件通常是非结构化或者半结构化的。实际上，我们总是会使用框架来自动生成一组默认的度量指标，并允许自定义度量指标。默认的指标通常包括有关内存、CPU 消耗以及 HTTP 交互（如果有的话）的值。对 Java 之类的语言，通常还会包含有关垃圾回收和类加载器的指标。

　　如果你已经在使用 Spring Framework 来提供指标，那么只需添加相关依赖项即可。除了你先前使用的 /actuator/env 端点以外，还可以提供一个 /actuator/metrics 的端点，该端点会返回 Spring Boot 应用程序的标准指标和自定义指标。以下显示了该端点在相关帖子服务中的输出内容：

```
$ curl 35.232.22.58/actuator/metrics | jq
{
  "mem": 853279,
  "mem.free": 486663,
  "processors": 2,
  "instance.uptime": 2960448,
  "uptime": 2975881,
  "systemload.average": 1.33203125,
  "heap.committed": 765440,
```

11.2 应用程序度量指标

```
    "heap.init": 120832,
    "heap.used": 278776,
    "heap": 1702400,
    "nonheap.committed": 90584,
    "nonheap.init": 2496,
    "nonheap.used": 87839,
    "nonheap": 0,
    "threads.peak": 43,
    "threads.daemon": 41,
    "threads.totalStarted": 63,
    "threads": 43,
    "classes": 8581,
    "classes.loaded": 8583,
    "classes.unloaded": 2,
    "gc.ps_scavenge.count": 1019,
    "gc.ps_scavenge.time": 8156,
    "gc.ps_marksweep.count": 3,
    "gc.ps_marksweep.time": 643,
    "httpsessions.max": -1,
    "httpsessions.active": 0,
    "gauge.response.metrics": 1,
    "gauge.response.connectionPosts": 56,
    "gauge.response.star-star": 20,
    "gauge.response.login": 2,
    "counter.span.accepted": 973,
    "counter.status.200.metrics": 3,
    "counter.status.404.star-star": 1,
    "counter.status.200.connectionPosts": 32396,
    "counter.status.200.login": 53
}
```

除了报告的内存、线程和类加载器的值，请注意，该实例在 /connectionsposts 端点上提供了许多（32 396）个结果，在 /login 端点上成功提供了多个（53）结果，在你用于获取该数据的 /actuator/metrics 端点上提供了 3 个结果。它还响应过一次 404 状态码。

应用程序指标的历史比云原生应用程序更久，我想再次提醒你应关注其在云原生环境中的变化。与日志一样，有一个关键的问题，即使在运行时环境不可用之后，你也要确保指标数据可用。你要从应用程序和运行时上下文中获取指标，有两种基本方法可以使用，即基于拉的模式和基于推的模式。

11.2.1 从云原生应用程序中获取指标

在基于拉的方法中，度量指标聚合器会作为一个收集器，从每个应用程序实例中收集请求指标数据，并将这些指标存储在时序数据库中（参见图 11.1）。它有点像

刚才看到的对 /actuator/metrics 端点的 curl 请求；收集器作为一个客户端发出一个请求，而应用程序实例返回所需的数据。

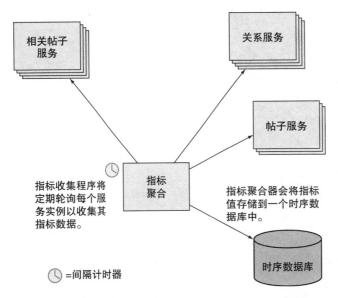

图 11.1 使用基于拉模式的指标收集方法，每个服务都需要实现一个指标端点，定期访问该端点来收集和存储指标值，以供后续的搜索和分析使用

但是，这种 curl 命令的用法并不完全正确。在只有一个应用程序实例，或者将几个实例视为一个单独实体的情况下，发起一个 HTTP 请求是可以的；你可以直接定位每个应用程序实例。但是现在的情况是，有多个经过负载均衡的应用程序实例，你只能从其中一个实例获取指标，并且不知道具体是哪个实例。这听起来很熟悉，对吧？这与日志无法与指定实例相关联时遇到的问题一样，至少可以通过使用 Utils 包，通过在日志中包含一个实例标识的方法来解决该问题。不仅如此，在收集指标时，你会希望以一个固定的时间间隔，统一收集每个实例的值，但是负载均衡器通常不会按照你的要求来均匀地分配请求。

解决方案是让指标收集器完全控制从哪个应用程序实例中收集指标，以及以多长时间间隔收集。收集器会希望能够控制发出的请求，而不是由负载均衡器来进行选择。这听上去可能会很熟悉。这类似我们在第 8 章中介绍的客户端负载均衡，而其中一部分就是服务发现。图 11.2 描述了这个流程：

- 在每次时间间隔后，收集器都会向每个实例请求指标数据。

11.2 应用程序度量指标

- 通过一个服务发现协议找到实例集合，而收集器通过该协议获取最新实例标识的频率可能会有所不同。每次时间间隔后都执行该操作的代价可能很高，但是要确保能够尽快反映出应用程序拓扑中的任何更改。如果可以接受在短时间内将新实例的指标从集合中删除，那么可以不那么频繁地执行服务发现协议。
- 区分服务发现和指标收集的时间间隔，是一种更加松耦合的解决方案。

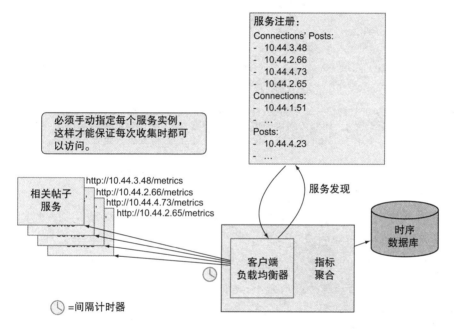

图 11.2 聚合指标的指标收集器必须在每个时间间隔后能够访问所有的服务实例，因此必须控制负载均衡。它可以通过服务发现协议来获取最新的 IP 地址

基于拉的方法的一个复杂之处在于，收集器必须有权限访问需要获取数据的每个实例，并且可以获取所有实例的 IP 地址。通常，一次只能定位一个执行环境中的服务实例。如示例部署中所示，相关帖子服务位于集群之外，因此指标收集器也必须被部署在该网段中。基于 Kubernetes 环境的常见部署拓扑是在 Kubernetes 集群内部部署一个 Prometheus。通过这种部署拓扑，Prometheus 可以使用嵌入式的 DNS 服务直接访问应用程序的所有实例，如图 11.3 所示。

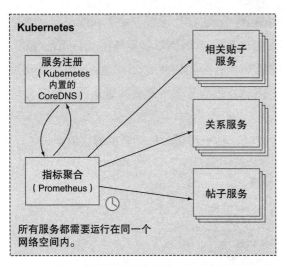

图 11.3 指标收集器必须单独处理每个服务实例,并且由于这些 IP 地址只能从运行时环境(例如, Kubernetes)内部访问(外部访问要通过负载均衡器),因此指标收集通常也需要部署在该网络空间内。Kubernetes 还允许你使用内置的 DNS 服务来进行服务发现

11.2.2 由云原生应用程序推送指标

拉模式的一个替代方案是基于推的模式,其中,每个应用实例负责按固定时间间隔将指标发给指标聚合器(如图 11.4 所示)。作为一个应用程序的开发人员,你可能不愿意承担发送指标数据的责任,因为该工作脱离了为客户和组织带来价值的核心业务逻辑。不过,好消息是,就像本书中谈到的许多跨领域的关注点一样,生成和交付指标的许多工作都可以由我们信任的框架和平台负责。

实现基于推模式的指标框架时,通常会使用一个代理来负责收集指标,并将其发给指标聚合器。这个代理通常会被作为 POM 或者 Gradle 构建文件中的一个依赖项,被编译到应用程序的二进制文件中。由于应用程序和代理所处的环境是不断变化的,所以棘手的是在部署过程和系统管理期间如何正确地配置该代理。

例如,我们必须将指标聚合器的 IP 地址配置到正在运行的应用程序中,以便代理知道将指标发送到哪里。通过第 6 章中介绍的最佳实践,这对于初次部署很简单,但是如第 7 章所述,必须小心更改正在运行的应用程序配置。你可能会认为这听上去很像是标准的服务发现(我们在第 8 章中讨论过),但是由于发送指标通常会占用大量资源,因此在发送指标的流程中增加服务发现协议可能会产生无法接受的延迟。

11.2 应用程序度量指标

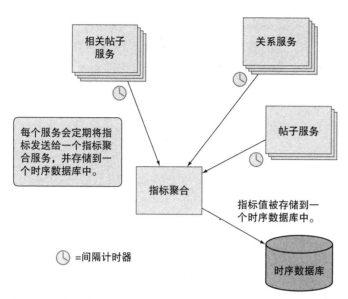

图 11.4 在一个基于推模式的指标方案中，每个服务都按照指定的时间间隔，将指标数据发送到一个聚合和存储服务

再回顾一下，在第 10 章中，我谈到了挎斗可以提供 API 网关的功能，并且能够实现有关重试和断路器的协议。挎斗其实非常适合收集指标数据。回想一下，我们可以让 pod 中的其他容器通过 `localhost` 来访问挎斗，从而为应用程序有效屏蔽指标收集服务的变化。应用程序内部的代理只需将指标传递给挎斗，然后挎斗负责将数据转发给外部收集器（如图 11.5 所示）。如果收集器的地址发生变化，也无须更改应用程序的配置，因此也不会影响应用程序生命周期。挎斗/服务网格是专门为处理云原生中不断变化的环境而设计的。例如，服务网格的控制平面可以将任意新的 IP 地址推送到网格中，并更新所有的挎斗。另外，诸如 Envoy 之类的辅助工具，可以通过热启动等功能来更好地适应应用程序的配置更改。

你是否注意到了，在上面的讨论中，我大量引用了前面章节中的内容。解决云原生应用程序的指标管理问题，最好是通过应用云原生模式来完成。本节中的示例是一个很好的例子。

一个挎斗代理不仅可以提供指标值，还可以代理应用程序发来的指标推送，因为即使应用程序没有安装代理（Agent），挎斗依然可以提供一定程度的可观察性。因为它代理了进出应用程序的流量，所以可以代替应用程序来生成许多指标。例如，挎斗可以负责收集或者计算 HTTP 状态码、等待时间等，并且无须对应用程序进行任何更改。

这是一个聪明的架构和创新的框架结合所带来的杰出产物,可以将应用程序的业务关注点与运维关注点分离开来。通过使用合适的平台,可以减少应用程序开发人员很多麻烦,让他们可以专注于业务逻辑代码的开发。

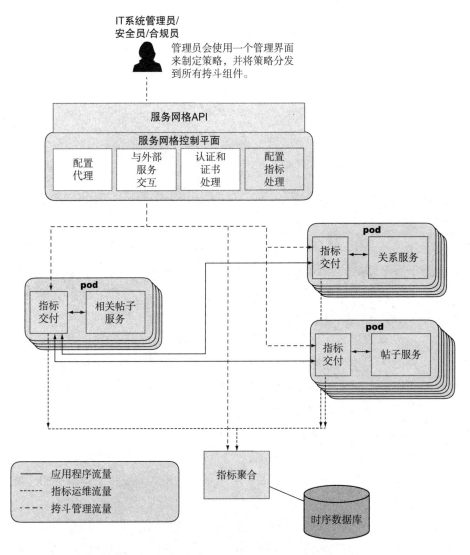

图 11.5 使用服务网格时,只需将应用程序服务配置为连接到本地的挎斗代理,然后通过服务网格控制平面让指标交付组件的配置保持最新

11.3 分布式跟踪

让我们再来看一下应用程序框架和云原生平台组合后所带来的另一个功能——分布式跟踪。这一功能对于高度分布式的云原生应用程序至关重要。

当所有的代码都运行在同一进程环境中时,我们可以使用完善的工具来跟踪应用程序的执行流程并进行故障排除。源代码级别的调试可以在方法之间跳转,并且在正确配置后,甚至可以进入所引用的库的代码(不是你编写的代码)。发生异常时,打印到控制台或者日志的调用堆栈信息可以显示出调用的顺序,这通常有助于问题的诊断。

但是,在云原生环境中的请求调用会导致一系列的下游请求,这些下游请求通常会运行在进程外,实际上,它们通常运行在完全不同的运行时环境中(在不同的容器中或者主机上)。如何查看调用堆栈,或者了解分布式环境中应用程序的调用结果呢?分布式跟踪是行业中普遍使用的一种技术,在其背后有可靠的工具支撑。

准确地说,分布式跟踪解决的是如何跨多个分布式组件来跟踪程序流的问题。这是我们能够洞悉对 Netflix 主页的一次访问会产生大量下游请求的原因。在图 11.6 中,左侧的点表示对主页的请求,其他的点和线表示为了获取用户主页显示内容对其他服务的调用。

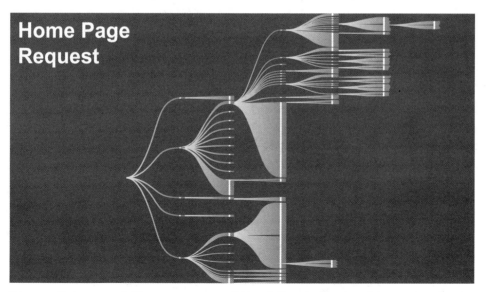

图 11.6　摘自 Netflix 公司 Scott Mansfield 的演示文稿,该图显示了对 Netflix 主页的请求,会导致一系列对下游服务的调用。分布式跟踪可以让你了解复杂的调用树

Zipkin 是当今使用的一种流行技术，该项目以 2010 年发表的 Google Dapper 论文中对分布式跟踪的研究为基础，[1] 核心包括以下几方面内容：

- 使用跟踪器（tracer）在请求和响应中插入唯一标识符，以便找到相关的应用程序调用。
- 一个控制平面（control plane）使用这些跟踪器将一组调用组装成调用图（或者是特意设计的独立调用）。

当一个服务被调用并且该服务向另一个服务发出下游请求时，前者请求中包含的任何跟踪器都将传递给后者。然后，你可以在每个服务的运行时上下文中使用该跟踪器——这里是关键——它可以包含在任何指标或者日志输出中。如果结合使用该跟踪器与服务上下文中的其他数据（例如，时间戳），就可以了解请求是如何经过多个服务，并最终形成返回的响应的。

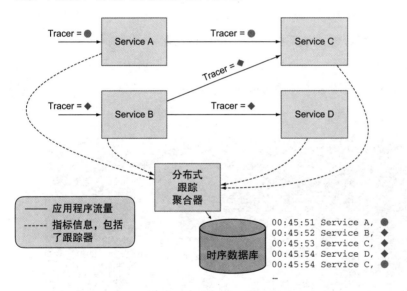

图 11.7 请求会携带可以在下游请求中传播的跟踪器。然后，你可以在某个服务调用的运行时环境中使用这个跟踪器，并且将相关数据聚合到一个分布式的跟踪服务中

在图 11.7 中，你可以看到一组带有跟踪器的服务和调用。该图中还描绘了一个数据库，它会收集每个服务的输出，即包含了跟踪器值的数据。根据存储下来的数

---

[1] 你可以在Google网站上查看论文"Dapper, a Large-Scale Distributed Systems Tracing Infrastructure"的原文（详情参见链接47指向的网页）。

11.3 分布式跟踪

据,你可以为一组相关的组件调用重建出"调用堆栈"。例如,你可以看到进入服务 A 的请求创建了对服务 C 的后续调用。另一个对服务 B 的请求也会导致对服务 C 的下游请求,以及后续对服务 D 的请求。

为了更加具体一些,让我们运行示例代码并且查看新的输出信息。

搭建环境

我再次请你参考前面各章中介绍的有关运行示例的环境搭建说明。运行本章中的示例没有其他新的要求。

你将访问 cloudnative-troubleshooting 目录中的文件,因此请在终端窗口中切换到该目录下。

如前几章所述,我已经预先构建了 Docker 镜像并将其上传到了 Docker Hub。如果你想构建 Java 源代码和 Docker 镜像,并将其推送到自己的镜像仓库中,请参考之前章节中的介绍(最详细的说明在第 5 章中)。

运行应用程序

如第 9 章中第一个示例所述,你需要一个具有足够容量的 Kubernetes 集群。如果你仍然有上一章中运行的示例,那么请清理它们。请运行我提供的脚本,如下所示:

```
./deleteDeploymentComplete.sh all
```

运行该命令将删除帖子服务、关系服务和相关帖子服务的所有实例,以及正在运行的 MySQL、Redis 和 SCCS。如果你的 Kubernetes 集群中还有其他东西正在运行,可能需要清除其中的一些内容。只要确保你有足够的容量即可。

这里有一些启动的依赖顺序。创建 MySQL 服务器后,你需要在其中创建实际的数据库,因此让我们首先运行其他依赖服务:

```
./deployServices.sh
```

在 MySQL 数据库启动并运行后(可以通过运行 `kubectl get all` 命令看到),你需要使用 `mysql cLI` 来创建数据库,如下所示:

```
mysql -h <public IP address of your MySQL service> \
 -P <port for your MySQL service> -u root -p
```

密码是 password。进入 MySQL 之后,可以运行以下命令来创建数据库:

```
create database cookbook;
```

现在，你可以通过运行以下脚本来启动微服务：

```
./deployApps.sh
```

我将在稍后介绍该示例的详细信息，现在我们首先调用一下相关帖子服务并查看日志输出。可以使用以下命令登录服务：

```
curl -i -X POST -c cookie \
  <connectionsposts-svc IP>/login?username=cdavisafc
```

然后通过以下命令来获取你所关注的帖子列表：

```
curl -b cookie <connectionsposts-svc IP>/connectionsposts | jq
```

现在，让我们看一下每个微服务的日志。正如在前面所讨论的，由于每个微服务都有多个实例，因此日志聚合会很有用，尽管 Kubernetes 提供的日志聚合可能会更好，但对于目前而言已经足够了。运行以下每个命令，然后可以查看输出结果：

```
kubectl logs -l app=connectionsposts
kubectl logs -l app=connections
kubectl logs -l app=posts
```

11.3.1 跟踪器的输出

清单 11.1 ~ 11.3 所示的日志输出来自每个命令的输出。

清单 11.1 相关帖子服务的日志输出

```
2019-02-25 02:20:11.969 [mycookbook-connectionsposts,2e30...,2e30...]
➥ getting posts for user network cdavisafc
2019-02-25 02:20:11.977 [mycookbook-connectionsposts,2e30...,2e30...]
➥ connections = 2,3
```

清单 11.2 关系服务的日志输出

```
2019-02-25 02:20:11.974 [mycookbook-connections,2e30...,9b5f...] getting
➥ connections for username cdavisafc
2019-02-25 02:20:11.974 [mycookbook-connections,2e30...,9b5f...] getting
➥ user cdavisafc
...
2019-02-25 02:20:11.987 [mycookbook-connections,2e30...,b915...] getting
➥ user 2
...
2019-02-25 02:20:11.994 [mycookbook-connections,2e30...,990f...] getting
➥ user 3
```

清单 11.3 帖子服务的日志输出

```
2019-02-25 02:20:11.980 [mycookbook-posts,2e30...,33ac...] Accessing posts
➥ using secret ...
2019-02-25 02:20:11.980 [mycookbook-posts,2e30...,33ac...] getting posts
➥ for userId 2
2019-02-25 02:20:11.981... [mycookbook-posts,2e30...,33ac...] getting posts
➥ for userId 3
```

日志输出现在包括了方括号中的新值。第一个是应用程序名称。第二个是跟踪 ID，这正是我一直在谈论的跟踪器。第三个值是跨度（span）ID，用来标识应用程序每次唯一的调用；例如，在前面的日志输出中，关系服务被调用了三次，产生了三个跨度 ID（9b5f ...、b915 ... 和 990f ...）。跨度 ID 可被用来关联作为单个服务执行一部分的指标或日志输出。

在前面的日志输出中，截取了 Spring Framework 生成的十六进制的跟踪 ID 和跨度 ID 的前四位。在日志中你还可以看到以下内容。

- 当向相关帖子服务发起一条 curl 命令时，会生成一个以 2e30 开头的跟踪 ID。
- 因为该调用是最外部的调用，所以该数字也是跨度 ID（2e30...），它表示应生成 cdavisafc 所关注对象的帖子列表。
- 相关帖子服务的任何日志输出均带有跟踪 ID 和跨度 ID 的这些值。
- 关系服务被调用了三次：
  - 因为所有输出中均包含跟踪 ID——2e30，所以你知道这些调用都是对相关帖子服务的 curl 命令产生的下游请求。
  - 因为该输出拥有三个跨度 ID，所以你知道关系服务被调用了三次。
- 帖子服务被调用了一次。因为跟踪 ID 为 2e30，所以你知道该调用是初始 curl 命令产生的下游请求。
- 最后，日志输出每一行的开头是一个时间戳。

该数据让你可以将请求的流转拼凑起来，如图 11.8 所示。这些带有时间戳的点表明了日志输出的生成时间。

第 11 章 故障排除：如同大海捞针

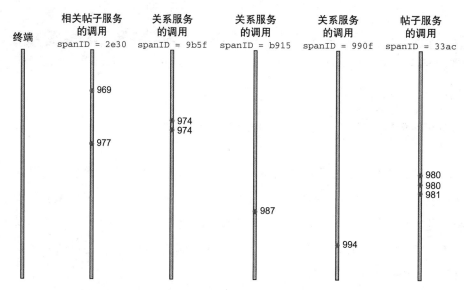

● 这些点与时间戳一起显示了日志输出的时间

图 11.8 从解释后的日志输出中，你可以拼出单个请求（跟踪 ID 为 2e30）的完整流转过程。请注意，看不到服务调用的来源

该图包含了以下内容：

- （使用初始的 `curl` 命令）调用了相关帖子服务。
- 调用了关系服务（以获取我关注的用户列表）。
- 调用了帖子服务（通过关注对象列表获取他们的帖子列表）。
- （对于返回的每个帖子，一共有两次），调用了关系服务（以获取发表该帖子的用户的名称）。

对于之前的流程叙述我加上了括号，因为这是我们都了解的过程，但是括号外的部分是在跟踪输出中可以看出来的。有趣的是，在图 11.8 中，你看不到括号内的详细信息。图 11.9 填充了这些额外的信息。

请注意，图 11.9 中箭头所表示的数据也可以插入日志输出，但是 Spring Cloud 并没有这么做。

11.3 分布式跟踪

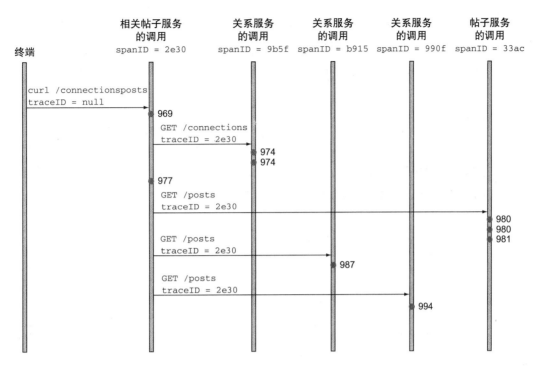

图 11.9 在这里，服务调用通过图 11.8 中由时间、跟踪 ID 和跨度 ID 标记的日志输出来表示。这些信息并没有出现在你的日志中

11.3.2 通过 Zipkin 组合跟踪轨迹

通过检查日志中的跟踪 ID 和跨度 ID，你已经可以了解调用的来龙去脉了，但是 Zipkin 等工具可以让你更有效地分析这些类型的值。Zipkin 提供了一个数据存储来保存跟踪和跨度相关的指标，并且提供了一个可以展示和导航数据的用户界面。

各个服务负责将数据传递到 Zipkin 的存储，这也带来了一个重要的问题。从服务发送数据的行为占用了资源，它会消耗内存、CPU 和 I/O 带宽。我之前提到的指标仅限于某个服务，收集的是有关服务运行的数据。而现在讨论的指标仅限于某个服务调用。对于前者,你可以每秒收集一次指标,但是如果服务每秒响应 100 个请求,并且你正在收集每次调用的指标,那么这会占用大量的资源（两个数量级）。因此,分布式跟踪的最佳实践是仅收集所有服务请求的某个子集的指标。

这里之所以讨论这个细微的差别，是因为我希望你能够用第 9 章和第 10 章的示例来试验分布式跟踪。这将让我们的应用程序处于高负载状态,但是你希望限制跟踪对系统造成的影响。你需要进行一些配置,仅针对某一部分调用进行跟踪。在每个服务的部署中,你会看到如下的配置:

```
- name: SPRING_SLEUTH_SAMPLER_PERCENTAGE
  value: "0.01"
```

这将导致只有 1% 的请求会生成跟踪指标,并将其发送给 Zipkin(我将在稍后介绍 Spring Cloud Sleuth)。现在让我们在系统上增加一些负载。我已经更改了模拟的请求数量,因此需要你使用以下命令将新的 JMeter 配置上传到 Kubernetes:

```
kubectl create configmap zipkin-jmeter-config \
  --from-file=jmeter_run.jmx=loadTesting/ConnectionsPostsLoadZipkin.jmx
```

然后,可以开始运行模拟程序:

```
kubectl create -f loadTesting/jmeter-deployment.yaml
```

现在会重复访问相关帖子服务,对于这些请求的一部分,跟踪数据会存储在 Zipkin 数据库中。要访问 Zipkin 提供的用户界面,可以使用以下命令查找 Zipkin 服务的 IP 地址和端口:

```
echo http://\
$(kubectl get service zipkin-svc \
-o=jsonpath={.status.loadBalancer.ingress[0].ip})"/"\
$(kubectl get service zipkin-svc \
-o=jsonpath={.spec.ports[0].port})
```

在浏览器中访问该 URL,然后单击 "Find Traces" 按钮,将会显示图 11.10 所示的结果。

这里显示了分布式应用程序的 5 条跟踪记录。其中每一条都对应相关帖子服务的一次 curl 请求。第 1 次花费了将近 900 毫秒完成;第 2 次和第 3 次少于 300 毫秒;最后两次少于 150 毫秒。单击浅灰色栏的第 4 个调用,显示为 "141.813ms 5 spans",如图 11.11 所示。

该界面还列举了组成单次调用的多个跨度,这些跨度由于共享相同的跟踪 ID 而被聚集到了一起。回想一下刚才在图 11.8 看到的结果;实际上,图 11.11 类似放倒的图 11.8。可以看到相关帖子服务的时间跨度长达 141 毫秒,还可以看到下游请求的跨度——向关系服务发起请求以获取关注的用户列表,以及向帖子服务发起请求以获取帖子列表,然后再向关系服务发起两个请求,以获取帖子作者的姓名。这

11.3 分布式跟踪

正是从较早日志输出中得出的流程。

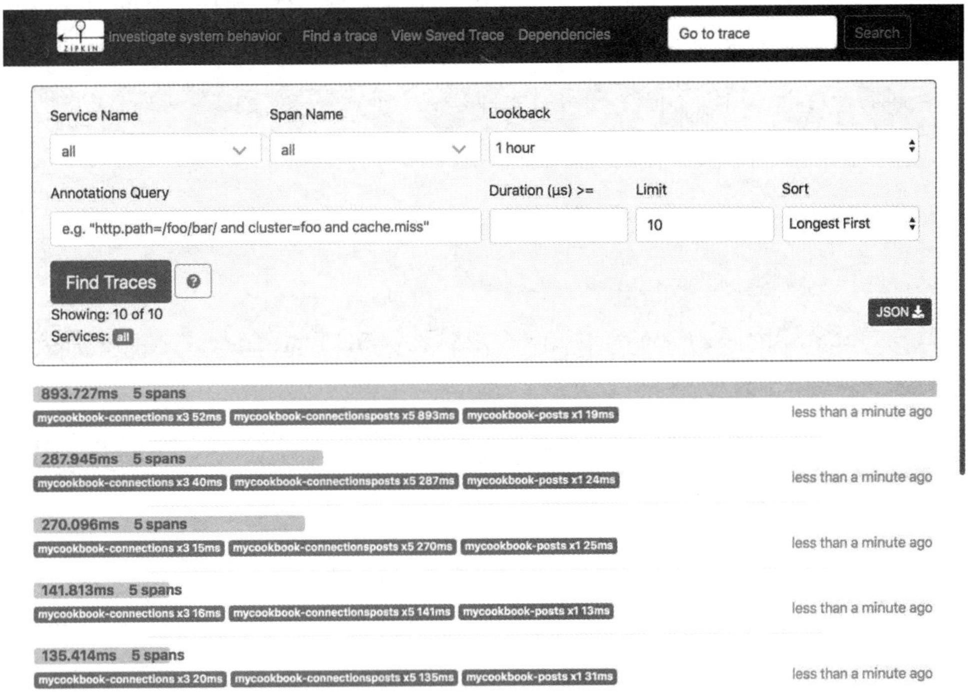

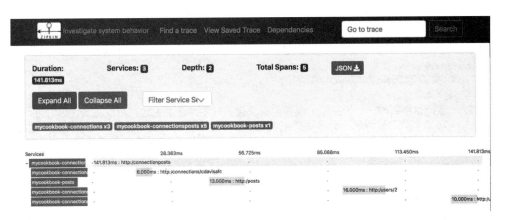

图 11.10　Zipkin 提供了一个用户界面，允许搜索存储在分布式指标数据库中的数据，并将跟踪 ID 相关的日志汇总在一起。该图中显示了 5 条跟踪记录，每条跟踪记录将 5 个单独的服务请求汇总在一起，表示为多个跨度（span）

图 11.11　Zipkin 显示了对相关帖子服务发起的单个请求的详细信息。该服务请求产生了 4 个下游请求：一个对关系服务，一个对帖子服务，以及另外两个对关系服务的请求。另外还以跨度的形式显示了每个请求的等待时间

现在,就像在第 9 章和第 10 章中做的一样,我们会中断系统中的网络。我为你提供了一个脚本,该脚本可以中断帖子服务实例与 MySQL 数据库之间的网络连接。你必须更新该脚本,指向你自己的 MySQL pod,并且替换帖子服务实例的 IP 地址。然后,可以使用以下命令来调用此脚本:

./loadTesting/alternetwork-db.sh add

这将使网络断开 10～15 秒,然后可以执行以下命令来恢复网络:

./loadTesting/alternetwork-db.sh delete

现在,让我们返回 Zipkin 的主仪表盘,然后单击"Find Traces"按钮。你会看到类似图 11.12 所示的内容。

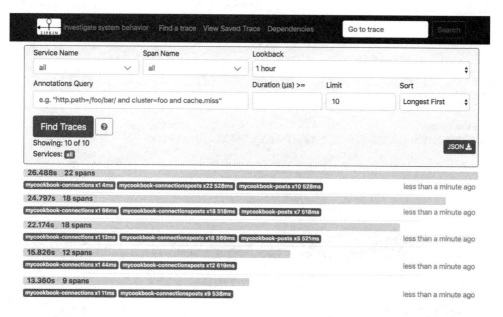

图 11.12 当网络中断时,对相关帖子服务的请求会导致下游请求失败。可以看到,平时可以成功的 4 个下游请求,会导致更多的请求 / 跨度。现在,显示时间和跨度数量(例如,"26.488s 22 spans")的柱条会变成红色,表明某些下游请求返回了错误

代表某个指定调用的完整柱状图(显示为"26.488s 22 spans"的柱状图)已经变成红色,这是第一个出现故障的指示。通过查看详细信息,你会发现每个调用的跨度都超过了系统正常运行时的 5 个跨度。单击这些红色柱之一,会显示如图 11.13 所示的详细信息。

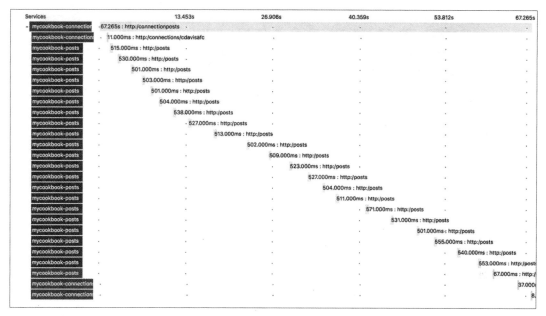

图 11.13　其中一个请求跟踪的详细信息，显示了对帖子服务重复的失败调用，每个调用大约花费 500 毫秒。这是从相关帖子服务发起的 HTTP 调用的超时时间

在这里，你可以看到出现了重试！由于帖子服务及其数据库之间的网络已经中断，所以帖子服务无法再生成响应，来自相关帖子服务的请求也会超时。现在可以看到，我从第 9 章提取到这个项目中的代码版本，是一种暴力重试，或者说是一种非常不友好的重试机制。当我们重新建立网络连接后，对帖子服务的调用会成功，相关帖子服务的调用也会执行。

最后，在恢复网络后不久，返回 Zipkin 主页并查看跟踪列表，你将看到如图 11.14 所示的数据。

这表明在重试风暴挤压的流量被消化之后，恢复正常处理相关帖子请求所需的时间。

通过使用分布式跟踪技术，你可以深入地了解云原生应用程序的性能。你能够快速查看在何时何地发生了错误，并且在修复之前跟踪路由是否恢复稳定。好消息是，当使用 Spring 等框架时，这些功能可以很容易地被添加到代码中。

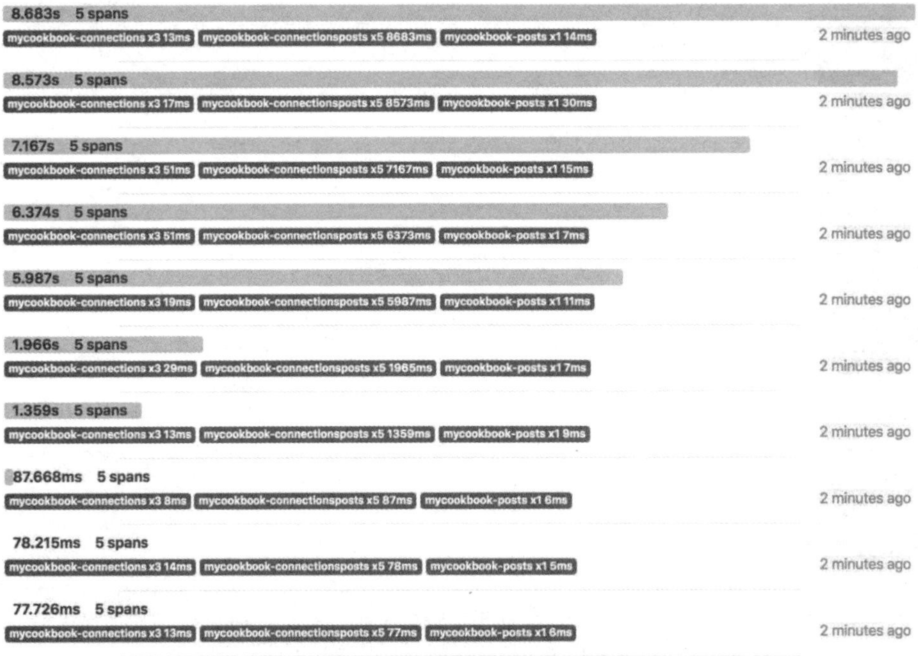

图 11.14 当网络恢复后，下游请求会再次成功，但是你可以从相关帖子服务的请求时间中看到，已经积压了一定的请求并且需要时间来消化

11.3.3 实现细节

回想一下，分布式跟踪的核心是以下两项技术：

- 插入跟踪 ID。
- 一个控制平面，用来收集包括跟踪 ID 的度量指标，并且通过它们将相关的服务调用链接在一起。

通过在项目 POM 文件中包含两个依赖项，可以解决以下这两个问题，如清单 11.4 所示。

清单 11.4 添加到 pom.xml 的三个微服务

```
<dependency>
    <groupId>org.springframework.cloud</groupId>
    <artifactId>spring-cloud-starter-sleuth</artifactId>
    <version>2.0.3.RELEASE</version>
</dependency>
```

```xml
<dependency>
    <groupId>org.springframework.cloud</groupId>
    <artifactId>spring-cloud-sleuth-zipkin</artifactId>
    <version>2.0.3.RELEASE</version>
</dependency>
```

Spring Cloud Sleuth 框架负责生成和广播跟踪 ID 和跨度 ID。引入前面第一个依赖项，会导致这些值出现在之前的日志文件中。第二个依赖项会将这些指标发往一个 Zipkin 服务器，该服务器的地址是通过 `spring.zipkin.baseUrl` 属性配置到每个服务中的（参见清单 11.5）。你可以在每个服务的 Kubernetes 部署文件中看到该设置以及相关的采样率。（请注意，你正在通过一个名称来定位 Zipkin 服务，Kubernetes 内置的服务发现协议有助于实际的绑定。）

清单 11.5 添加到部署 yaml 文件中的三个微服务

```
- name: SPRING_APPLICATION_JSON
  value: '{"spring":{"zipkin":{"baseUrl":"http://zipkin-svc:9411/"}}}'
- name: SPRING_SLEUTH_SAMPLER_PERCENTAGE
  value: "0.01"
```

我在示例程序的 zipkin-deployment.yaml 文件中添加了一个 Zipkin 服务。

就是这样。没错，你无须更改代码中的任何内容即可启用分布式跟踪。它完全由 Spring 框架来处理。即使你使用的编程语言对分布式跟踪的支持需要更多的工作，为了分布式跟踪所带来的价值也值得一试。在撰写本书时，市面上已经有了针对 Java、JavaScript、C#、Golang、Ruby、Scala、PHP、Python 等语言的 Zipkin 库。这种广泛采用的技术还被其他框架引入，例如 Istio（请参阅 10.3.2 节）。

小结

- 必须主动将度量指标和日志从执行服务的运行时环境中取出，因为在服务遇到故障或者升级后，这些执行环境通常会变得不可用。服务的执行环境应被视为短暂的。
- 聚合来自多个服务实例的日志对于可观察性很重要。通常首选按时间顺序来处理不同服务的日志。
- 可观察性信息、日志、指标和跟踪数据的收集可以放在挎斗代理中实现，这使得应用程序可以专注于业务逻辑,并将运维需求集中到服务网格中。
- 完善的分布式跟踪技术及其实现,为深入了解分布式应用程序的运行状况和性能提供了宝贵的洞察能力。
- 本书前面介绍的许多模式都可以用来提供所需的可观察性。应用程序配置、应用程序生命周期、服务发现、网关和服务网格都有各自的作用。

12 云原生数据：打破数据单体

本章要点

- 为什么每个微服务都需要一个缓存
- 通过事件来增加本地数据存储/缓存
- 在事件驱动系统中使用消息传递
- 消息传递和事件之间的区别
- 事件日志和事件源

还记得我在第 1 章中对"云原生"的定义吗？那时我做了一个简单的分析，将现代软件的高层需求变成了四个特性：云原生软件是冗余的、可适应的、模块化的和动态可伸缩的（如图 12.1 所示）。通过本书的大部分内容，你已经在服务上下文环境和交互的背景下了解了这些特征。但是请记住，我在第 1 章中提到的思维模型中的第三个实体是数据。云原生软件的特性同样适用于数据层。

以冗余为例。尽管人们早已认可拥有多个数据副本的价值，但实现数据副本的模式在过去通常是考虑不足的，有时甚至是通过运维手段来实现的。例如，在主动/被动的部署拓扑中，主动节点为所有读写流量提供服务，而被动节点则通过背后的写入进行更新。如果主动节点发生故障，那么在系统中可能会将故障转移到原来的被动节点上。现代的云原生数据服务（在 5.4.1 节中，我介绍了有状态服务的一些特殊类型）已经在其多节点设计中深入引入了冗余机制，并且采用了 Paxos 和领导者/跟随者（leader/follower）等模式来提供需要的一致性和可用性。

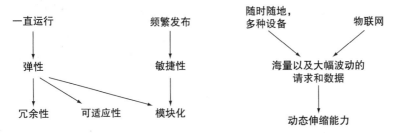

图 12.1　用户对软件的需求推动了我们向云原生架构和管理的转型。对于云原生数据，我们将把重点转移到模块化及其带来的自治性上

对于可伸缩性，可以看到，我们曾经习惯使用的模式发生了重大变化。传统数据库通常是通过垂直扩展，用性能越来越好的主机和存储设备来满足不断增长的需求。但是，正如你在本书中所看到的，在云原生水平可伸缩规则的指导下，大多数现代数据库（例如，Cassandra、MongoDB 和 Couchbase）都将水平伸缩模型作为其系统的核心设计。随着数据量的增加，可以将新的节点加入数据库集群，而现有数据和请求将在所有新旧节点之间重新分配。

尽管我们可以深入研究图 12.1 底部所示的所有四个特性，但是在最后一章中，我会将大部分精力放在模块化上。显然，将许多单独的（微）服务组合起来，形成一个软件，这是云原生架构的核心。但是微服务这个名字有些误导性（因此，在整本书中我很少使用它）。微服务让我们过多地关注服务的规模，而不是它所带来的最有价值的东西——自治性。如果使用得当，微服务可以由独立的团队来构建并独立管理。此外，它们是其他许多云原生模式（断路器、服务发现）的主要应用实体，并且它们是云原生交互的端点。

我们习惯将单体应用程序分解成许多单独的服务，这为我们带来了模块化。真的是这样吗？这些单体应用会使用单体的数据库，我们经常会看到如图 12.2 所示的云原生设计。我们已经将软件的计算部分拆分为单独的服务，但是仍然保留了一个集中化的单体数据层。

第 12 章 云原生数据：打破数据单体

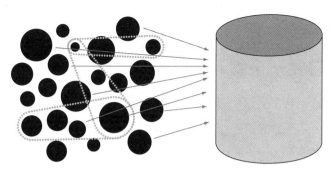

图 12.2 共享单个数据库的、独立的微服务并不是自治的

这张图清楚地表明，这种设计仅仅是模块化的一种幻觉。一个共享数据库会在原本独立的服务之间建立起传递依赖性。例如，如果某个服务要更改数据库的模式（schema），那么它必须与共享该数据库模式的其他所有服务进行协调。此外，在使用共享数据库的情况下，多个单独服务都会争夺并发访问权限，从而造成额外的瓶颈。总之，我们的微服务毕竟并不是那么具有自治性的。

正如本章标题所指示的，我们的最终目标是打破数据单体。你可能已经听说过，每个微服务都应该拥有自己的数据库，但是这听起来可能很危险。如何维护数十个或数百个存储中数据的完整性？如何在这个复杂的网络中协调不同的团队？这就像打破计算的单体架构会带来新的挑战一样（我们已经通过本书中介绍的一系列模式，系统地解决了这些挑战），打破数据的单体架构也会带来新的挑战。这些挑战需要通过模式（云原生的数据模式）来解决。

许多业内人士认为事件源是解决这个问题的最终答案，本章就包含了这个主题。但是，正如本书所涵盖的所有其他模式一样，这不是一两句话能说清楚的事情。我希望带你从一个基础的、熟悉的设计模式开始，逐步发展到事件源。这种方式不仅可以加深你对云原生数据处理的关键要素的理解，而且还为你提供了一种切实可行的方案。

我将从缓存开始介绍，缓存技术的使用已经有很长时间了，并且依然与云原生软件架构有关。还记得研究弹性模式时，我们将缓存添加到回退行为中时发生了什么吗？这里我们会从另一个角度来理解缓存。然后，我将简要回顾一下第 4 章介绍的内容，在那一章中，我们没有采用请求 / 响应模式，而是在服务拓扑之间发送事件。我将通过添加事件日志来增强这个事件驱动的设计，并且最后来介绍事件源的概念。在经历这种设计演变的过程中，我会通过对不同中断条件下请求成功和失败的分析，来衡量自治程度，并且你会看到数据设计在云原生架构中扮演的重要角色。

12.1　每个微服务都需要一个缓存

想要知道缓存所带来的价值（不仅局限于性能提升），让我们从一个未使用缓存的设计开始。图 12.3 显示了一个普通的示例，其中相关帖子服务聚合了其他两个服务的内容：关系服务用来管理用户及其关注的对象，而帖子服务用来管理博客文章。在图 12.3 中，我们会使用熟悉的请求 / 响应协议在这些服务之间进行交互。

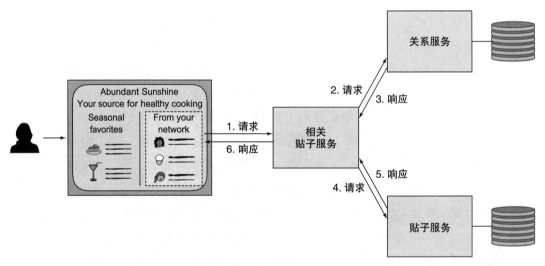

图 12.3　通过请求 / 响应的方式，一个服务将其他多个互相依赖的服务聚合起来

通过将这个简单的架构作为贯穿本章其余部分的分析基准，让我们看一下该系统在遇到局部故障时的弹性能力。图 12.4 显示了该软件的四个计算组件：富 Web 应用程序，以及另外三条横线所代表的服务。如果是实线，那么这些横线表示该服务可用并可以产生一次结果；这些横线中的中断则表示该服务不可用，或者无法正常运行。

你会注意到，我没有考虑富 Web 应用程序或者相关帖子服务的任何停机时间。这并不意味着它们永远不会崩溃。我只是想关注微服务之间，以及请求 / 响应协议之间的依赖关系。只有在调用聚合服务且聚合服务正常运行时，这些交互才会存在。

竖线表示的是从 Web 应用程序到相关帖子服务的请求，然后级联发送到所依赖的服务。每当关系服务或者帖子服务出现故障时，聚合服务就无法生成结果。

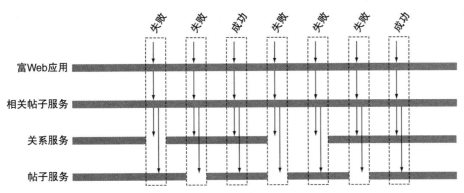

图 12.4 每当其中一个相关服务不可用或者无法正常运行时,相关帖子服务也将无法生成结果

现在,我们将一个缓存添加到相关帖子服务中(如图 12.5 所示)。你可以通过多种方式来填充该缓存。如果使用**旁路缓存**(look-aside caching),那么缓存的客户端(在本例中为相关帖子服务)负责实现缓存协议:当需要数据时,它会检查缓存中的值,如果不存在该值,则向下游服务发送请求,并将结果写入缓存,然后再返回结果。如果使用**透读缓存**(read-through caching),那么相关帖子服务只需要访问缓存,由缓存来实现从下游服务获取值的逻辑。无论协议如何实现,在下游请求成功执行之后,返回的值都会存储在本地。

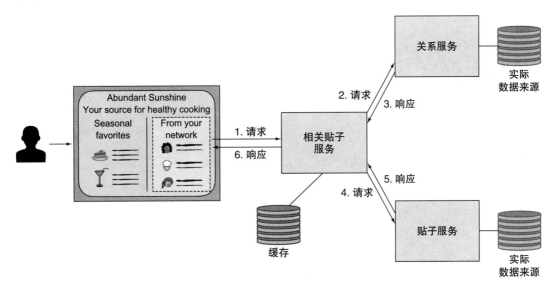

图 12.5 一个添加到相关帖子服务的缓存,可以将对其他依赖服务的请求响应存储下来。实际数据来源仍然保留在每个下游服务的数据库中。相关帖子服务在本地存储的并不是权威的副本

现在让我们看一下系统在添加缓存后是否变得更加灵活。图 12.6 在相关帖子服务旁边添加了另一条横线。为了简化起见，假设相关帖子服务随时都可以使用缓存。可以看到，最初的请求结果与之前看到的完全相同：当任何一个下游服务不可用时，聚合服务都无法生成完整的响应。但是，在使用缓存后，它将消费者（Web 应用程序）与下游服务的故障隔离了。

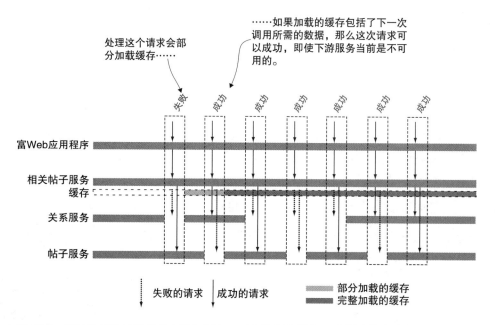

图 12.6 通过在相关帖子服务中添加缓存，可以为服务增加一定程度的自治性，从而获得更大的弹性

我想请你注意图 12.6 中的一个细节。与图 12.4 中所示的场景相比，请注意，只要每个下游服务都成功被调用一次之后，并且不需要同一时间成功，那么传入的请求就会成功。我们应该清楚的是，弹性水平取决于系统组件的自治程度。

所有这些都非常引人注目，通过添加缓存会让相关帖子服务更加具有自治性，这显然实现了更高级别的弹性。但是为什么这样还不够？答案是，这里的所有内容都大大简化了缓存的使用。你可以在图 12.6 中看到这一点，我想指出的是，如果第一个请求碰巧加载了第二个请求所需的数据，那么第二个请求就可能成功。但是，我们怎么知道缓存中没有 Food52 的帖子就意味着真的没有新的帖子呢？或者对该站点发起的帖子请求还没有一次成功？如果缓存中有一个条目，那么怎么确定它是否是最新的呢？

我们过去使用缓存的方式，甚至是使用缓存的动机，都与当前在微服务架构中使用缓存的目标不同。通常，使用缓存会让性能有一定程度的提升，但是要缓存的数据趋向于静态数据（例如，网站镜像和城市邮政编码的映射），因此一个基于计时器过期的缓存通常就足够了。缓存未命中一定说明数据还没有被加载到缓存中，所以当启动应用程序时，通常会采用适当的流程来预热或者预加载缓存。在以微服务为中心的场景中使用缓存，要求我们重新考虑这些模式，而重点是考虑如何刷新缓存。在理想情况下，只要下游服务一发生变化，我们都希望尽快将这些变化反映到本地的数据存储中。

啊哈！你猜到接下来我要讲什么了吗？

12.2 从请求/响应到事件驱动

正如我所建议的那样，在第 4 章中，当我们从请求/响应转向基于事件驱动的交互协议时，就已经开始采用这种更好的处理本地存储的方法了。图 12.7 看起来与本章前面的图相似，但是有一个重要的区别：相关帖子服务和其他服务之间的交互是从另一端开始的。相关帖子服务确实有自己的本地存储，让人想起上一个示例中的缓存，但是现在它会在任何下游服务广播变更时都进行更新。

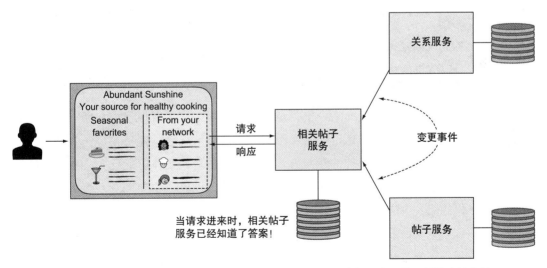

图 12.7 在下游服务发生变更时，描述这些变更的事件会被发送给相关方，并更新其本地存储

这样的好处是你不必再担心缓存过期的问题，不用再担心缺少数据是否真的意味着数据不存在了。假设发送下游事件的机制正常运行（很快你将看到我们如何保

证这一点),那么相关帖子服务可以完全在自己的环境中运行,而不必担心系统中其他服务的影响。这确实是一件美事!

让我们看看这对系统弹性有什么影响。图 12.8 更新了之前的图。现在,你可以看到来自帖子服务和关系服务的事件被发送到了相关帖子服务,这时当网页客户端发出某个请求时,相关服务的启动或者关闭都已经变得无关紧要。相关帖子服务拥有自己的本地存储并且可以自主运行。但是,如果其他服务在发送事件的时候,相关帖子服务不可用怎么办?如第 4 章所述,这个事件会丢失。当然,我们可以使用其他一些模式(例如,重试机制)来弥补某些失败,但是在某些情况下,重试也会不起作用。最终的结果是不好的。

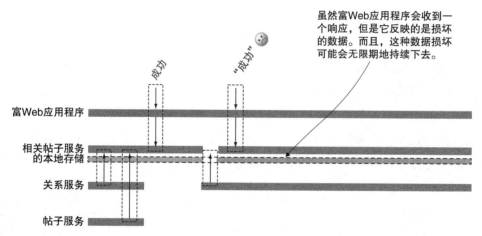

图 12.8 事件驱动的方法允许相关帖子服务使用本地存储中的数据,并以完全自治的方式运行。但是,丢失的事件可能会损坏本地存储中的数据,"成功地"返回错误的结果

对于相关帖子服务,一切似乎都是正确的。它会完全根据本地存储中的数据返回一个结果,它不知道数据现在是不准确的。而且情况会变得更糟。一般来说,一个事件不会只有一个感兴趣的参与方,例如,许多其他实体可能会关心系统中的用户是否更改了用户名。如果变更事件没有到达多个预期中的参加者,那么不一致可能会在你的系统中广泛传播,如图 12.9 所示。

从本质上讲,本地存储(可能其中大部分)现在已经是损坏的了。更糟糕的是,它们可能会无限期地保持下去!事件驱动的方法有望消除缓存更新的问题,但是它失败了。

还记得对传递下游事件的机制的评价吗?显然,我们还没有一个健康的系统。因此,让我们继续。

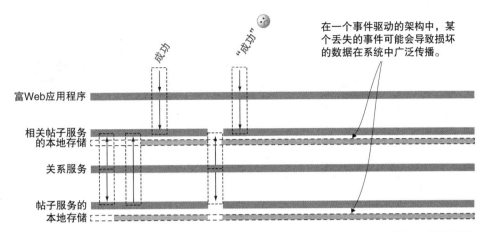

图 12.9　事件通常会引起各方的关注，因此，如果没有正确地交付事件，那么可能导致不一致性在整个系统中传播

12.3　事件日志

　　当某个事件关心自己是否被发送成功的时候，你不得不屏除掉对相关帖子服务是否可用的考虑。没错，你猜对了，你需要使用某种异步的消息传递系统。我们不是让关系服务直接将事件发送给相关帖子服务，而是将这些事件发送到一个专门负责消息传递的系统上。当然，你的软件可用性将取决于该消息传递系统的可用性，但是将消息传递语义集中在专门为此目的设计的系统上，不仅可以实现统一的模式，还可以让你将精力集中在消息传递组件上，而不是如何在庞大的、相互关联的服务网络上传输。如果消息传递系统本身是按照云原生的方式设计的，并且具有冗余性和动态伸缩能力，那么它将是可靠的。图 12.10 显示了添加到软件架构中的事件日志。

　　让我们看看这是如何影响软件整体的弹性的。图 12.11 添加了另一个组件：事件日志。当关系服务和帖子服务生成事件时，它们将被发送到日志中，并且对该事件感兴趣的参与方会负责提取和处理它们。请注意，关系服务发送的第一条消息会同时被帖子服务和相关帖子服务接收。但是，由帖子服务产生的第二个事件仅发送给了相关帖子服务。如果消费者无法立即处理所接收的事件，会将它保留在事件日志中，（至少）[1] 等到所有相关方都消费它，即使这些消费者上线的时间点不同。结果是，我们可以看到，即使整个系统发生故障，聚合服务的可用性也很强。

1　请保持关注，当讨论事件源的时候，我会解释为什么是"至少"。

第 12 章　云原生数据：打破数据单体

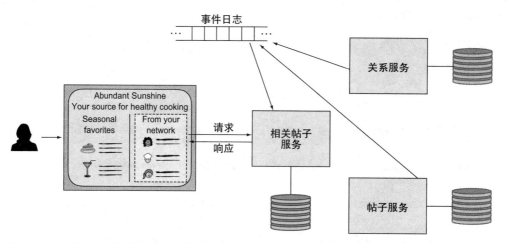

图 12.10　添加一个事件日志后，你现在已经将这三个服务彼此完全分离。事件日志可以用来保存和使用日志，并且会保留事件直到被消费

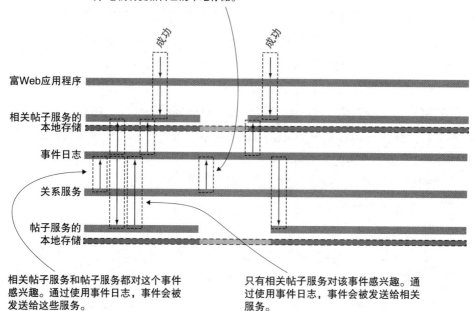

图 12.11　事件在事件日志中产生和使用，在需要时维护事件日志。通过使用事件日志，已经将服务彼此完全分离

关于一致性的一个注意事项：在此之前，你已经看到由于丢失事件，缓存数据可能会被损坏。但是即使在这里，在事件产生和消费的这段时间间隔内，消费者的本地存储也已经过时。在本章稍后讨论事件源时，我将解决这个问题。

> **通常需要通过一个客户端连接到某个消息传递组件**
>
> 请注意，在代码中生成和消费消息通常都需要通过一些类库来实现，并且它通常会实现一些你已经了解的弹性模式。例如，如果第一个请求无法到达事件日志，那么客户端库可以进行重试。而且，如果之前的连接持续失败，那么库会调用某个服务发现协议来查找代替的交互端点。
>
> 开发人员不必担心协议的细节，只需指定交互需要的服务级别类型。例如，如果要求保证事件成功传递（如果无法传递消息，那么软件必须报告错误），可以通过客户端 API 指定。另一方面，如果可以容忍某些事件丢失，那么也可以在 API 中指定。

现在是时候来看一些代码了。

12.3.1 实际案例：实现一个事件驱动的微服务

本章的示例建立在第 4 章介绍的知识的基础上，我在第 4 章中改变了我们习惯的请求/响应模式，提供了一个事件驱动的解决方案。但是在第 4 章中，服务之间依然保持着紧密的关联，如 12.2 节所述，客户端会将事件直接发送给消费者。图 12.7 描述了这个示例。

我在这里要做的是添加事件日志，从而让服务之间更加松散地耦合。我基本上是朝着图 12.10 描述的方向前进的，但是当我们介绍细节时，示例会变得稍微复杂一些。不仅相关帖子服务对产生的事件感兴趣，帖子服务也是。这种稍微复杂的拓扑让我们能够以更全面的方式来探索其中的细节。

帖子服务负责管理博客的帖子，包括创建新帖子，以及在有新帖子创建时发布相关的事件。它存储的帖子包括帖子的标题、正文、日期和用户 ID。在我们的系统中，关系服务负责管理用户及其之间的连接。为了允许用户更改自己的详细信息、用户名或者姓氏，代码中只能通过 ID 来查找到该用户。但是用户 ID 是一个实现上的细节，任何 API 都不应该泄露内部的标识符。因此，在 API 中你都可以通过用户名来指定用户。例如，当添加新帖子的时候，可以向帖子服务发送一个 POST 请求，其中的内容如下所示：

```
{
  "username":"madmax",
  "title":"I love pho",
  "body":"Yesterday I made my mom a beef pho that was very close to what I
    ↪ ate in Vietnam earlier this year ..."
}
```

这个用户名为 madmax 的用户，发布了一篇有关他最近制作越南河粉的帖子。但是，当你将其存储在数据库中时，并不想存储用户名，因为如果他以后更改了用户名，你将很难找到他以前发布的帖子。因此，需要使用用户 ID 来存储帖子，之后 SQL 查询的输出如下所示：

```
mysql> select * from cookbookposts.post;
+----+--------------------+---------------------+-------------+---------+
| id | body               | date                | title       | user_id |
+----+--------------------+---------------------+-------------+---------+
|  1 | Yesterday I made...| 2018-10-30 11:56:05 | I love pho  |       2 |
...
```

由于使用的是这种间接方式，帖子服务需要将用户 ID 映射到用户名。帖子服务不负责管理用户（这是关系服务的职责），但是为了保持与关系服务的解耦，它必须在自己的数据库中保留由关系服务管理的某些数据的最新副本，即 ID 与用户名之间的关联。你可以通过以下 SQL 查询来查看该表的内容：

```
mysql> select * from cookbookposts.user;
+----+-----------+
| id | username  |
+----+-----------+
|  1 | cdavisafc |
|  2 | madmax    |
|  3 | gmaxdavis |
+----+-----------+
```

在图 12.12 中，关系服务和帖子服务都在产生事件，而帖子服务和相关帖子服务都在消费事件。在该图中，你还可以看到与每个服务相关的数据存储。关系服务和帖子服务各自都存储了最初的数据，而帖子服务和相关帖子服务则将其他服务的数据副本存储在本地的数据库中。这些本地数据库通过事件来保持最新的状态。

12.3 事件日志

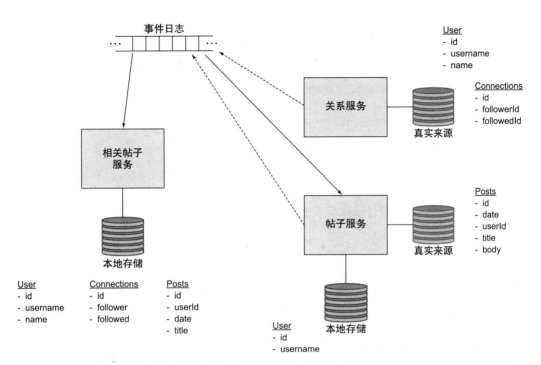

图 12.12 示例中完整的事件和数据拓扑。当数据发生变更时，帖子服务和关系服务既提供"自己的"数据（真实来源），也产生事件（虚线箭头）。帖子服务和相关帖子服务既会存储它们不拥有的数据（本地存储），也会通过消费事件来更新该数据（实线箭头）

表 12.1 总结了每个服务在整个软件架构中所扮演的角色。

表 12.1 事件驱动软件架构中的服务角色

角色	关系服务	帖子服务	相关帖子服务
真实来源——一个用来存储服务本身拥有的数据的专用数据库	该服务拥有用户及用户之间的关系	该服务拥有帖子数据	
写入和事件生产者——更新真实来源的数据库，并将事件发送给 Kafka 的 HTTP 端点	当用户被创建、更新或者删除时，生成相关的用户事件 当某个关系被创建或者删除时，生成相关的关系事件	当某个帖子被创建时，生成一个帖子事件	
事件处理器——订阅事件，并相应地更新本地存储数据库		当用户被创建、更新或者删除时，更新本地的存储数据	当用户、关系和帖子被创建、更新或者删除时，更新本地的存储
本地存储——一个专门存储不属于该服务的数据的专有数据库		该服务会存储用户名到用户 ID 之间的映射数据	该服务会存储用户和关系数据，以及帖子的汇总数据
读取——服务于服务领域实体的 HTTP 端点	用户 关系	帖子	用户所关注对象发表的帖子

第 12 章 云原生数据：打破数据单体

现在转到项目，你可以在目录和包结构中看到前面的详细信息。为了让你能够亲自体会一下项目实现的过程，我来帮你搭建这个项目的运行环境。

假设你已经克隆了仓库，请检出以下标签：

```
git checkout eventlog/0.0.1
```

现在，可以切换到本章的目录下：

```
cd cloudnative-eventlog
```

图 12.13 显示了项目目录结构的关键部分，如表 12.1 所示。

- 读取 API 在后缀为 `read` 的包的控制器中实现。所有这三个服务都支持读取 API。
- 任何真实来源的数据都是在后缀为 `sourceoftruth` 的包的 JPA 类中实现的。帖子服务和关系服务中都存在这个包。
- 支持多个 HTTP 方法（例如，POST、PUT 和 DELETE）的写入 API，它们都在后缀为 `write` 的包的控制器中实现。这些写入控制器除了将数据持久保存到服务所属的数据库之外，还会将一些事件发送到我们的消息传递中间件中。帖子服务和关系服务中都存在这个包。
- 事件消费者在后缀为 `eventhandlers` 的包中实现。帖子服务和相关帖子服务中都存在这个包。
- 通过事件获取数据的本地存储，是在后缀为 `localstorage` 的包的 JPA 类中实现的。帖子服务和相关帖子服务中都存在这个包。

图 12.14 提供了另一种查看微服务结构的方式。以帖子服务为例，帖子数据（日期、标题、正文和作者 ID）归帖子服务所有，并存储在真实来源的数据库中。用户 ID 到用户名的映射数据只是另一个服务数据的副本，存储在本地的存储数据库中。我们有一个执行这两个步骤的写控制器。它既保留了真实的数据，又将事件发送给了事件日志。事件处理器会执行一个单独的任务，消费相关的事件并将数据持久保存到本地的存储数据库中。最后，读控制器会执行一个单独的任务，查询两个数据库以便生成帖子的列表。

12.3 事件日志

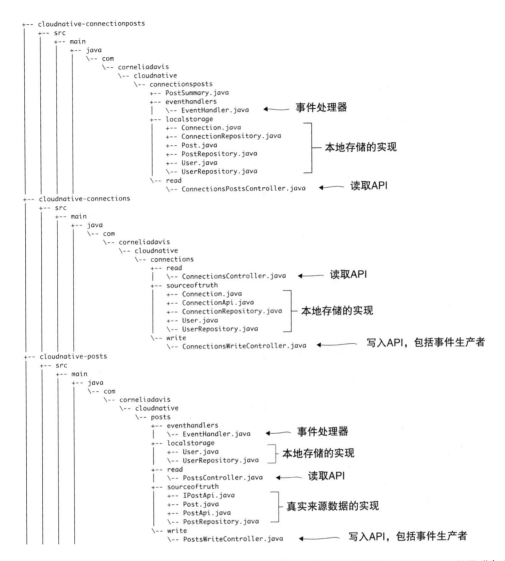

图 12.13 三个微服务的目录结构，显示了产生事件和消费事件的代码、读取 API，以及"自有"数据存储和"本地"数据存储的组织结构

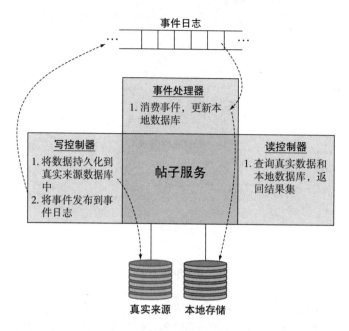

图 12.14 该服务实现了一个写控制器,负责主要实体的变更;一个事件处理器,负责维护非主要实体数据(仍然是受限环境的一部分)的一个本地数据库;一个读控制器,负责支持跨数据库查询数据

了解已建立起来的结构之后,现在让我们仔细看一下示例的几个实现部分,从关系服务的写控制器开始。当创建某个新用户时,会执行清单 12.1 中的代码。

清单 12.1　ConnectionsWriteController.java 中的方法

```java
@RequestMapping(method = RequestMethod.POST, value="/users")
public void newUser(@RequestBody User newUser,
                    HttpServletResponse response) {

    logger.info("Have a new user with username " + newUser.getUsername());

    // 在数据库中持久化该用户数据
    userRepository.save(newUser);            ←── 将数据存入真实来源数据库

    // 发送事件到 Kafka
    UserEvent userEvent =
    new UserEvent("created",
                  newUser.getId(),
                  newUser.getName(),
                  newUser.getUsername());    ←── 发出变更事件
    kafkaTemplate.send("user", userEvent);
}
```

首先,新的用户会被存储在真实来源数据库中,然后会向事件日志发送一个事

12.3 事件日志

件（可以从注释中看到我们正在使用 Kafka——我将在稍后详细讨论 Kafka）。你发出的用户事件捕获到了某个用户已经被创建，包括指定的 ID、名称和用户名，然后你会将该事件传递给一个名为 user 的主题（topic）。我将在稍后介绍更多有关主题（以及队列）的信息，但是现在，你只需将它们理解为你在消息驱动中所熟悉的主题（topic）概念。主题可以被简单理解为一个传递消息和消费消息的通道。

让我们将清单 12.2 中的代码与第 4 章中事件驱动的代码比较一下（可以在代码仓库 `eventlogstart` 标签的 `cloudnative-eventlog` 模块中找到这些代码）。

清单 12.2　ConnectionsWriteController.java 中的方法

```java
@RequestMapping(method = RequestMethod.POST, value="/users")
public void newUser(@RequestBody User newUser,
                    HttpServletResponse response) {

    logger.info("Have a new user with username " + newUser.getUsername());

    // 将用户持久化到我们的数据库中        ← 持久化数据

    // 让兴趣方知道这个新用户
    // 需要将新用户通知给帖子服务
    try {
                                                            // 将事件发送给
        RestTemplate restTemplate = new RestTemplate();     // 帖子服务
        restTemplate.postForEntity(postsControllerUrl+"/users",
                                   newUser, String.class);
    } catch (Exception e) {
        // 暂时什么都不做，以后会改为添加事件日志
        logger.info("problem sending change event to Posts");
    }

    // 需要将新用户通知给相关帖子服务
    try {
                                                            // 将事件发送给
        RestTemplate restTemplate = new RestTemplate();     // 相关帖子服务
        restTemplate.postForEntity(connectionsPostsControllerUrl+"/users",
                                   newUser, String.class);
    } catch (Exception e) {
        // 暂时什么都不做，以后会改为添加事件日志
        logger.info("problem sending change event to ConnsPosts");
    }
}
```

这段代码显示，将用户信息保存到数据库中后，事件既传递给了帖子服务，也传递给了相关帖子服务。通过引入事件日志，你可以消除这种耦合（事件生产者不需要了解任何有关消费者的信息），并且代码显然也更加简单和更易于维护。

现在让我们看一下事件消费者的实现。清单 12.3 显示了相关帖子服务的事件处理程序中的一部分。

清单 12.3　EventHandler.java 中的方法

```java
@KafkaListener(topics="user",
            groupId = "connectionspostsconsumer",
            containerFactory = "kafkaListenerContainerFactory")
public void userEvent(UserEvent userEvent) {

    logger.info("Posts UserEvent Handler processing - event: " +
                userEvent.getEventType());

    if (userEvent.getEventType().equals("created")) {

        // 让事件处理程序是幂等的。
        // 如果用户已经存在,那么什么也不做
        User existingUser
            = userRepository.findByUsername(userEvent.getUsername());
        if (existingUser == null) {

            // 在本地存储中保存记录
            User user = new User(userEvent.getId(), userEvent.getName(),
                            userEvent.getUsername());
            userRepository.save(user);

            logger.info("New user cached in local storage " +
                        user.getUsername());
            userRepository.save(new User(userEvent.getId(),
                                    userEvent.getName(),
                                    userEvent.getUsername()));
        } else
            logger.info("Already existing user not cached again id " +
                        userEvent.getId());
    } else if (userEvent.getEventType().equals("updated")) {
        // ……处理更新后的事件
    }


}

@KafkaListener(topics="connection",
            groupId = "connectionspostsconsumer",
            containerFactory = "kafkaListenerContainerFactory")
public void connectionEvent(ConnectionEvent connectionEvent) {

    // ……处理关系变更事件,即谁关注了谁
    // 这里是创建和删除事件
}

@KafkaListener(topics="post",
            groupId = "connectionspostsconsumer",
            containerFactory = "kafkaListenerContainerFactory")
public void postEvent(PostEvent postEvent) {

    // ……处理帖子变更事件,即新的帖子

}
```

12.3 事件日志

在这段代码中有一些有趣的事情：

- 你可以从这段代码以及直接事件生产者的代码中看到，与事件日志交互的详细信息来自开发人员的抽象。在 POM 文件中引入 Spring Kafka 依赖项会包含一个 Kafka 客户端，允许开发人员通过一个简单的 API 来指定主题和其他详细信息，以便轻松地传递和消费事件。
- 相关帖子服务事件处理程序会消费来自三个主题的消息。这些主题包括用户、关系和帖子相关的变更事件。尽管生产者只是提供了一个主题的名称，但是消费者还必须提供一个 `groupId`，用来控制消息的消费方式。
- 从上面的代码和之前的生产者代码中可以看到对事件模式的引用：`UserEvent`、`ConnectionEvent` 和 `PostEvent`。发布到事件日志中的事件，以及从事件日志中消费的事件都必须具有一定的格式，并且生产者和消费者都必须知道详细的格式信息。
- 你可以在这段代码中看到如何让消费用户创建事件成为一种幂等的操作。在分布式系统中，从性能的角度来看，严格保证事件只发送一次（exactly once）可能既复杂，成本又高。因此让服务具有幂等性可以减轻其中的一些负担。

稍后，我们将深入研究每个话题，但是首先让我们把代码运行起来。

搭建环境

再一次，请你参考前面各章中用于运行示例的环境搭建说明。在本章中，运行示例程序没有新的要求。

你将访问 cloudnative-eventlog 目录中的文件，因此需要在终端窗口中切换到该目录下。

正如我在前几章中描述的那样，我已经构建好了 Docker 镜像，并将其上传到了 Docker Hub 上。如果你想自己构建 Java 源代码和 Docker 镜像，并将它们推送到自己的镜像仓库中，请参考之前章节的内容（最详细的说明在第 5 章）。

运行应用程序

该示例可以在一个小型 Kubernetes 集群上运行，因此，你可以选择使用 Minikube 或者类似的工具。如果你仍然保留了上一章运行的示例程序，请先进行清理；请运行我提供的脚本，如下所示：

```
./deleteDeploymentComplete.sh all
```

运行该命令将删除帖子服务、关系服务和相关帖子服务的所有实例，以及任何正在运行的 MySQL、Redis 或 SCCS 服务。如果你的 Kubernetes 集群正在运行其他的应用程序和服务，那么可能还需要清理它们，只要确保你有足够的容量即可。在前面的章节中，删除服务不是必需的，但是在本节的示例中，我建议你删除所有服务。其中一些服务这里没有用到（例如，SCCS），并且我希望你使用一个全新的 MySQL 实例，因为数据库的结构跟之前有很大不同。

在创建 MySQL 服务器之后，需要按照顺序进行一些操作来创建实际的数据库。因此，首先运行 MySQL 和事件日志：

```
./deployServices.sh
```

MySQL 数据库启动运行（通过运行 kubectl get all 命令即可查看）后，你需要使用 mysql CLI 来创建数据库，如下所示：

```
mysql -h $(minikube service mysql-svc --format "{{.IP}}")
 -P $(minikube service mysql-svc --format "{{.Port}}") -u root -p
```

密码是 password，进入数据库后，请运行以下三个命令：

```
create database cookbookconnectionsposts;
create database cookbookposts;
create database cookbookconnections;
```

注意，你现在正在创建每个服务的数据库。在这之前，你只创建了一个数据库。这意味着你正在完全实现图 12.2 所示的设计！

现在，可以通过运行以下脚本来启动三个微服务：

```
./deployApps.sh
```

现在一切都已经启动并且运行，你可以开始加载数据了。但是先等一下，如果你一直在运行示例，那么可能会注意到，我之前从来没有要求你加载过数据。为什么现在要加载？

原因是你已经将数据库拆分开了，并且拥有真实来源数据库和本地存储数据库，我希望你使用服务中内置的事件将数据加载到所有这些数据存储中。并且我希望你观察加载数据时会发生什么事情，因此请使用以下命令，在三个不同的终端窗口中，

12.3 事件日志

流式查看每个微服务的日志输出（请记住，可以使用 `kubectl get all` 命令来获得 pod 的名称）：

```
kubectl logs -f po/<name of your pod instance>
```

如果你查看帖子服务的日志结尾，那么会看到以下内容：

```
o.s.k.l.KafkaMessageListenerContainer : partitions assigned:[user-0]
```

如果你查看相关帖子服务的日志结尾，那么会看到以下内容：

```
o.s.k.l.KafkaMessageListenerContainer : partitions assigned:[post-0]
o.s.k.l.KafkaMessageListenerContainer : partitions assigned:[connection-0]
o.s.k.l.KafkaMessageListenerContainer : partitions assigned:[user-0]
```

这表明帖子服务正在监听 user 主题上的事件，而相关帖子服务正在监听 user、connection 和 post 这些主题上的事件。我们终于可以直观地来了解事件拓扑了！现在，我们来加载一些数据，并观察实际的运行情况。请运行以下命令：

```
./loadData.sh
```

如果你查看该文件，会看到我创建了一些在示例中一直在使用的数据。请再次查看日志。

关系服务的日志准确地显示了你期望的内容——创建了三个用户以及用户之间的关系：

```
...ConnectionsWriteController  : Have a new user with username madmax
...ConnectionsWriteController  : Have a new user with username gmaxdavis
...ConnectionsWriteController  : Have a new connection: madmax is
     following cdavisafc
...ConnectionsWriteController  : Have a new connection: cdavisafc is
     following madmax
...ConnectionsWriteController  : Have a new connection: cdavisafc is
     following gmaxdavis
```

帖子服务的日志输出则更加有趣。你会看到调用了监听器来处理三个创建用户的事件，并且在本地用户存储中创建了三个用户：

```
...EventHandler  : Posts UserEvent Handler processing - event: created
...EventHandler  : New user cached in local storage cdavisafc
...EventHandler  : Posts UserEvent Handler processing - event: created
...EventHandler  : New user cached in local storage madmax
...EventHandler  : Posts UserEvent Handler processing - event: created
...EventHandler  : New user cached in local storage gmaxdavis
```

稍后在同一日志中,你会看到正在创建帖子的消息:

```
...PostsWriteController  : Have a new post with title Cornelia Title
...PostsWriteController  : find by username output
...PostsWriteController  : user username = cdavisafc id = 1
...PostsWriteController  : Have a new post with title Cornelia Title2
...PostsWriteController  : find by username output
...PostsWriteController  : user username = cdavisafc id = 1
...PostsWriteController  : Have a new post with title Glen Title
...PostsWriteController  : find by username output
...PostsWriteController  : user username = gmaxdavis id = 3
```

在帖子服务的写控制器代码中,我包含了一条日志消息,显示根据用户名查找用户 ID 的过程,其中用户名是帖子内容的一部分。当然,这个查询是针对本地用户存储数据库进行的。

最后,通过查看相关帖子服务的日志,你可以看到我所期望的内容——显示正在处理 user、connection 和 post 主题的事件,以及将数据存储在本地数据库中:

```
...EventHandler. : Posts UserEvent Handler processing - event: created
...EventHandler. : New user cached in local storage cdavisafc
...EventHandler. : Posts UserEvent Handler processing - event: created
...EventHandler. : New user cached in local storage madmax
...EventHandler. : Posts UserEvent Handler processing - event: created
...EventHandler. : New user cached in local storage gmaxdavis
...EventHandler. : Creating a new connection in the cache:2 is following 1
...EventHandler. : Creating a new connection in the cache:1 is following 2
...EventHandler. : Creating a new connection in the cache:1 is following 3
...EventHandler. : Creating a new post in the cache with title Max Title
...EventHandler. : Creating a new post in the cache with title Cornelia
➥ Title
...EventHandler. : Creating a new post in the cache with title Cornelia
➥ Title2
...EventHandler. : Creating a new post in the cache with title Glen Title
...EventHandler. : Posts UserEvent Handler processing - event: created
```

让我们再运行一些命令来观察它们的实际运行情况。

现在当你向相关帖子服务查询我关注的对象的帖子时:

```
curl $(minikube service \
       --url connectionsposts-svc)/connectionsposts/cdavisafc | jq
```

你会看到如下结果:

```
[
  {
    "date": "2019-01-22T01:06:19.895+0000", "title":
```

```
      "Chicken Pho",
      "usersName": "Max"
    },
    {
      "date": "2019-01-22T01:06:19.985+0000",
      "title": "French Press Lattes",
      "usersName": "Glen"
    }
]
```

现在更换另一个用户名。请使用以下命令将用户名从 cdavisafc 更改为 cdavisafcupdated：

```
curl -X PUT -H "Content-Type:application/json" \
    --data '{"name":"Cornelia","username":"cdavisafcupdated"}' \
    $(minikube service --url connections-svc)/users/cdavisafc
```

再看一下日志。首先，请注意每个帖子服务和相关帖子服务的日志已经处理了该事件。每个日志都会显示如下一条内容：

```
...: Updating user cached in local storage with username cdavisafcupdated
```

现在，向相关帖子服务和帖子服务发起的请求（请回忆一下，所有这三个服务都实现了读控制器）都反映出了这一次的更改内容：

```
curl $(minikube service --url \
    connectionsposts-svc)/connectionsPosts/cdavisafc
curl $(minikube service --url \
    connectionsposts-svc)/connectionsPosts/cdavisafcupdated
curl $(minikube service --url posts-svc)/posts
```

我鼓励你多发出一些命令，观察日志和结果，来理解这个事件流拓扑。我提醒你一下，帖子服务和关系服务也拥有读 API，包括允许你查看控制对象集合的端点：

```
curl $(minikube service --url connections-svc)/users
curl $(minikube service --url connections-svc)/connections
curl $(minikube service --url posts-svc)/posts
```

图 12.15 更详细地显示了这个事件的拓扑。你可以看到各种生产者、消费者和主题，以及它们之间的关系。

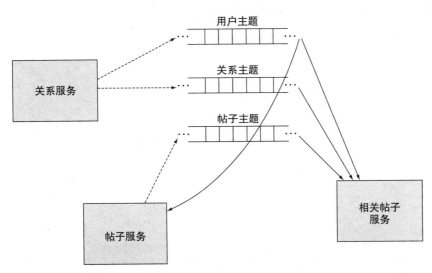

图 12.15 事件拓扑定义了各种事件的主题，以及每个主题的生产者和消费者。关系服务会产生用户和关系事件。帖子服务会产生帖子事件并消费用户事件。相关帖子服务会消费用户、关系和帖子事件

在我开始讨论另外三个事件日志的架构之前，我还想提示一点：你可能已经注意到 `loadData.sh` 脚本中的 `sleep` 命令。是的，这可能有点笨拙，但是它可以避免竞争状况，保证在帖子服务消费完用户创建事件之前，不会将创建某个帖子的 `curl` 命令发送到帖子服务。你可以使用一种不太正规的方式来处理这种情况，例如在代码中进行简单的重试，将事件发送到一个 "retry" 主题，并稍后再次尝试处理，甚至无法创建帖子。当然，如何分析并做出正确的选择是一个有趣的话题，但是这超出了本章的讨论范围，请参考本章末尾我给出的参考资料。

好的，现在回到我们要进一步讨论的三个话题：

- 不同类型的消息传递通道，以及它们在云原生软件中的可适用性。
- 事件载荷（Payload）。
- 幂等服务的价值。

12.3.2 主题和队列的新特点

以前使用过消息系统（例如，JMS）或者熟悉消息系统基础知识的人，应该了解什么是队列（queue）和主题（topic）。但是，如果你已经很久没用过了，那么请让我先带你回顾一下。这两个抽象概念都有发布者和订阅者，即扮演从一个命名通道（即主题或者队列）中生产消息和消费消息的角色，但是消息传递组件和消费者

处理消息的方式有所不同。

对于队列，它可以有多个订阅者，但是一条消息只能被一个订阅者处理。此外，如果消息在通道中出现时没有可用的订阅者，那么该消息会一直保留到订阅者消费它为止。在消息被消费完毕之后，这条消息就会消失。

对于主题，它也可以有多个订阅者，但是产生的一条消息会发送给所有的订阅者。这条消息可以由任意数量的消费者进行处理，甚至可以是零个。只有消费者在产生消息时连接到相关的主题，消费者才能够接收到消息。如果消费者在消息产生时没有连接到该主题，那么它将永远不会收到该消息。如果主题上没有订阅者，那么该主题传递的消息就会消失。你可以认为主题提供了更多消息路由的功能。图12.16 描述了队列和主题的区别。

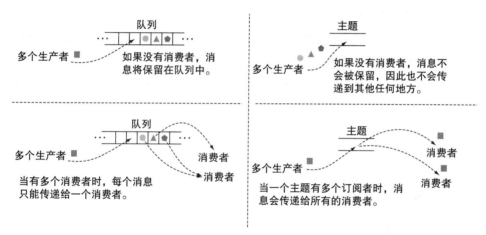

图 12.16　消息传递系统的主要标准是 JMS，它提供了对队列和主题的支持。队列可以保留消息，直到消费完所有的消息为止。而主题不保留消息，只是将它们传递给所有可用的订阅者

尽管较新的事件日志与 JMS 拥有相同的概念（例如，代理人、生产者、消费者，甚至是主题），但其中一些概念的语义还是有细微差别的，并且可能导致很不同的行为。从开发人员的角度来看，代理人（broker）的概念跟以前基本相同。这是让生产者和消费者能够连接到事件日志的通道。但是，如今的事件日志系统（例如，Apache Kafka）通常是更偏向于云原生的，允许代理人随着基础设施的变化或者事件日志集群的伸缩而相应地增减。生产者的角色也和以前几乎一样，它会通过代理人连接到事件日志，并传递事件。

当涉及主题和消费主题的话题时，事情就不一样了。消费者表示对发布到某个指定主题的事件感兴趣。但是，当有多个消费者存在时，如何获取事件就变得很有

趣了。如你所见，在云原生架构中，我们将拥有许多不同的微服务，每个微服务都将部署多个实例。针对这种情况，事件日志的消费方式也会相应地进行优化。

注意 我们需要的是一种允许不同的微服务能够消费同一事件的语义，但是每个微服务只有一个实例能够处理事件。

在 Kafka 中，这个语义有两个抽象支持：主题（topic）和分组 ID（Group ID）。所有对指定事件感兴趣的微服务，都会为该事件的主题创建一个监听器，所有新的事件都将发送给所有的监听器，即所有的微服务。`groupId` 用来确保一条消息只会被指定微服务的一个实例所接收，它将只会被发送给拥有相同 `groupId` 的其中一个实例。

理解这一点的最简单方法是通过示例来说明。

回想一下，帖子服务和相关帖子服务会同时消费新用户创建事件，或者现有用户的变更事件。因此，帖子服务和相关帖子服务都会监听用户主题。但是，因为你希望只有帖子服务的一个实例和相关帖子服务的一个实例能够处理事件，因此可以为所有帖子服务的实例统一设置一个 `groupId`，并在所有相关帖子服务的实例上统一设置一个 `groupId`，如下所示，在帖子事件的处理程序中：

```
@KafkaListener(topics="user", groupId="postsconsumer")
public void listenForUser(UserEvent userEvent) {
    ...
}
```

以及在相关帖子服务的事件处理程序中：

```
@KafkaListener(topics="user", groupId = "connectionspostsconsumer",
               containerFactory = "kafkaListenerContainerFactory")
public void userEvent(UserEvent userEvent) {
    ...
}
```

本质上，一个事件主题就是旧式主题和旧式队列的混合体。事件主题可以充当具有不同分组 ID 的消费者之间的一个主题，并且充当具有相同分组 ID 的消费者之间的一个队列。图 12.17 显示了这个事件消费的拓扑结构。

事件日志主题与消息传递主题在另外一个方面有所不同，正如二者的名字所暗示的。具体来说，就是"日志"一词。无论是一个被路由到 Splunk 的应用程序日志，还是数据库的写入日志，我们通常都认为日志是会被保留下来的，甚至可能是永远的。保留事件日志是我们基于事件日志架构的基本原则。对于可能对事件感兴趣的任何消费者，即使产生事件时尚未与该消费者建立连接，也会把日志保留下来。在前几章对弹性和服务自治的分析中，你已经了解过这一点。在图 12.11 中，你已经看到，对事件感兴趣的各方可以在事件产生之后的某个时间点再次读取它们。

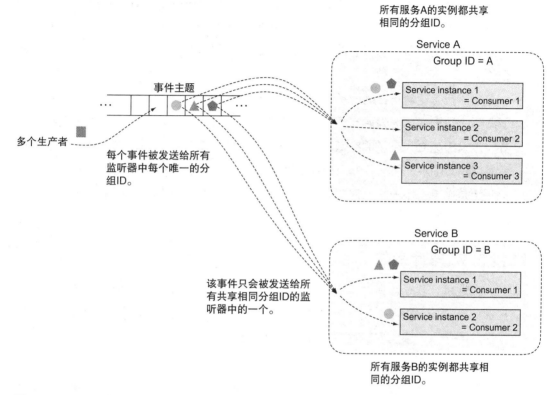

图 12.17　Kafka 中的事件主题是 JMS 主题和队列之间的混合体。同旧式的主题一样，事件会发送给所有唯一的分组 ID，每一个分组 ID 会有多个订阅者。但是在一组共享相同分组 ID 的监听器中，事件主题又像一个队列，事件会被发送给其中一个监听器

在这里我想提出一种极端情况，而且断言这个极端情况实际上根本并不极端。事件日志中的事件会保留到将来某一时刻被任何感兴趣的消费者消费，甚至包括我们从来没有想到、甚至还不存在的消费者！没错，我们希望保留事件，以便在我们有新的想法时（例如，你想根据两年内的用户历史记录、关系和帖子数据，来训练一个机器学习模型），你可以开发相应的软件来消费所有感兴趣的事件。保留两年内的事件正在支持着如今的创新。

是的，这意味着将需要大量的存储，但是存储成本已降低到我们可以负担的程

度，而且从这些存储中获得的机会远远超过存储的成本。毫无疑问，所有组织都应该考虑如何生成和保留各种事件日志，以满足当前的需求和远期的需求。

我还是想明确指出关于主题的最后一点知识，尽管之前也提到过。每个消费者都会在事件日志/主题中维护自己的游标（cursor）。游标是指在事件日志中消费上一条事件的位置。每个消费者都可以按照自己的计划来处理事件，甚至包括我刚才谈到的那些尚未想到的消费者！现在，我们可以回到自治的概念。回想一下消息传递主题的语义，即产生消息的那一刻，所有的使用者都必须已经在线。这样是紧耦合的！

让消费者管理自己的游标会带来一些有趣的模式。例如，假设你误删了相关帖子服务的数据库。因为所有表都是从事件日志数据生成的，所以要恢复相关帖子服务，你只需建立一个新的空数据库，将游标设置回事件日志的起点，然后重新处理所有事件。你不需要准备专门处理故障恢复的代码，结果都是相同的。

还是结果会不一样？对于这种开放性问题的答案通常都是一样的，不一定。原因在于我们要介绍的下一个话题。

12.3.3 事件载荷

在这里，我想谈谈与事件载荷（payload）相关的几个方面，但是我会从刚才提出的问题开始。你希望能够完全通过事件日志中的消息来重建状态，例如，相关帖子服务的状态。那么在事件中必须包含可以推导该状态所需的全部数据，不允许使用任何外部的数据源。

我想举一个例子来说明这一点。假设当帖子服务将某个事件发布到一个主题时，为了节省事件日志的空间，你决定不包括博客帖子的正文，只包括博客文章的URL。所有消费者都知道这个事件的格式，如果他们需要处理帖子的正文（也许想进行一些情感分析），那么可以通过相关链接来获取帖子的正文。尽管一开始这可能会起作用，但是如果帖子无法访问了会怎么样呢？后续即使重新处理事件日志，也让你无法生成最初的结果。这就引出了第一条规则。

> **事件载荷的规则 1** 一个被发布到事件日志中的事件，应该完整地进行描述。

我知道你在想什么："我绝对不可能将高清图像放到事件日志中！"这一点我

12.3 事件日志

很赞同，你不应该这样做。提前说明一下，异步的图像处理不属于我刚刚描述的事件驱动工作流的场景。因为图像文件会出现在某个文件系统的指定位置上，所以你会希望进行一些处理。你可能希望在主题（或者更可能的是在队列）中有新图像时发出一个通知，但是我建议进入主题的内容（一个可以找到图像的 URL 地址）是一个消息，而不是一个事件。我可以断言，如果事件载荷不是一个可以推导出状态的事件的完整表示，那么它就是一条消息。当然，即使你在系统的其他部分中使用事件日志模式，也完全可以继续使用消息传递的模式，都是为了选择正确的模式。

现在让我们更深入地来了解一下事件的细节，尤其是结构（schema）方面。事件是有结构的，消费者必须了解该结构才可以适当地处理载荷。那么，问题是谁负责定义这个结构。在 21 世纪初期，一种流行的解决方案是使用企业服务总线（ESB）。这个想法是你可以定义标准的数据模型，如果愿意的话，可以将其"安装"到 ESB 中。然后，生产者会将它们的消息转换为这个标准模型，作为一部分内容进入 ESB，而消费者也会类似地从标准模型转换出自己所需的数据。ESB 有一整套框架，可以处理标准模型的生产、管理以及转换过程。这一切使用起来都很困难，而且非常不敏捷。

我将 ESB 看作集中式的、标准型企业数据库的一小步发展。回顾一下图 12.2，当图中所有"独立的"微服务绑定到单个集中式的数据库时，就都变得不是非常独立了。事实证明，使用集中式的消息中间件并不会让我们的系统比以前更加松耦合。我们想让生产者发送的消息，在格式上是天然接近其业务领域的。而过去需要适配标准模型的消费者，现在需要适配生产者的模型。

事件载荷的规则 2　对于事件日志来说没有标准的事件模型。生产者可以控制所传递事件的数据格式，而消费者应该适配该格式。

你肯定会注意到的一点是，cloudnative-eventlog 项目中包含了另一个模块 cloudnative-eventschemas，它看起来有点像集中式的数据模型。不幸的是，我已经创建了这个模块，并将它用来传递所有三个微服务的事件，这只是为了让示例项目尽量简单。实际上，关系、帖子和相关帖子三个服务都有自己的存储库，并且每个服务都会定义自己的事件结构（schema），以及为了消费其他服务事件的结构（schema）。

这会引出我要介绍的关于事件载荷的最后一点：必须管理这些事件载荷的结构。"拥有"事件结构的生产者必须充分地描述和版本化这些结构，并且必须以正式的方式将这些描述提供给相关方。这就是为什么 Confluent 公司（该公司提供基于 Apache Kafka 的商业化产品）有一个结构注册表的原因。[1] 然后，结构注册表也可以用来序列化和反序列化事件，因此事件日志中的载荷不必一定是 JSON 格式的。综上所述，我们没有将结构集中到一个标准的模型中，并不意味着就应该对它们弃之不管。我们仍然需要管理它们。

事件载荷的规则 3　所有发布到事件日志的事件都必须有一个相关的结构（schema），供所有相关方访问，并且必须对该结构进行版本控制。

我在这里介绍的内容，只是刚揭开有关事件载荷话题的一个表面，但是我希望已经足够强调了一些关键的原则，以及它们与你之前可能熟悉的基于消息的系统的区别。与云原生系统中的其他所有内容一样，重点是自治而不是集中，演进而不是预测，以及适应而不是批评。

12.3.4　幂等性

现在，让我们回到相关帖子服务中事件处理代码里的注释：

// make event handler idempotent. 让事件处理程序是幂等的。

暂时不考虑我们的三个分布式微服务带来的复杂性，而是先思考一下它们之间的流程。新的用户、关系和帖子事件会发送给相关帖子服务，该服务又会将事件发送到事件日志。消费者会获取这些事件并进行处理，然后将日志写入各自的本地存储数据库中。这是一个简单的流程。但是我们知道，一旦涉及分布式，很多事情就容易出错。

对于初学者来说，生产者可能会在将事件传递给事件日志时遇到一些麻烦。假设生产者将某个事件发送给日志，但是没有收到确认。在这种情况下，它会进行重试。如果在第二次尝试时，它收到了确认信息，那么生产者的任务就完成了。但是请考虑以下问题：当首次尝试写入日志却没有确认时，可能实际上已经记录了日志，但是确认信息却在被生产者收到之前丢失了。在这种情况下，第二次尝试很可能会向日志中写入第二个事件。

---

[1] Confluent 结构注册表（Confluent Schema Registry）提供了一组支持事件的生产者和消费者的服务列表，详情请参考链接48。

你可以通过多种方式来避免重复写入日志（例如，大多数消息传递组件只支持"仅有一次（exactly once）"的方式），但是这可能会影响性能。因此，我们通常会首选至少一次（at-least-once）的方式，从而将重复产生数据的责任转移给消费者。

这时我们就需要幂等性。幂等操作是指可以应用一次或者多次的操作，而且每次操作的结果都是相同的。例如，在本地数据库中创建一条新记录时，检查记录是否已经创建，如果已经创建那么就不进行任何操作，这样的操作就是幂等的。删除操作通常也是幂等的，因为如果一次或者多次删除同一个对象，最终状态还是相同的，即该对象被删除。实体的更新通常也是幂等的。

如果你编写了一个不是幂等的消费者，那么会限制它的使用方式。例如，它在事件传递时只能执行一次（或者最多一次）。而如果你编写的消费者是幂等的，那么它的使用范围会更加广泛。

事件消费者，规则 1　尽可能让事件消费者的操作是幂等的。

12.4　事件溯源

我们刚刚介绍了很多内容，包括一些新概念以及许多老概念的新方法，但是我们还没有完成。在开始讨论最后一个话题之前，我想提醒你我们打算从哪里开始，以及目标是什么。

12.4.1　到目前为止的旅程

本章介绍的是云原生数据。从根本上讲，我们探讨的是如何打破数据的单体架构，因为如果不这样做，对计算单体的组件化是无法实现自治的。具有一个有界上下文环境的微服务，是一个可以区分数据存储的天然之处，因此第一步就是让每个微服务都拥有自己的数据库。那么问题来了，如何将数据保存到那些本地存储？一种选择是使用缓存，这样可以立即提升自治权和弹性。但是，缓存更适合存储那些不经常变更的内容，不适合存储经常会改变的内容。后者在保持数据更新方面也更加复杂。这也导致我们采用了事件驱动的方法，通过软件的服务网络来主动传播变更事件。但是事件的实现方式可能会将不同的服务彼此紧密地结合在一起，因此我们使用了熟悉的广播/订阅（pub/sub）模式。我们之所以没有将其称为消息传递，而是将之称为事件日志的原因，在于我们认为最重要的一点区别是，事件日志可能会无限期地持久保存日志，并且所有消费者都可以按照自己的需求来处理日志。图 12.18 描绘了这种演变过程。

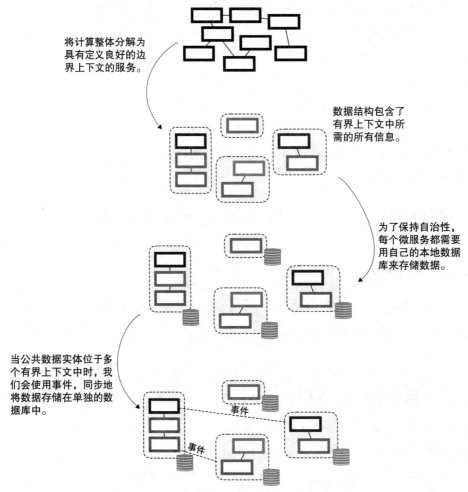

图 12.18　我们对云原生数据的演变从打破数据单体架构开始，这样数据可以支持微服务的有界上下文。微服务拥有自己的数据库，并且在需要的时候，可以通过事件机制，在整个分布式的数据中间件中保持数据的一致性

尽管我认为这个进展看上去是合理的，可以解决在云原生软件中分发数据的很多挑战，但我希望你至少应该感觉到有一丝不妥。例如，除了我之前在"幂等性"一节中提到的情形，还有很多更复杂的情况。有关如何处理载荷的简单介绍，可能让你面临的问题远远多于答案。但是，到目前为止，我所演化的架构笼罩了一个更

大的疑云：谁应该"拥有"哪些数据？

12.4.2　真实来源

在我们的示例应用程序中，找出谁拥有哪些数据非常简单。关系服务拥有用户和关系数据，而帖子服务拥有帖子数据。但是在现实情况下，这个问题很难回答。究竟是银行分支机构中运行的软件应该"拥有"客户记录，还是应该归移动银行的应用程序"拥有"？还是应该归客户的 Web 应用程序"拥有"？

这里的问题在于，系统中每个数据的真实来源是什么？如果在不同应用程序和数据存储之间保存的客户电子邮件地址不一致，哪个才是正确的？

如果我告诉你这些应用程序没有一个是正确的怎么办？这就引出了对本节标题的解释：所有数据的真实来源是事件存储 / 日志。

这就是事件溯源这一术语背后的含义。事件溯源的基本模式是数据的所有来源都只会被写入事件存储，所有其他存储都只是事件日志中事件的投射或者快照。回想一下图 12.14，它显示了帖子服务的三个接口：读控制器、写控制器和事件处理器。写控制器做了两件事，将新的帖子持久保存在帖子数据库中，并将一个事件发送给事件日志，以供其他任何对该事件感兴趣的微服务使用。当时，我故意掩盖了当记录成功写入数据库时会发生什么。但是，如果该事件没有成功传递到事件日志，或者我们不知道该事件已经成功传递，这又是另一种复杂的情况。

从某种意义上说，问题在于两阶段提交不适合用于这种异构、分布式的组件集合。我无法为数据库的写入和事件传递创建一个事务。解决方法是：一次只做一件事，而不是协调两个操作。图 12.19 更新了图 12.14 所示的内容，准确地反映了以下内容：

- 写控制器只负责将事件传递到事件日志。在图 12.14 中，你可以看到写控制器负责两件事情——存储数据和传递事件。现在，让它只负责其中的一个功能，反而可以产生更健壮的系统。
- 事件处理器只负责读取事件，并将这些事件投射到本地数据存储中。
- 读控制器只负责根据本地数据存储中的状态来返回结果。

请注意，在图 12.19 中，某些本地存储中的数据看上去是通过一种迂回的方式来更新的。事件进入事件存储，然后从事件存储出来再进入投射存储。但是，不要认为这是一种设计缺陷，而是故意为了将写控制器与帖子服务分隔开来。这就是为什么图中写控制器的边框没有接触到帖子服务。服务的每个部分都只做一件事情，而我们通过组合来达到期望的结果。效率的降低可以被更高的系统健壮性所抵消。

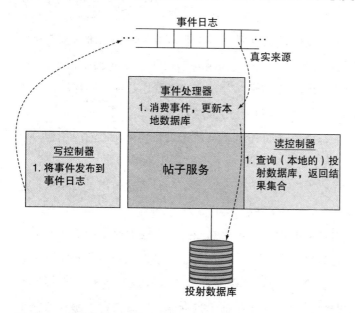

图12.19 写控制器只负责写入事件日志，现在它是数据的真实来源。微服务的本地数据库只存储从事件日志数据计算的投射结果，这个计算过程是在事件处理器中实现的

图12.20更新了之前图12.12中的事件驱动，以便反映事件溯源的方法。你可以看到数据拓扑得到了简化。不再是有的服务既有真实来源数据库，又有本地/投射数据库，而其他一些服务没有。现在所有的服务都只有自己的投射数据存储，而且保持这些存储更新的方式也是统一的。健壮可靠的设计才称得上是优雅的设计。

12.4 事件溯源

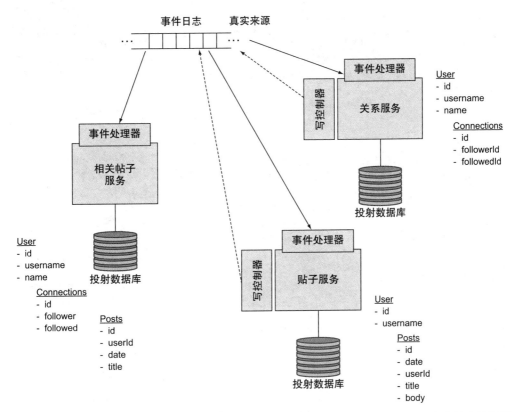

图 12.20 事件日志是数据的唯一真实来源。所有微服务的本地存储都是事件日志中的事件的投射（由事件处理器来负责）。微服务的本地存储只是为了存储投射结果

12.4.3 实际案例：实现事件溯源

让我们看一下更改后的代码，将之前基于事件日志的实现改为事件溯源的实现。请从 Git 仓库中检出以下标签：

git checkout eventlog/0.0.2

如之前所述，我们简化了执行服务可能需要承担的角色集合。这反映在表 12.2 中；不同服务之间模式的一致性非常明显。

表 12.2 事件溯源软件架构中的服务角色

角色	关系服务	帖子服务	相关帖子服务
写控制器/事件生产者——负责将事件发送给 Kafka 的 HTTP 端点	当某个用户被创建、更新、删除时，生成相应的用户事件 当某个关系被创建或者删除时，生成相应的关系事件	当某个帖子被创建时，生成一个帖子事件	
事件处理器——订阅事件，并且相应地更新投射数据库	当在事件日志中出现某个用户或者关系事件时被调用	当在事件日志中出现某个帖子或者用户事件时被调用	当在事件日志中出现某个用户、关系或者帖子事件时被调用
投射数据库——一个专门用来存储服务的有界上下文中所有数据的数据库	存储用户和关系数据	存储用户数据的一个子集	存储用户、关系和帖子数据的一个子集
读控制器——负责读取服务领域实体的 HTTP 端点	用户 关系	帖子	关注对象所发表的帖子列表

因为帖子服务是所有服务中最复杂的，所以我们首先详细地研究一下帖子服务。

首先，您会看到所有的数据库功能已经从 `localstorage` 和 `sourceoftruth` 包中，合并到了一个名为 `projectionstorage` 的包中；所有数据现在都会存储在投射存储中。这并不是说你不能拥有多个投射存储。例如，你可以将事件投射到一个关系数据库中，从而支持关系型查询，或者将事件投射到一个图数据库中，从而支持图查询。这里重构的重点在于，现在只有投射数据的管理。

其次，读控制器几乎没有变化，只是为了适应刚才所述的数据存储重构。

第三，你可以在清单 12.4 中看到，写控制器不再写入本地存储，而只是将创建或者更新事件发送到事件日志。你还将注意到，我将 ID 生成的工作从数据库中移出，因为我想在事件生成时分配 ID，而不是在创建投射的时候。

清单 12.4　PostsWriteController.java 中的方法

```
@RequestMapping(method = RequestMethod.POST, value="/posts")
public void newPost(@RequestBody PostApi newPost,
                    HttpServletResponse response) {

    logger.info("Have a new post with title " + newPost.getTitle());

    Long id = idManager.nextId();
    User user = userRepository.findByUsername(newPost.getUsername());
    if (user != null) {
        // 发出新的帖子事件
        PostEvent postEvent
```

12.4 事件溯源

```
            = new PostEvent("created", id, new Date(), user.getId(),
                            newPost.getTitle(), newPost.getBody());
        kafkaTemplate.send("post", postEvent);
    } else
        logger.info("Something went awry with creating a new Post - user with
          username "
            + newPost.getUsername() + " is not known");
}
```

最后，在事件处理器中添加的是一个处理帖子事件的新方法。它本质上包含了从写控制器中删除的逻辑。在清单 12.5 中，你会将帖子数据保存在投射存储中。

清单 12.5　EventHandler.java 中的方法

```
@KafkaListener(topics="post",
               groupId = "postsconsumer",
               containerFactory = "kafkaListenerContainerFactory")
public void listenForPost(PostEvent postEvent) {

    logger.info("PostEvent Handler processing - event: "
              + postEvent.getEventType());

    if (postEvent.getEventType().equals("created")) {
        Optional<Post> opt = postRepository.findById(postEvent.getId());
        if (!opt.isPresent()){
            logger.info("Creating a new post in the cache with title "
                      + postEvent.getTitle());
            Post post = new Post(postEvent.getId(),
                                 postEvent.getDate(),
                                 postEvent.getUserId(),
                                 postEvent.getTitle(),
                                 postEvent.getBody());
            postRepository.save(post);
        } else
            logger.info("Did not create already cached post with id "
                      + existingPost.getId());
    }
}
```

对关系服务我们也会进行类似的更改，但是由于相关帖子服务没有直接记录的数据，也没有要启动的写控制器，因此不需要任何更改。在了解代码之后，我建议你运行 deployApps.sh 脚本，将部署更新为最新的版本。你可以运行一些示例来了解实际的情况（例如，创建一个用户，创建关系和帖子，删除某个关系等），查看日志，并使用每个服务的读控制器来读取结果状态：

```
curl $(minikube service --url connections-svc)/users
```

```
curl $(minikube service --url connections-svc)/connections
curl $(minikube service --url posts-svc)/posts
curl $(minikube service --url connections-svc)/connectionsPosts/<username>
```

尽管书中的示例程序可能与你设想的代码不同，但是这种事件溯源的方法是微服务架构的关键。这种模式可以让你在丢失投射数据库及其备份的时候，通过重放日志来重新生成事件，从而恢复软件的状态。即使是在网络或者其他基础设施出现故障的情况下，它也可以让之前可能相互高度依赖的微服务实现自治运维。它让各个团队可以专注于开发自己的服务，而不必与其他服务保持同步开发。这种模式是构建可容错软件的一个必要工具。

12.5 我们只是介绍了一些皮毛

尽管在本章中我们介绍了很多基础知识，但是当涉及云原生数据时，还有很多是需要讨论的：

- 还没有讨论如何对事件日志进行分区，这是扩大规模所必需的。当拥有 1000 万用户时，你需要将用户分成多个子集。我们应该通过用户姓氏的首字母，还是通过其他特征来对用户进行分组？
- 还没有深入讨论事件排序，这对于使用事件日志推导状态投射至关重要。事件日志技术采用了一些复杂的算法来确保正确的顺序，有时可能会告诉生产者由于未满足某些排序约束而无法记录事件；事件的生产者必须能够适应这一点。
- 还没有讨论如何发展事件的结构，以及结构解析（例如，Apache Avro）等技术，这些技术允许用旧的事件来模拟新的事件。
- 还没有讨论如何定期对投射数据存储进行快照，这样如果你需要从日志中重建投射存储，无须一直追溯到事件开始的那一刻。

云原生数据的话题实在太多了，需要单独用一本书来介绍，因此我为你推荐一本书。这本书出版于 2017 年，是 LinkedIn 公司的 Martin Kleppmann 编写的《设计数据密集型应用程序》(*Designing Data Intensive Application*)（O'Reilly 出版社出版），作者是一名计算机科学研究员，也是 Apache Kafka 的创始人之一。我强烈推荐这本书！

小结

- 当为微服务提供一个数据库来存储其所需的数据时,能显著提高自治性。这会让系统整体具有更好的弹性。
- 尽管在许多情况下有缓存总比没有好,但是使用缓存来填充本地数据库充满了挑战。缓存不适合用于数据频繁变更的场景。
- 通过事件主动将数据变更推送到本地的数据存储,是一种更好的方法。
- 尽管我们生产和消费的实体是事件而不是消息,但是该技术的基础仍然是我们熟悉的发布/订阅模式。
- 将事件日志作为数据的唯一真实来源,所有服务的本地数据库仅保留投射数据,这样可以让运行在高度分布式、不断变化的环境中的云原生软件,实现数据上的一致性。